콘크리트 실무 매뉴얼 KCI PM211.1-13

콘크리트 장기거동 해석 및 적용

크리프-장기거동위원회

사단법인 한국콘크리트학회 Korea Concrete Institute

이 도서의 국립중앙도서관 출판시도서목록(CIP)은 서지정보유통지원시스템 홈페이지(http://seoji.nl.go.kr)와
국가자료공동목록시스템(http://www.nl.go.kr/kolisnet)에서 이용하실 수 있습니다.(CIP제어번호: CIP2013006847)

발간사

학회 본연의 가장 큰 역할은 해당 분야의 학문과 기술을 향상시킬 수 있도록 하는 것이라고 봅니다. 이러한 측면에서 우리 학회는 창립 이후 학회지, 논문집 등을 비롯하여 많은 문헌을 출간하여 왔으며, 이에 더하여 학회 20주년을 기념하여 보다 체계적인 참고문헌을 발간하기 위하여 '콘크리트실무지침편찬특별위원회'를 구성하여 전문서적 발간을 준비하였습니다.

이 특별위원회(위원장 김상식 명예회원)는 2009년에 처음으로 구성되어 많은 노력 끝에 2010년 말 처음으로 『해양 콘크리트의 염해 내구성 및 설계』, 『매스 콘크리트의 온도균열 제어』, 『고유동 콘크리트의 제조 및 시공』, 『콘크리트 구조물 이음의 설계 및 시공』, 『콘크리트 양생』 등 5권의 실무매뉴얼을 발간한 바 있습니다. 그 후 2011년 특별위원회는 학회 연구전문위원회의 도움을 받아 출판을 기획하여 『건축 포스트텐션 시스템』, 『PS 긴장재의 시공, 긴장관리 및 그라우팅』, 『콘크리트 장기거동 해석 및 적용』, 『폴리머 콘크리트 복합체의 제조 및 시공』, 『콘크리트 구조물의 방수기술』, 『레디믹스트 콘크리트 품질문제의 원인 및 대책』, 『콘크리트 제조, 운반 및 타설』 등 7개의 실무매뉴얼을 이번에 발간하게 되었습니다. 또한 2012년에 기획되어 현재 7개의 실무매뉴얼이 내년 초 발간 예정으로 준비하고 있습니다. 지난 번 발간사에서도 밝힌 바와 같이 이번 발간물도 마지막이 아니고 앞으로 계속 많은 실무매뉴얼이 발간될 예정이며, 이미 발간된 실무매뉴얼도 계속 수정해 나갈 것입니다. 아무쪼록 집필자들의 노력으로 발간된 각종 실무매뉴얼들이 회원과 독자 여러분에게 큰 도움이 되기를 바랍니다.

끝으로 지난 2년 동안 어려운 여건 속에서도 열심히 노력하시어 실무매뉴얼을 작성하여 주신 집필책임자 강현구 회원, 김지상 회원, 지광습 회원, 김완기 회원, 배기선 회원, 한천구 회원, 김순환 회원과 집필위원 여러분에게 감사드리며, 세심한 검토를 하여 주신 특별위원회 여러 위원님들에게도 감사드립니다.

2012. 12.
사단법인 한국콘크리트학회
콘크리트실무지침편찬특별위원회 위원장 김 진 근
학회 회장 (12대) 심 종 성

머리말

콘크리트는 가장 접근성이 좋고 널리 사용되는 건설 재료이나 시간의존적인 재료 특성 때문에, 콘크리트 구조의 장기거동 특성을 고려한 설계나 분석은 여러 가지 어려움이 있습니다. 크리프와 건조수축은 대표적인 시간의존적 재료 특성이며, 이로 인한 장기적인 2차변형은 콘크리트 구조의 사용성뿐만 아니라 안전성에도 직접적인 영향을 미칠 수 있습니다. 또한 적지 않은 기간 동안 순차적으로 시공되는 대형 콘크리트 구조의 시공관리를 위해서도 크리프와 건조수축에 대한 이해가 필수적이라 하겠습니다.

전술한 필요성에도 불구하고 크리프와 건조수축을 고려한 구조설계와 해석에 대한 내용은 원론적인 내용만이 설계기준에 수록되어 있고, 이의 분석과 활용이 체계적으로 기술된 참고도서도 드문 실정입니다. 한국콘크리트학회에 크리프-장기거동위원회(KCI-211)를 구성하고 본 실무매뉴얼을 집필하게 되었습니다. 크리프와 건조수축이 콘크리트의 장기거동에 미치는 영향, 예측 모델, 해석기법, 적용 사례를 체계적으로 설명하여 실무기술자들에게 실질적인 도움이 되고자 하였습니다. 본 주제로는 처음으로 집필되는 실무매뉴얼이므로 미흡한 점이 다수 발견될 수밖에 없으나, 너그러운 마음으로 본 위원회의 노력을 보아 주시고 보완이 필요한 점에 대해서는 적극적인 질책과 의견을 구하고자 합니다.

그동안 촉박한 일정에도 불구하고 집필위원으로 수고해주신 국민대학교 최석환 교수, 디엠 엔지니어링 조경식 부사장, 명지대학교 권승희 교수, 대우건설 하태훈 박사, 조선대학교 조창근 교수, 경성대학교 문도영 교수께 감사의 말씀을 드립니다. 각 집필위원 간의 유기적인 소통을 담당하고 수시로 수정되는 자료를 취합하는 본 위원회의 데이터뱅크로서 중요한 역할을 수행한 고려대학교 김나영 학생에게도 감사의 말씀을 드립니다.

특별히, 본 위원회의 활동에 깊은 관심을 가지고 방대한 자료와 고견을 주신 김진근 전 학회장의 도움이 본 실무매뉴얼의 형성에 크게 기여했음을 밝혀드리는 바입니다. 바쁘신 중에도 지속적인 관심과 애정으로 조언을 주신 심종성 현 학회장께 감사드립니다.

2012. 12.

크리프-장기거동위원회(KCI-211) 위원장 지 광 습

집필위원

집필책임자	지광습(고려대학교)
집 필 위 원	권승희(명지대학교), 김진근(KAIST), 문도영(경성대학교), 조경식((주)DM엔지니어링) 조창근(조선대학교), 최석환(국민대학교), 하태훈(대우건설기술연구원)

검토위원

검 토 위 원	김종호((주)창민우컨설탄트), 김진근(KAIST), 신현목(성균관대학교)

심의위원

위 원 장	최기봉(가천대학교)
위 원	김진근(KAIST), 노병철(상지대학교), 신영수(이화여자대학교), 이재연(목원대학교) 장일영(금오공과대학교), 정란(단국대), 최창식(한양대학교), 최연왕(세명대학교)

기획 / 실무지침편찬특별위원회

위 원 장	김진근(KAIST)
고 문	김상식(인하대학교), 정영수(중앙대학교), 정하선(KCI 공학연구소)
간 사	배수호(안동대학교)
위 원	김대중(삼성물산(주)건설부문), 김은겸(서울과학기술대학교) 김종호((주)창민우컨설탄트), 박홍근(서울대학교), 박홍기((주)태조엔지니어링) 서석구((주)서영엔지니어링), 신현목(성균관대학교), 연규석(강원대학교) 이광명(성균관대학교), 이왕희(현대산업개발(주)), 이재연(목원대학교) 정광량((주)동양구조안전기술), 최동욱(한경대학교), 한천구(청주대학교)

차 례

발간사 • 3
머리말 • 5

01 장 서론

1.1 개요 • 11

1.2 콘크리트의 시간의존적 변형 • 12
1.2.1 수축 • 12
1.2.2 크리프 • 13

1.3 크리프와 수축이 구조물에 미치는 영향 • 16
1.3.1 건축물의 부등축소량(differential column shortening) • 16
1.3.2 교량의 장기처짐 및 프리스트레스 손실 • 17
1.3.3 균열 발생 • 18

참고문헌 • 21

02 장 영향인자

2.1 건조수축에 영향을 미치는 요인 • 23
2.1.1 강도와 강성 • 23
2.1.2 배합설계 • 24
2.1.3 구조물의 크기와 형태 • 28
2.1.4 골재의 성질 • 30
2.1.5 상대습도 • 31
2.1.6 양생온도 • 33
2.1.7 기타 영향 • 33

2.2 크리프에 영향을 미치는 요인 • 34
2.2.1 강도와 강성 • 35
2.2.2 배합설계 • 42
2.2.3 구조물의 크기와 형태 • 45
2.2.4 골재의 성질 • 49
2.2.5 상대습도 • 51
2.2.6 재령 • 54
2.2.7 이 외의 요소들 • 59

참고문헌 • 63

03장 장기거동 예측 모델식

3.1 개요 • 67

3.2 우리나라 모델식 • 68
3.2.1 일반 사항 • 68
3.2.2 재령에 따른 재료 상수 • 69
3.2.3 건조수축 모델식 • 70
3.2.4 크리프 모델식 • 72

3.3 ACI 초기 모델식 • 74
3.3.1 일반 사항 • 74
3.3.2 재령에 따른 재료 상수 • 74
3.3.3 건조수축 모델식 • 76
3.3.4 크리프 모델식 • 79

3.4 ACI 209R-92 모델식 • 81
3.4.1 일반 사항 • 81
3.4.2 재령에 따른 재료 상수 • 82
3.4.3 건조수축 모델식 • 83
3.4.4 크리프 모델식 • 86

3.5 CEB-FIP 모델식(1978) • 89
3.5.1 일반 사항 • 89
3.5.2 재령에 따른 재료 상수 • 89
3.5.3 건조수축 모델식 • 91
3.5.4 크리프 모델식 • 93

3.6 CEB-FIP 모델식(1990) • 96
3.6.1 일반 사항 • 96
3.6.2 재령에 따른 재료 상수 • 97
3.6.3 건조수축 모델식 • 98
3.6.4 크리프 모델식 • 100

3.7 B3 모델 • 104
3.7.1 일반 사항 • 104
3.7.2 재령에 따른 재료 상수 • 105
3.7.3 건조수축 모델식 • 105
3.7.4 크리프 모델식 • 107

참고문헌 • 110

04 장 콘크리트 구조물의 장기거동 해석

4.1 개요 • 111

4.2 해석방법 • 112
4.2.1 유효탄성계수법 • 112
4.2.2 재령보정 유효탄성계수법 • 116
4.2.3 크리프율법 • 120
4.2.4 영구변형률법 • 124
4.2.5 단계해석법 • 125

4.3 축력을 받는 철근콘크리트 기둥의 장기거동 해석 예 • 129
4.3.1 축력만을 받는 기둥의 해석 • 129
4.3.2 축력만을 받는 기둥의 해석 예제 • 133

4.4 휨을 받는 비균열 단면의 장기거동 해석 예 • 149
4.4.1 단기거동 해석 • 149
4.4.2 AEMM에 의한 장기거동 해석(접근법-1) • 151
4.4.3 AEMM에 의한 장기거동 해석(접근법-2) • 152
4.4.4 프리스트레스 콘크리트 슬래브의 장기거동 해석 예제 • 155

참고문헌 • 170

05 장 장기거동을 고려한 실제 적용 사례

5.1 초고층건물 • 171
5.1.1 개요 • 171
5.1.2 구조물에 미치는 영향 • 175
5.1.3 변위 예측 및 실측 • 178
5.1.4 시공오차 • 185
5.1.5 조치방안 • 186

5.2 교량 • 190
5.2.1 개요 • 190
5.2.2 설계기준 분석 • 191
5.2.3 소수거더교 설계 사례 • 197
5.2.4 PSC 합성거더 설계 사례 • 205
5.2.5 PSC 박스거더 설계 사례(캔틸레버 시공) • 211
5.2.6 결론 • 216

참고문헌 • 217

부록 토목 구조물(교량)의 장기거동 실측

1.1 개요 • 219

1.2 일본 내 PSC 교량의 장기처짐 • 220

1.3 일본 이외 나라의 PSC 교량의 장기처짐 • 222

1.4 부정확한 장기거동 예측의 원인 및 대책 • 225
1.4.1 장기거동 예측 모델의 부정확성 • 225
1.4.2 단순화된 장기거동 해석방법 • 233
1.4.3 균열 및 내구성(염소이온 침투, 알칼리 골재반응, 탄산화 등) 문제의 미고려 • 234
1.4.4 긴장재의 미부착 및 부식 • 234

참고문헌 • 236

제 1 장 서론

1.1 개요

크리프 및 건조수축은 강재와 구별되는 콘크리트의 독특한 재료 특성이고 콘크리트 구조물의 시간에 따른 변형 증가, 강도의 변화, 균열 발생, 장기 열화 등 구조물의 성능(안전성, 사용성, 내구성)에 영향을 미치는 중요한 인자이다. 따라서 콘크리트 구조물의 설계 및 시공과정에서 크리프 및 건조수축의 영향을 고려해야 하며, 국내외에 크리프 및 건조수축에 관한 여러 모델식들이 제안되어 있다. 그러나 국내의 경우 콘크리트의 장기거동에 대한 중요성은 인지하고 있으면서도 콘크리트 공학 내 다른 분야에 비해 관심을 받지 못하였고, 관련 연구도 충분히 수행되어 있지 않다. 이와 더불어 건설 실무에서 콘크리트의 크리프와 수축현상에 관한 이해와 인식이 매우 부족한 실정이다.

이 매뉴얼은 연구자, 콘크리트 전공 학생, 건설 실무자를 대상으로 콘크리트 크리프 및 건조수축에 따른 구조물의 장기거동에 대한 이해를 증진시키고, 설계 및 시공과정에서 장기거동을 고려하는 방법을 소개할 목적으로 편찬되었다.

이 매뉴얼은 총 여섯 개의 장으로 구성되며, 1장은 콘크리트의 건조수축과 크리프의 정의 및 장기거동이 구조물에 미치는 영향을 다루며, 2장에서는 크리프 및 건조수축의 여러 영향인자들이 정리된다. 3장은 현재 많이 사용되고 있는 예측 모델식들이, 4장에서는 실제 부재 및 구조물의 장기거동 해석방법들이 소개된다. 5장에서는 건축 및 토목 분야 구조물의 설계 및 시공과정에서 장기거동의 영향이 어떻게 고려되고 있는지 설명하고, 마지막 부록에서는 교량의 장기거동 실측 사례를 소개한다.

1.2 콘크리트의 시간의존적 변형

1.2.1 수축

수축은 발생하는 원인에 따라 건조한 외기에 노출되었을 때 내부 수분이 밖으로 빠져나오면서 나타나는 건조수축(drying shrinkage), 공기 중의 이산화탄소와 시멘트 수화물 중 하나인 수산화칼슘의 탄산화반응에 의한 탄화수축(carbonation shrinkage), 내부의 미수화 시멘트의 수화가 진행되면서 내부 수분이 손실되어 발생하는 자기수축(autogenous shrinkage), 콘크리트가 굳기 전 소성상태에서 표면의 수분증발에 의한 소성수축(plastic shrinkage) 등이 있다. 팽창(swelling)현상은 콘크리트 내부의 상대습도보다 높은 상대습도에 노출되었을 때 부피가 팽창하는 현상이다. 수축현상은 콘크리트의 재령에 따라 발생시기 및 기간이 매우 다르며 일반적으로 그림 1.1과 같다.

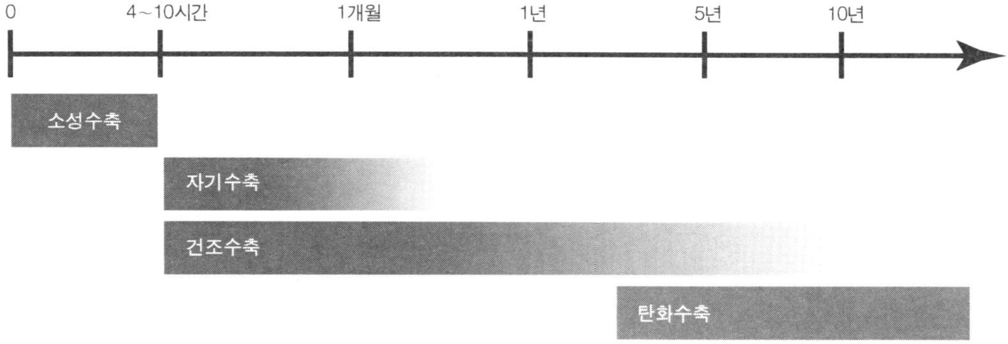

그림 1.1 **수축현상의 원인별 발생시기 및 기간**

건조수축의 경우가 발생기간이 가장 길며 상대적인 수축량도 가장 크다. 따라서 실제 구조물에서 건조수축에 의한 영향이 가장 크다. 또한 최근에는 고강도 콘크리트의 사용으로 자기수축에 대한 관심이 고조되고 있다. 이 매뉴얼에서는 건조수축만이 다루어진다. 따라서 이후 별다른 언급이 없이 수축이라고 칭하는 경우 건조수축을 의미한다.

1.2.2 크리프

그림 1.2와 같이 콘크리트에 시간에 따라 일정하게 유지되는 응력이 가해질 때 응력이 가해지는 시점(t_0)에 탄성변형이 발생하고 이후 시간에 따라 증가하는 변형이 발생한다. 콘크리트의 전체변형에서 초기 탄성변형을 제외한 변형을 크리프로 정의한다.

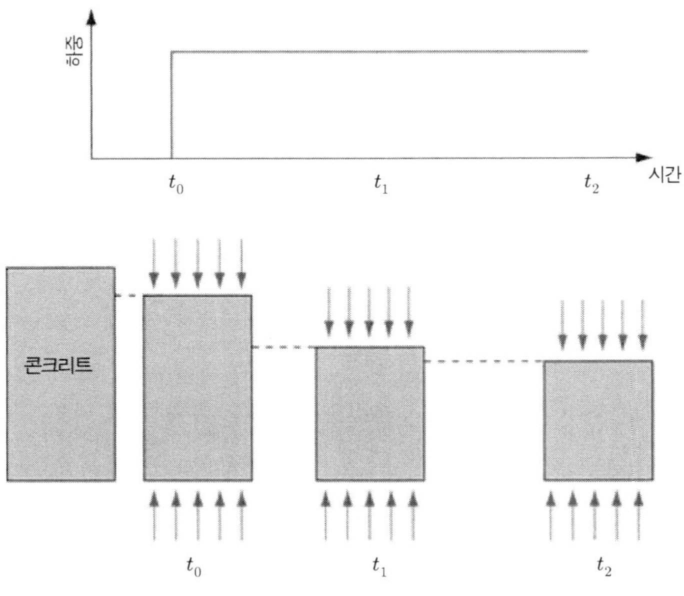

(a) 콘크리트에 가해지는 지속 응력

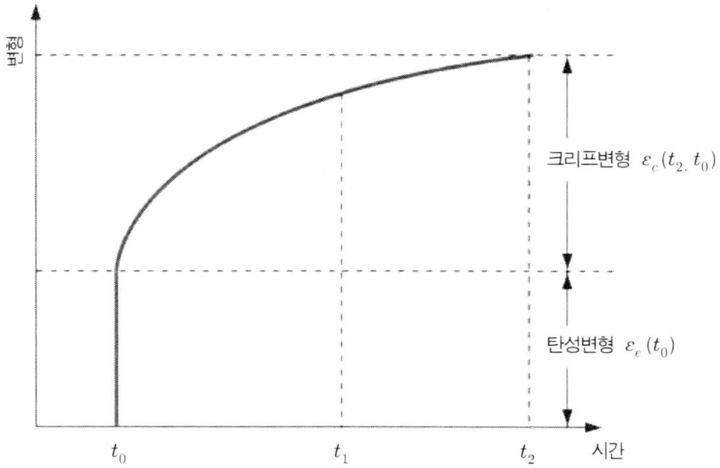

(b) 지속응력에 대한 콘크리트의 변형

그림 1.2 **콘크리트의 크리프변형**

탄성변형에 대한 크리프변형의 비를 식 (1.2.1)과 같이 나타낼 수 있다.

$$\phi(t, t') = \frac{\varepsilon_c(t, t')}{\varepsilon_e(t')} \tag{1.2.1}$$

위의 식에서 ε_c와 ε_e는 각각 크리프변형과 탄성변형을 의미한다. t'은 하중이 가해지는 시점의 재령, t는 t' 이후 임의의 시간을 의미한다. t' 이후 일정한 응력이 지속된다는 가정하에 $\phi(t, t')$를 크리프계수라고 정의한다. 3장에서 소개되는 크리프 모델식들은 대부분 이 크리프계수에 대한 예측 식을 제안하고 있다. 크리프계수는 재령, 강도, 습도, 부재 크기, 시멘트 종류, 슬럼프, 잔골재율, 온도, 응력의 크기에 따라 영향을 받으며, 이들 영향인자에 대해서는 2장에서 논의될 것이다.

콘크리트의 크리프는 건조 조건에 노출되지 않은 상태에서 발생하는 기본크리프(basic creep)와 건조 조건에서 발생하는 건조크리프(drying creep)로 구분할 수 있다. 건조 조건에서 하중이 없을 때 발생하는 건조수축과 건조되지 않은 상태에서 하중이 가해졌을 때 발생하는 기본크리프를 합한 것보다 건조와 하중이 동시에 작용할 때 발생하는 변형의 크기가 더 크며, 이를 피켓효과(Pickett effect)[1)]라고 한다(그림 1.3 참조). 이때 건조와 하중이 동시에 작용할 때의 총변형에서 건조수축과 기본크리프를 뺀 변형, 즉 건조와 하중이 동시에 작용하면서 추가적으로 발생하는 변형을 건조크리

프라 정의한다(그림 1.4 참조)

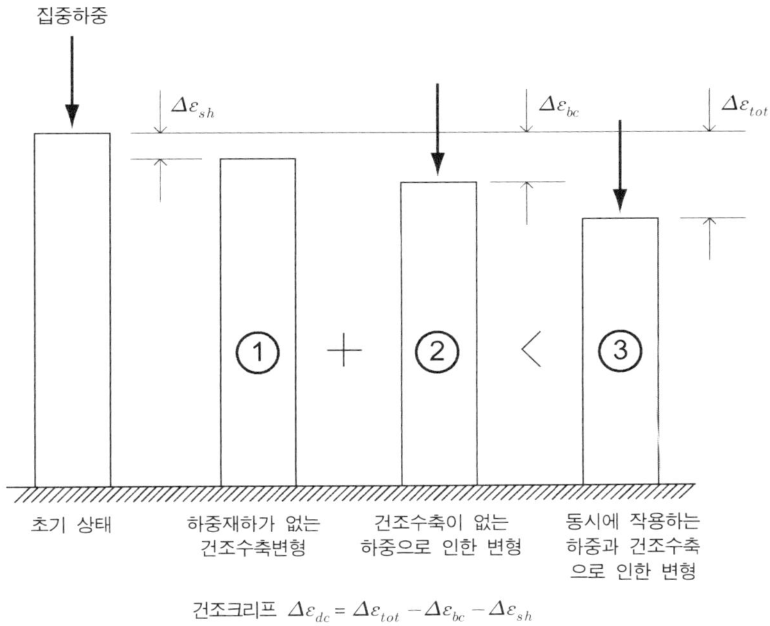

그림 1.3 **집중하중 상태의 피켓효과(Pickett effect)**

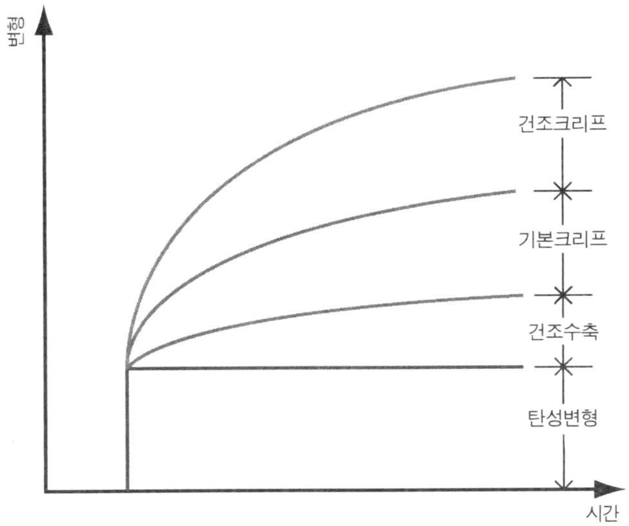

그림 1.4 **하중과 건조수축이 동시에 작용할 때 콘크리트의 변형**

1.3 크리프와 수축이 구조물에 미치는 영향

1.3.1 건축물의 부등축소량(differential column shortening)

철근콘크리트로 건설된 고층건물의 경우 구조물의 하부에서 상부까지 연결된 기둥 부재들은 사용상태에서 구조물의 자중과 고정하중(dead load) 및 활하중(live load)을 받고 건조한 대기에 노출되어 있어 시간에 따른 장기변형이 유발된다. 이러한 장기변형의 크기는 모든 기둥 부재에 동일한 크기로 발생하지는 않는다. 기둥의 크기와 작용하는 하중의 크기가 서로 다르고, 구조물 내부에 위치한 기둥이 접하는 상대습도와 구조물의 최외각에 위치한 기둥이 외부 대기에 노출되었을 때의 상대습도는 큰 차이가 있을 수 있다. 일반적으로 기둥들의 시간에 따른 축소량은 상호 차이를 나타내게 되며, 이로 인해 국부적으로 응력집중, 균열, 내구성 저하, 누수, 설계 시 목표로 한 지내력 저하, 구조물의 전체적인 뒤틀림 등이 발생하여 사용성과 안전성에 심각한 문제를 일으킬 수 있다. 그림 1.5는 부등축소량에 의한 구조물의 대략적인 변형의 모습을 나타낸 것이며, 그림 1.6은 부등축소량에 의해 발생하는 문제를 나타낸 것이다.

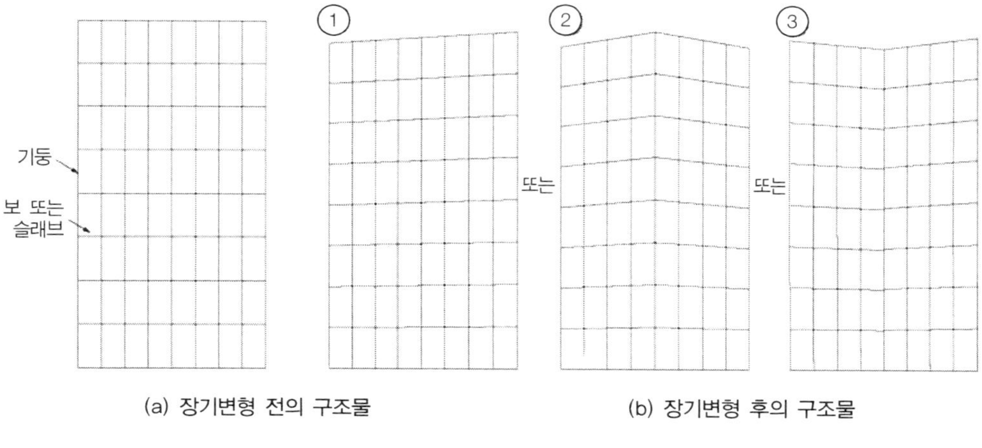

그림 1.5 **고층건물 기둥의 부등축소량에 의한 대략적인 변형 모습**

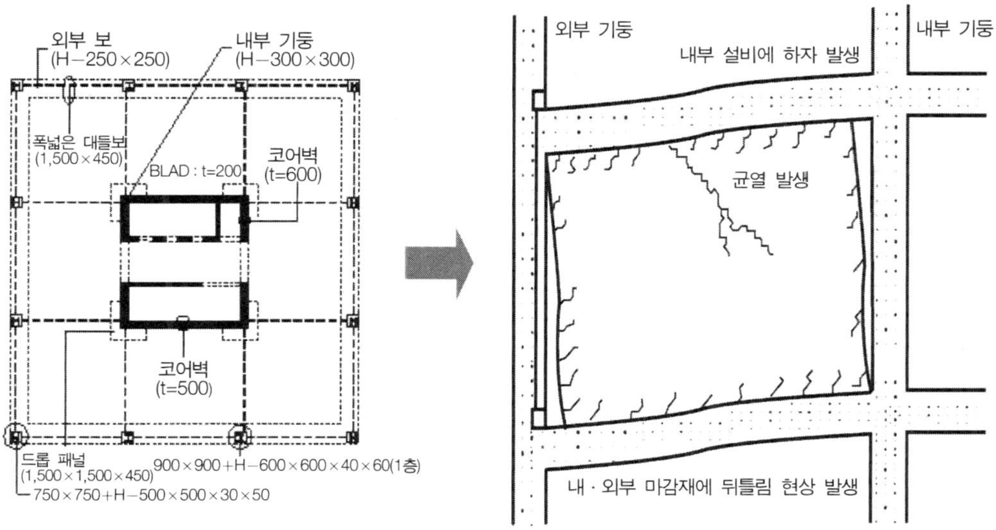

그림 1.6 **고층건물 기둥의 부등축소량에 의해 발생하는 사용성 문제**

이러한 문제를 사전에 예측하고 방지하기 위한 많은 연구가 국내외에서 수행되었으며, 기둥 부재에 대한 장기변형 예측기법 개발과 구조물에 대한 부등축소량 예측 프로그램 등이 개발되었다. 최근에는 철근콘크리트 기둥에 비해 역학적 성능이 우수한 강재보강(SRC) 기둥, 강관채움 콘크리트(CFT) 기둥 등이 실 구조물에 적용되는 사례가 늘고 있다[2]. 이들 기둥은 내부 또는 외부의 강재에 의해 콘크리트 내부의 수분 확산이 방지되는 효과를 나타내며, 따라서 콘크리트 기둥 내부의 상대습도 분포가 철근콘크리트 기둥과는 매우 다르다. 이로 인해 장기거동 특성 또한 철근콘크리트 기둥과 매우 다르며, 이들 기둥의 장기변형 예측을 위한 연구도 수행되고 있다[3),4)].

1.3.2 교량의 장기처짐 및 프리스트레스 손실

철근콘크리트로 건설되는 교량의 경우 교량의 자중과 활하중으로 인한 콘크리트의 크리프로 인해 그림 1.7과 같이 오랜 시간 경과 후 처짐의 증가로 인해 차량 운행의 불편, 균열 발생으로 인한 내구연한의 감소 등 사용상 심각한 문제를 초래할 수 있다. 최근에는 인장에 약한 콘크리트의 특성을 보완하고 부재의 효율성을 높이기 위해 대부분의 교량에서 인장응력이 발생하는 부분에 압축의 프리스트레스를 가하는 공법이

채용되고 있으며, 초기에 솟음(camber)을 두어 장기처짐을 방지하고 있다. 그러나 이러한 경우도 초기에 가해진 프리스트레스는 건조수축과 크리프로 인해 시간에 따라 크게 감소하게 된다. 따라서 콘크리트 교량의 경우 시공 전 이러한 장기변형의 영향을 파악하는 것이 필수적이라 하겠다.

(a) 장기변형 전　　　(b) 장기변형 후

그림 1.7 **교량의 장기처짐**

1.3.3 균열 발생

콘크리트는 내부 수분의 증발에 의해 수축현상이 발생하며, 내부 또는 외부의 구속에 의한 인장응력이 인장강도를 초과하는 시점에서 균열이 발생하게 된다. 콘크리트에서 균열이 발생하는 원인은 매우 다양하며, 여러 가지 원인이 복합되어 발생하게 된다. 그러나 건조수축이 가장 일반적인 균열원인으로 받아들여지고 있다.

콘크리트에서 수분이 밖으로 빠져나갈 때, 외부 공기에 노출된 표면부가 먼저 건조되고 내부는 높은 상대습도를 유지한다. 따라서 단면 내 내부 상대습도의 분포는 비선형적인 분포를 나타내게 된다. 콘크리트의 수축은 내부 상대습도 감소에 따라 증가하며, 따라서 상대습도가 낮은 표면에 인장응력이 내부에는 압축응력이 발생하게 된다. 일반적으로 표면에 발생하는 인장응력은 인장강도를 초과하게 되며[5)], 미세균열이 발생하게 된다. 이와 같이 콘크리트의 건조수축은 단면 내 수축량이 일정하지 않은 부등건조수축의 형태로 나타나게 된다.

그림 1.8은 부등건조수축을 개략적으로 설명하고 있다. 외기 습도 50%에 벽체가 노출되었을 때, 시간에 따른 내부 습도의 변화는 그림 1.8(a)와 같다. 시간이 지남에 따라 외기 습도와 내부 습도의 차이가 줄어들게 되고, 최종적으로 내부 습도는 외기 습도와 동일하게 된다. 콘크리트에 내부구속이 없다면, 그림 1.8(b)와 같이 습도 감소가

큰 표면부의 수축량이 가장 크고 내부의 수축량은 상대적으로 작다. 그러나 실제 콘크리트의 경우 내부구속에 의해 그림 1.8(b)의 변형이 구속되고 그림 1.8(c)와 같이 외부에는 인장응력이 내부에는 압축응력이 작용하게 된다. 표면부의 인장응력이 인장강도를 초과할 경우 균열이 발생하기도 하며, 내부 응력에 따라 또 내부 습도에 따라 크리프의 발생량도 위치에 따라 다르게 나타난다.

콘크리트에 발생하는 건조수축은 부등건조수축의 형태로 나타나며, 내부구속과 외부구속의 정도에 따라 거시균열(macro crack)이 발생할 수 있다. 부등건조수축의 해석에는 수분 확산에 의한 내부수분 분포의 예측과 수축량 산정, 단면 내 응력 발생에 대한 크리프 효과 등이 동시에 고려되어야 한다[6].

한편 원자력발전소의 격납고, 장대교량의 교각, 지하철 구조물의 벽체, 댐 등 콘크리트를 타설하는 용적이 매우 큰 경우 시멘트 수화반응의 열로 인해 표면에 균열이 발생하게 된다. 일반적으로 부재의 표면은 외부 대기에 노출되어 있어 내부에 비해 온도가 낮으며, 따라서 타설 후 수화반응이 진행되면서 표면에 인장응력이 발생하게 된다. 또한 지반에 의한 외부구속의 정도와 다단타설을 할 때 타설 간격과 타설 높이 등에 따라 균열 발생은 큰 영향을 받는다. 매스 콘크리트에서 균열 발생을 예측하고 평가하기 위한 많은 연구가 수행되었으며, 현재 여러 가지 해석프로그램이 개발되어 있다.

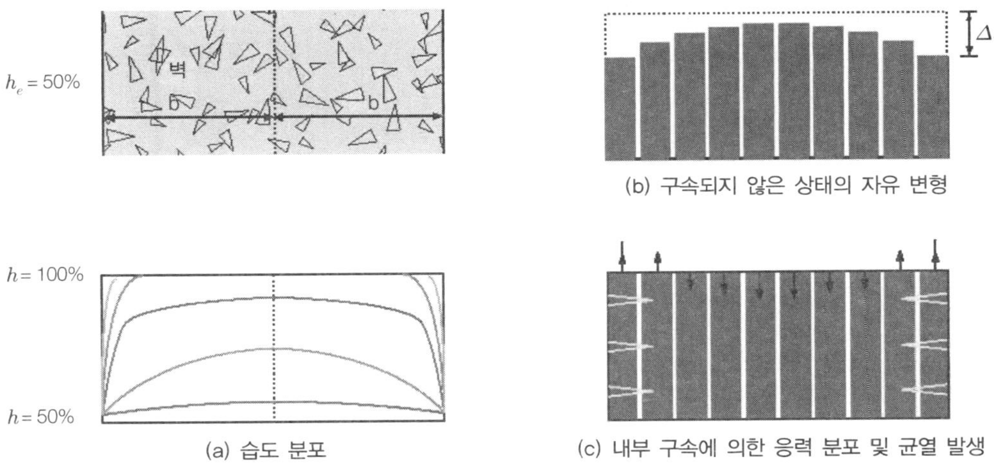

그림 1.8 **단면 내 수분의 분포와 부등건조수축으로 인한 균열**

매스 콘크리트 수화열에 의한 균열 발생을 정확히 예측하기 위해서는 콘크리트의 크리프의 효과를 고려하는 것이 필수적이다. 앞에서 언급한 부등축소량과 교량의 장기처짐 등은 크리프 특성이 구조물에 나쁜 영향을 초래하나, 매스 콘크리트의 경우는 크리프 현상이 반대로 인장응력을 이완시키는 효과가 있어 균열을 억제하는 역할을 한다. 그림 1.9는 크리프에 의한 인장응력 발생의 이완으로 균열 발생이 억제되는 현상을 설명하고 있다.

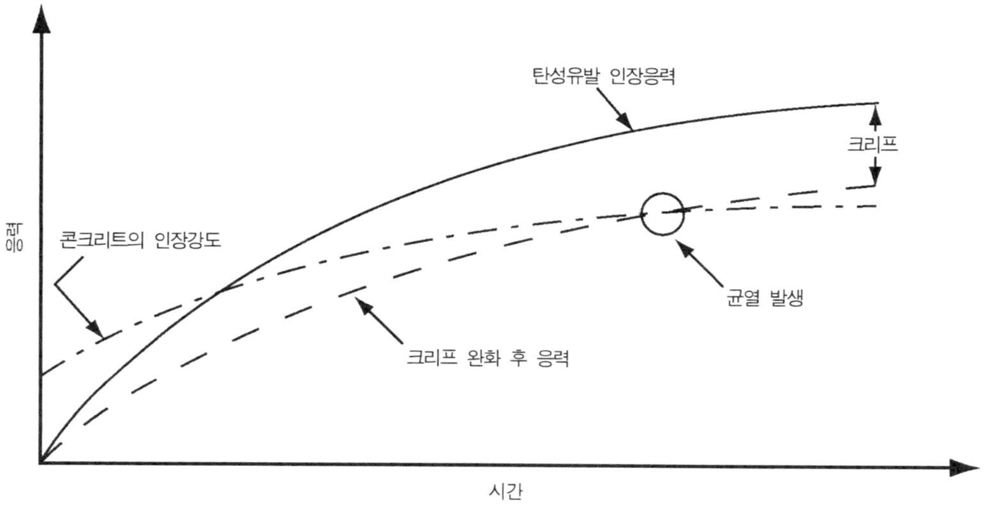

그림 1.9 **크리프에 의한 인장응력의 이완과 균열 발생 패턴**

참/고/문/헌

1) Pickett, G., "The Effect of Change in Moisture Content on the Creep of Concrete under a Sustained Load" Journal of ACI, Vol.38, 1942, pp.333-355.

2) 강구조학회 특집기사 "CFT 과거 · 현재 그리고 미래", 강구조학회지, Vol.14, No.2, 2002, pp.10-56.

3) 권승희 · 김진근, "중심축 하중을 받는 CFT 기둥의 장기거동에 관한 연구", 한국콘크리트 학회논문집, Vol.13, No.1, 2001, pp.77-85.

4) 권승희 · 김진근 · 정한욱, "RC 기둥과 SRC 기둥의 장기거동에 관한 실험적 연구", 한국콘크리트학회 학술발표회, Vol.15, No.1, 2003, pp.481-486.

5) Bazant, X.P., and Raftshol, W.J., "Effect of Cracking in Drying and Shrinkage Specimens", Cement and Concrete Research, Vol.12, 1982, pp.209-226.

6) Kim, J.K., and Lee, C.S., "Prediction of Differential Drying Shrinkage in Concrete", Cement and Concrete Research, Vol.28, No.7, 1998, pp.985-994.

제 2 장 영향인자

2.1 건조수축에 영향을 미치는 요인

2.1.1 강도와 강성

탄성계수를 증가시키면 건조수축량을 줄일 수 있으며, 탄성계수가 큰 골재를 사용하면 콘크리트의 탄성계수를 증가시킬 수 있다. 예를 들어, 강철 골재를 사용한 콘크리트는 일반 콘크리트보다 수축량이 1/3 이상 작고, 셰일(shale)을 사용한 콘크리트는 1/3 이상 수축량이 크다. Reichard[27]는 사용 골재의 압축률에 크게 좌우되는 콘크리트의 탄성계수와 건조수축의 관계를 제시하였다(그림 2.1 참조).

골재에 점토질 성분(또는 미분)이 존재하면 수축량이 증가된다. 점토가 표면을 싸고 있는 골재를 사용한 콘크리트의 수축량은 70% 이상 증가될 수 있다.

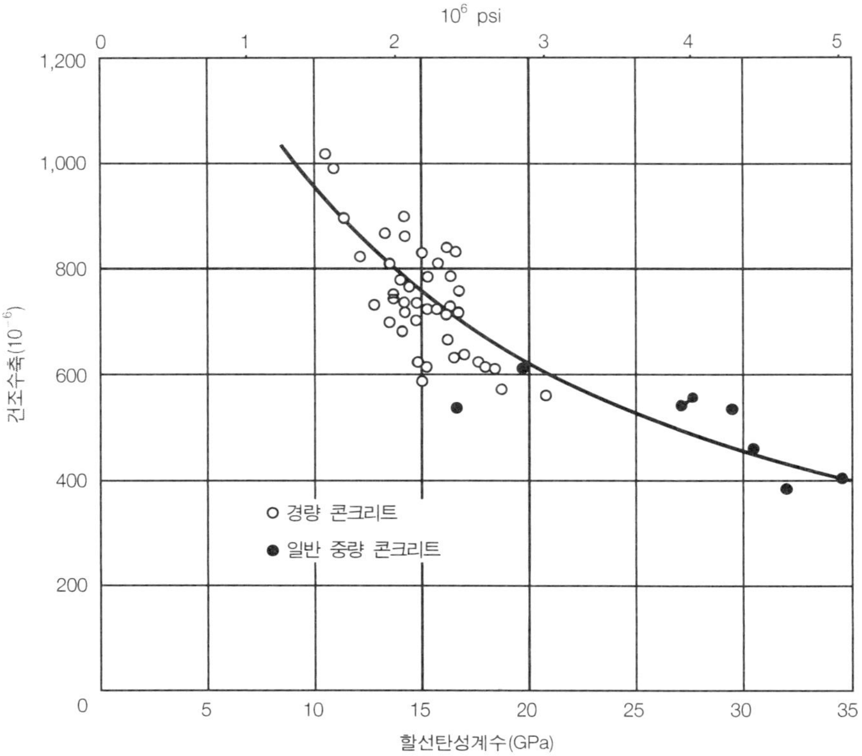

그림 2.1 **재령 28일의 탄성계수와 2년 후의 건조수축 사이의 관계**[27)]

2.1.2 배합설계

수화된 시멘트 페이스트의 건조수축은 물-시멘트비가 클수록 증가한다. 왜냐하면 물-시멘트비가 클수록 페이스트 내의 증발 가능한 물의 양이 많아지고 물이 시료의 표면으로 이동하는 속도가 빠르기 때문이다. Brooks[2)]는 물-시멘트비가 20~60%일 때 수화된 시멘트 페이스트의 건조수축량이 물-시멘트비에 비례하는 연구결과를 발표하였다. 물-시멘트비가 60% 이상이면 수축의 발생 없이 건조가 일어날 가능성도 있다.

표 2.1은 모르타르와 콘크리트 시료의 전형적인 건조수축량을 제시하고 있다. 시료의 형태는 한 변의 길이가 127mm인 정사각형이고 양생온도가 21℃, 상대습도가 50%일 때의 6개월 후의 실험결과이다. 수축량들이 조금 큰 경향을 나타내는데 이것은 수축이 많은 요소들에 의해 영향을 받기 때문이다.

골재는 건조수축을 줄이는 역할을 하므로 골재량은 건조수축에 가장 큰 영향을 미치는 요소이다. 콘크리트의 수축량 S_c와 시멘트 페이스트 수축량 S_p의 비는 콘크리트의 단위골재 부피량 a에 의존한다[26].

$$S_c = S_p(1-a)^n \tag{2.1.1}$$

n값은 실험에서 구하며, 대개 1.2~1.7이다. 이 값은 크리프에 의한 시멘트 페이스트의 응력이완에 의해 변동한다. 그림 2.2의 실험결과는 $n=1.7$일 때의 결과이다.

표 2.1 **모르타르와 콘크리트 시료의 전형적인 건조수축량[14)]**
(한 변의 길이가 127mm인 정사각형, 양생온도 21℃, 상대습도가 50%)

골재/시멘트비	물-시멘트비에 따른 6개월 후의 수축량($\times10^{-6}$)			
	0.4	0.5	0.6	0.7
3	800	1,200	–	–
4	550	850	1,050	–
5	400	600	750	850
6	300	400	550	650
7	200	300	400	500

Hansen과 Almudailheem[9)]은 동일한 물-시멘트비와 수화도를 가진 시멘트 페이스트의 수축량으로부터 단위골재 부피량과 골재의 탄성계수를 고려하여 콘크리트의 건조수축량을 추정할 수 있음을 확인하였다.

골재의 크기와 입도는 건조수축에 거의 영향을 미치지 않지만 매우 큰 골재는 건비빔이 가능하므로 낮은 건조수축을 나타낸다. 골재의 크기가 6.3mm에서 152mm로 증가하면 단위골재 부피량이 전체 부피에서 차지하는 부피가 60%에서 80%로 증가하는 것과 같다. 따라서 그림 2.2와 같이 단위골재 부피량이 증가하면 수축량은 감소한다.

동일한 강도에서 작업성이 낮은 배합이 높은 배합보다 골재량이 많기 때문이 건조수축도 작다. 예를 들어, 콘크리트의 단위골재 부피량이 71%에서 74%로 증가하면 그림 2.2에서 나타난 바와 같이 수축량이 20% 감소한다.

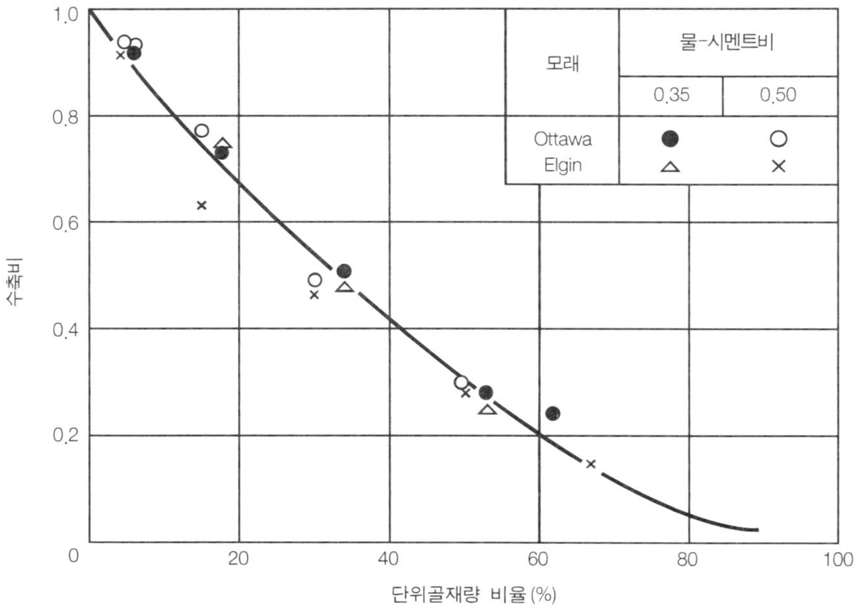

그림 2.2 **단위골재량에 따른 콘크리트의 수축과 시멘트 페이스트 수축의 비**

물-시멘트비와 단위골재 부피량이 건조수축에 미치는 영향을 그림 2.3과 같이 하나의 그래프로 나타내었다. 물-시멘트비가 일정할 때 단위시멘트양이 증가할수록 건조수축량은 증가한다(그림 2.4 참조). 왜냐하면 콘크리트에서 건조수축이 발생하는 부분인 시멘트 페이스트양이 증가하기 때문이다. 그러나 단위수량이 같으면 단위시멘트양의 증가가 건조수축량에 영향을 미치지 않거나 건조수축량을 감소시킨다. 왜냐하면 이것은 물-시멘트비가 감소하여 건조수축을 억제하는 역할을 하기 때문이다.

단위수량이 증가하면 이로 인해 골재가 차지하는 부피가 감소하기 때문에 건조수축량이 증가되지만 단위수량이 건조수축량을 증가시키는 일차적인 요소는 아니다. 그림 2.5는 단위수량의 증가에 따른 건조수축량의 변화양상을 나타내고 있는데, 같은 단위수량을 가진 배합들도 골재의 종류나 골재/시멘트비에 따라 다른 건조수축량이 나타날 수 있다.

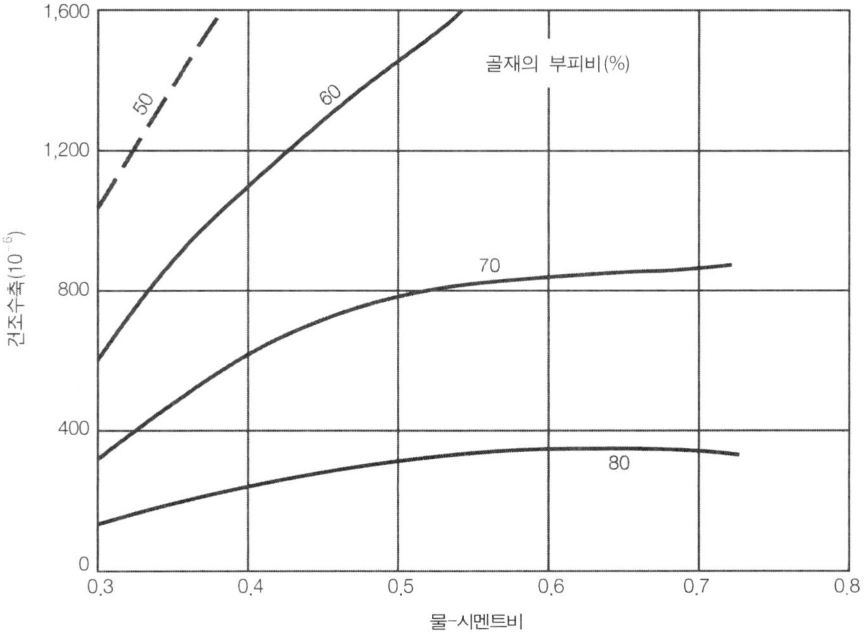

그림 2.3 **건조수축에 대한 물-시멘트비와 단위골재량의 영향**[25)]

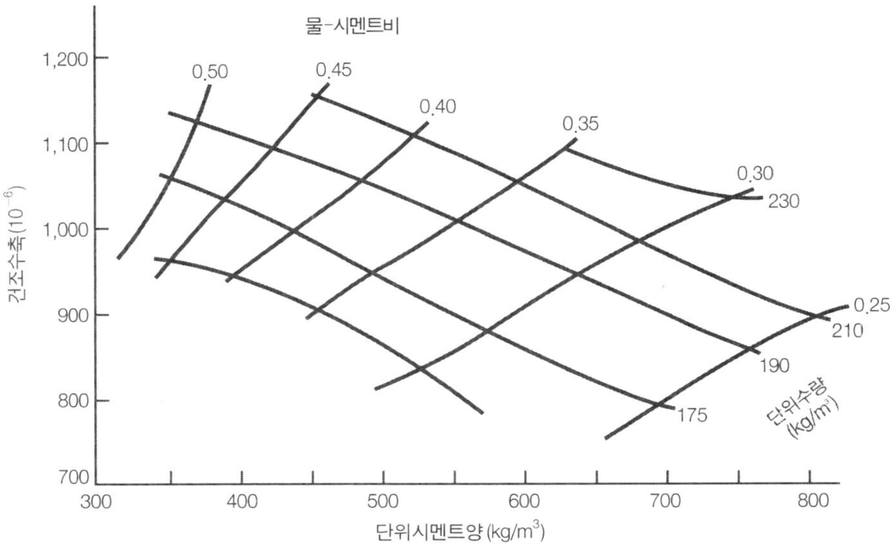

그림 2.4 **단위시멘트양, 단위수량, 물-시멘트비에 따른 건조수축 (28일 동안 습윤양생, 450일 후의 건조수축량)**[30)]

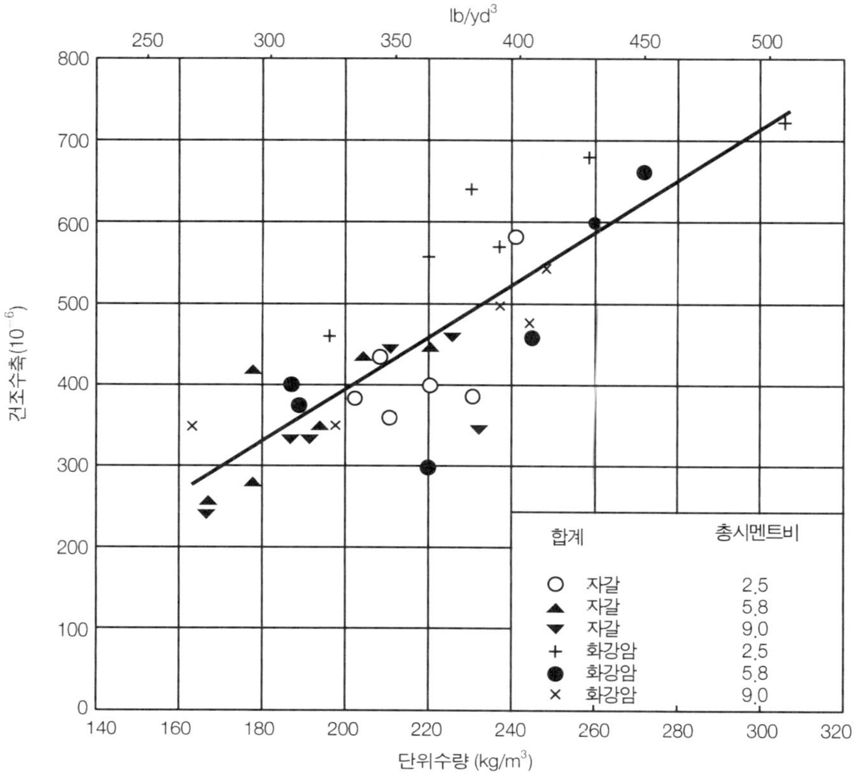

그림 2.5 **굳지 않은 콘크리트의 단위수량과 건조수축 사이의 관계**[29)]

2.1.3 구조물의 크기와 형태

콘크리트 실험체의 시간에 따른 수분의 감소는 실험체의 크기와 연관이 있다. 건조 표면으로부터의 거리에 따른 수분의 감소 패턴은 Mensi 등(1988)의 가정에 따른다. 이 가정에 따르면 수분의 확산율은 시간의 제곱근에 비례한다. 즉 지름이 D_1인 실험체의 시간 t_1에서 건조의 정도는 k^2t_1시간에서 직경 kD_1 실험체의 건조 정도와 동일하다. 직사각형 단면인 경우에는 모서리의 영향으로 인해 다소 다른 결과를 나타내게 된다(그림 2.6 참조). 표 2.2는 한쪽 표면에서 건조될 때, 증발가능한 물의 양 중 80%가 건조되기 위해서 필요한 시간이다.

매스 콘크리트의 경우 콘크리트 부재의 표면에서 75mm 깊이까지 수분이 평형상태가 되려면 한 달이 걸리며, 225mm의 경우 1년, 600mm의 경우 10년이 걸린다. 체적대 표면적비가 높을수록 건조수축의 양이 작아진다. T형 보의 경우 사각형 단면보에 비해 건조과정이 더 빨리 진행되지만, 극한 건조수축량은 더 작은 편이다. 수분 손실률은 부재의 총표면적과 평균 확산경로의 길이에 따라 달라진다. 부재의 단면이 작을수록 초기의 건조수축발생률이 큰 편이지만 이후의 건조수축량은 더 작다. 유사한 개념으로 표면적이 작을 경우 초기에는 건조수축량이 작지만 극한 건조수축량은 커지게 된다. 따라서 초기 건조수축발생량과 극한 건조수축량 사이에는 반비례 관계가 성립한다고 볼 수 있다. 이러한 내용은 시멘트 페이스트에서 나타나는 현상과는 정반대다. 콘크리트는 건조가 진행 중인 외부 콘크리트는 수축하는 반면, 내부 콘크리트는 건조되지 않은 내부 수분으로 인해 여전히 수축이 발생하지 않는다. 이로 인해 외부에서는 인장응력이 발생하고 인장 크리프에 의해 응력이완이 충분히 일어나지 않으면 미세균열이 발생하게 된다. 크리프나 미세균열은 겉보기 수축의 감소를 가져온다. 또한 수분 함량이 비교적 높은 내부의 경우 압축응력 상태에서 크리프가 발생하게 되며, 이는 이후의 건조수축량에 영향을 준다.

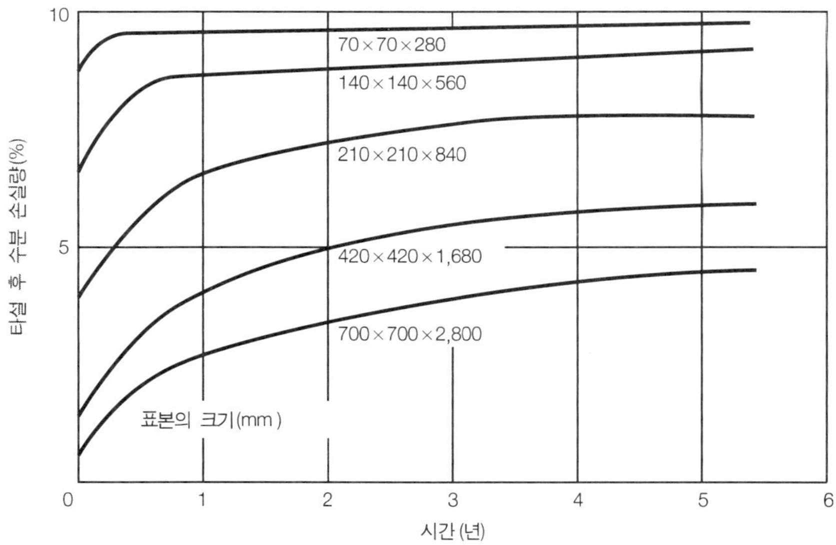

그림 2.6 **시료의 형태와 수분증발 사이의 관계(상대습도 : 55%)**[17]

표 2.2 증발 가능한 물의 양 중 80%가 증발되기 위해서 필요한 시간

온도℃(℉)	강도	상대습도	수분 확산율	표면으로부터의 거리에 따른 건조의 기간		
				표면 50 (mm)	표면 100 (mm)	표면 200 (mm)
5(41)	Low Medium High	Low Medium High	High Medium Low	3개월 5년 50년	1년 20년 200년	4년 80년 800년
20(68)	Low Medium High	Low Medium High	High Medium Low	1개월 2.5년 25년	5개월 10년 100년	1.5년 40년 400년
50(122)	Low Medium High	Low Medium High	High Medium Low	10일 1년 10년	1개월 4년 40년	5개월 15년 150년
100(212)	Low Medium High	Low Medium High	High Medium Low	1일 1개월 1년	4일 5개월 6년	15일 1.5년 25년

2.1.4 골재의 성질

건조수축량은 골재의 종류에 따라서도 크게 달라진다(그림 2.7 참조). 건조수축량을 증가시키는 골재로는 현무암(dolerites, basalts)이 있고 경사암(greywacke), 이암(mudstone)과 같은 퇴적암도 건조수축량을 증가시킨다. 반면에 화강암(granite), 석회암(limestone), 규암(quartzite) 등은 건조수축을 감소시킨다.

높은 수축량은 초과적인 변형과 비틀림을 발생시켜 사용성 문제를 발생시킬 수 있다. 또한 높은 수축량으로 인해 발생된 균열은 구조물의 내구성에도 큰 영향을 미친다. 이러한 이유로 사용 골재가 수축에 미치는 영향을 미리 파악하는 것이 중요하다. 대개 수축량이 큰 골재들은 흡수율이 크고 큰 비틀림을 발생시키기 때문에 정밀한 검토가 필요하다.

경량골재는 대부분 큰 수축량을 나타내는데 이는 낮은 탄성계수를 가진 골재가 큰 수축량을 나타내기 때문이다. 75㎛(No.200)보다 작은 입자들의 비율이 증가하면 공극비가 증가하여 수축량이 크게 증가한다.

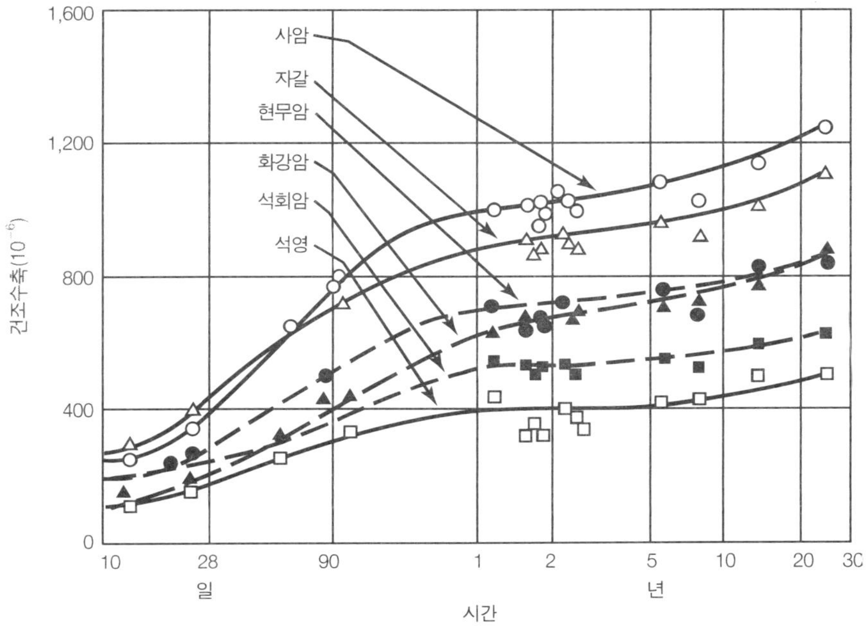

그림 2.7 **골재의 종류에 따른 콘크리트의 수축(28일 수중양생 이후, 21℃의 온도와 50%의 상대습도의 공기 중에서 양생)**[32)]

2.1.5 상대습도

건조수축은 오랜 기간 동안 발생한다. 심지어 몇몇 연구결과들은 28년이 경과한 후에도 수축이 발생한다고 보고하고 있다(그림 2.8 참조). 그러나 이러한 장기재령 수축의 한 부분은 탄산화에서 기인한 바가 크다. 그림 2.8은 건조수축률이 시간에 따라 매우 급격히 감소하는 경향을 나타내고 있다.

장기간의 수중양생은 건조수축의 발생을 지연시킨다. 양생이 건조수축에 미치는 영향은 크다. 수화된 시멘트의 양이 많아질수록 건조수축을 억제하는 비수화된 시멘트 입자의 부피가 감소하므로 수화가 진행됨에 따라 건조수축량이 증가하리라고 추측할 수도 있다. 그러나 수화된 시멘트 페이스트는 적은 양의 물을 포함하고 재령에 따라 강성이 커져 수축 잠재력을 감소시킨다. 양생이 잘된 콘크리트는 건조수축이 조기에 발생하여 크리프에 의한 수축응력 재분배효과가 줄어든다. 그러므로 양생기간은 건조수축량을 결정하는 중요한 요소는 아니다.

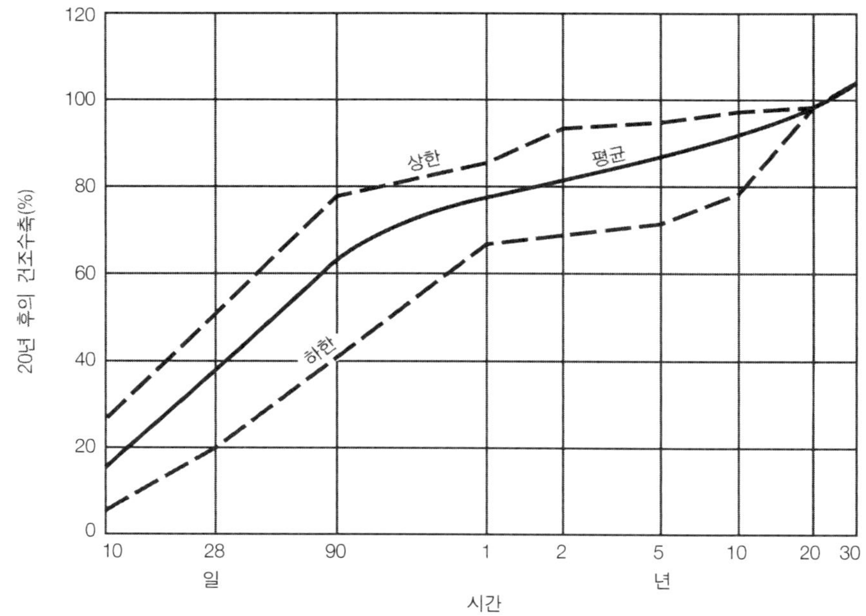

그림 2.8 **상대습도가 50~70%일 때의 수축과 재령 사이의 관계**[32)]

건조수축량은 외기의 건조환경에 민감하게 영향 받지는 않는다(콘크리트가 수중에서 매우 건조한 상태로 옮겨져서 파괴되는 경우는 예외이다). 급속한 건조는 크리프에 의한 응력의 재분배 여지가 없으므로 균열이 발생하기도 한다. 그러나 극초기 재령을 제외하면, 바람이나 강제대류가 콘크리트의 증발률에 미치는 영향은 크지 않다. 왜냐하면 콘크리트의 수분전달률이 매우 낮아서 증발률 자체가 적기 때문이다. 이러한 현상은 여러 실험들에 의해 증명되었다.

콘크리트를 둘러싸고 있는 매질의 상대습도도 건조수축에 영향을 미친다(그림 2.9 참조). 수중에서 콘크리트는 상대습도 70%일 때의 수축량의 1/6배, 상대습도 50%일 때의 수축량의 1/8배 팽창한다. 건조상태의 콘크리트는 수축이 발생하고 100%의 상대습도에 놓여있는 콘크리트는 팽창하므로 콘크리트 내부의 수증기압은 포화수증기압보다 적을 것으로 추정할 수 있다. 따라서 콘크리트가 전혀 수축이 일어나지 않는 상대습도가 존재하리라 추측되는데, Lorman[15)]은 이 값이 94%라고 주장하였다.

일부 상대습도의 건조수축량은 알고 있지만 특정 상대습도의 수축량을 알지 못할 때에는 ACI 209R-92에서 제안한 식을 사용할 수 있다. Hanen과 Almudailheem[9)]은 ACI 209R-92이 제시하지 않은 상대습도 11~40% 범위의 예측값을 제시하였다.

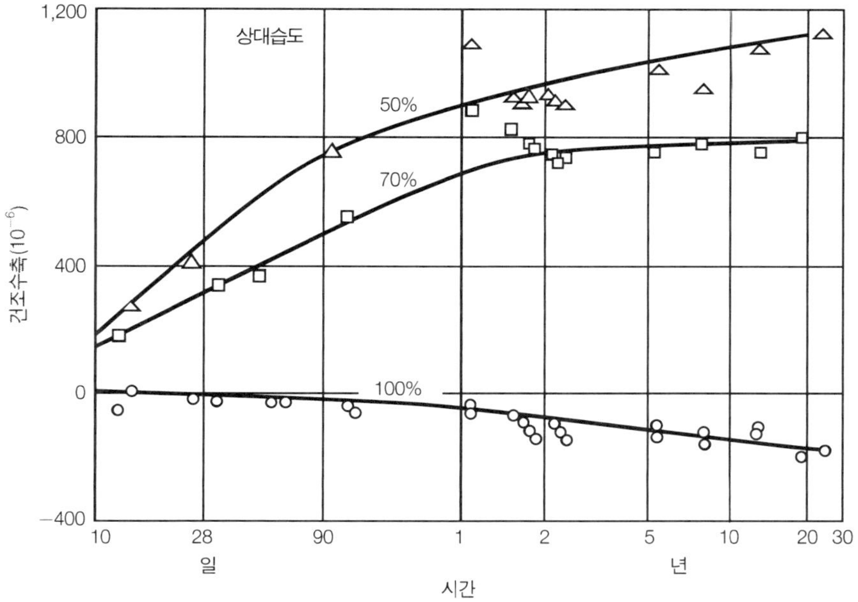

그림 2.9 **상대습도에 다른 수축과 재령 사이의 관계**[2)]

2.1.6 양생온도

저압 증기양생(low-pressure steam curing)한 콘크리트의 건조수축변형률은 일반적인 대기양생한 경우의 2/3 정도다. 고온고압 증기양생(high-pressure steam curing, autoclaving)된 콘크리트의 건조수축은 대기 양생한 콘크리트의 1/3 정도다. 이것은 결정질 토버모라이트에서는 수분이 제거되어도 물리화학적인 변화가 없지만 비결정 C-S-H에서는 변화가 발생하기 때문이다. 모세관 공극이 유지되어 있으므로 건조시 표면장력이 발생하므로 약간의 건조수축이 발생한다. 이 수축은 대부분 회복되는 수축이다. 발생하는 건조수축의 크기는 비결정 C-S-H의 구성비와 공극의 크기 분포에 따라 결정된다. 알루미나가 있으면 건조수축이 줄어드는데, 이것은 토버모라이트의 생성에 영향을 미치기 때문인 것으로 보인다.

2.1.7 기타 영향

시멘트의 성질은 콘크리트의 수축량에 큰 영향을 미치지 않는다. Swayze[31)]는 큰 수축을 발생시키는 시멘트 페이스트로 만들어진 콘크리트가 언제나 큰 수축량을 나타내는 것은 아니라는 연구결과를 발표하였다. 반면에 75㎛(No.200)보다 작은 골재입자들의 비율이 증가하면 수축량이 증가하는 것과 마찬가지로 시멘트의 분말도가 증가하면 수축량은 증가한다. 그러나 시멘트 분말도가 크면 시멘트 페이스트의 수축량은 커지지만 일반 또는 경량골재를 사용한 콘크리트의 수축량에는 큰 영향을 미치지 않는다는 연구결과가 제시되기도 하였다. 석고가 부족한 시멘트의 수축량이 증가한다는 것을 제외하고는 시멘트의 화학적 성분이 수축량에는 큰 영향을 미치지 않는다.

고알루미나 시멘트 콘크리트의 절대 수축량은 일반 포틀랜드 시멘트와 같지만 발현율의 차이로 인해 수축률은 매우 빠르다. 플라이애쉬나 고로슬래그를 포함한 콘크리트의 수축량은 상대적으로 크다. 특히 일정한 물-시멘트비에서 플라이애쉬나 고로슬래그의 첨가는 수축량을 20% 정도 증가시킨다. 슬래그 첨가율이 매우 높을 때에는 수축량이 60% 이상 증가할 수 있다. 실리카 흄은 장기적인 수축량을 증가시킨다.

감수제의 첨가는 수축량을 조금 증가시킨다. 이것은 감수제의 첨가로 인해 단위수량과 단위시멘트양이 변함으로 인해 생기는 현상이다. 고성능 감수제는 수축량을 10~20% 증가시킬 수도 있는데 수축량의 변화가 크지 않기 때문에 일반적인 경향으로 간주하지는 않는다.

2.2 크리프에 영향을 미치는 요인

크리프와 건조수축 사이에는 유사성이 많이 발견되기 때문에 서로 밀접한 관계가 있는 것처럼 보인다. 둘 사이에 변형률-시간 곡선이 매우 유사하고, 실험변수가 크리프에 끼치는 영향도 건조수축의 경우와 같으며, 변형률의 양도 같고 둘 다 비가역적인 부분이 많은 부분을 차지한다는 점도 공통점이다. 건조수축과 마찬가지로 크리프도 시멘트 페이스트의 특성에 따라 좌우되며, 콘크리트 내부의 골재가 구속역할을 한다. 크리프의 원인은 C-S-H의 응력에 대한 반응으로 여겨지고 있다. 크리프에 영향을 미치는 여러 가지 실험변수들은 건조수축에 영향을 미치는 인자들과 유사하다.

2.2.1 강도와 강성

크리프는 가압응력에 비례하고 시료의 강성에 반비례한다. 많은 실험결과들이 3일 이하의 초기 재령을 제외하고는 가압응력과 크리프가 비례한다는 결과들을 제시하고 있다. 이러한 비례관계는 상한값을 가지고 있는데, 그 값은 대개 0.30에서 0.75 사이이다(크리프는 매우 낮은 응력 수준에서도 존재하므로 이러한 비례관계의 하한값은 0으로 볼 수 있다). 이러한 비례관계의 상한값이 존재하는 원인은 콘크리트 내부에 미세균열이 발생하며 균열이 가속화되어 크리프 거동이 변화되기 때문이다. 이러한 균열은 콘크리트 내부 균질성 차이 때문에 발생한다. 예를 들면, 모르타르는 굵은골재를 포함하고 있는 콘크리트보다 좀 더 균질한 시료이므로 이러한 비례관계를 나타내는 상한값이 0.85 정도인 것으로 관찰되었다. 일반적으로 비례관계의 상한값은 하중재하기간이 길어질수록 다소 커지는 경향이 있다. 그림 2.10은 가압 후 1분 후에 측정한 크리프양과 응력/강도 사이의 관계이다. Jensen과 Richart[11]는 이러한 비례관계의 상한값이 0.6이고 그 이상에서는 크리프가 가압응력보다 크게 증가한다고 발표했다(표 2.3 참조).

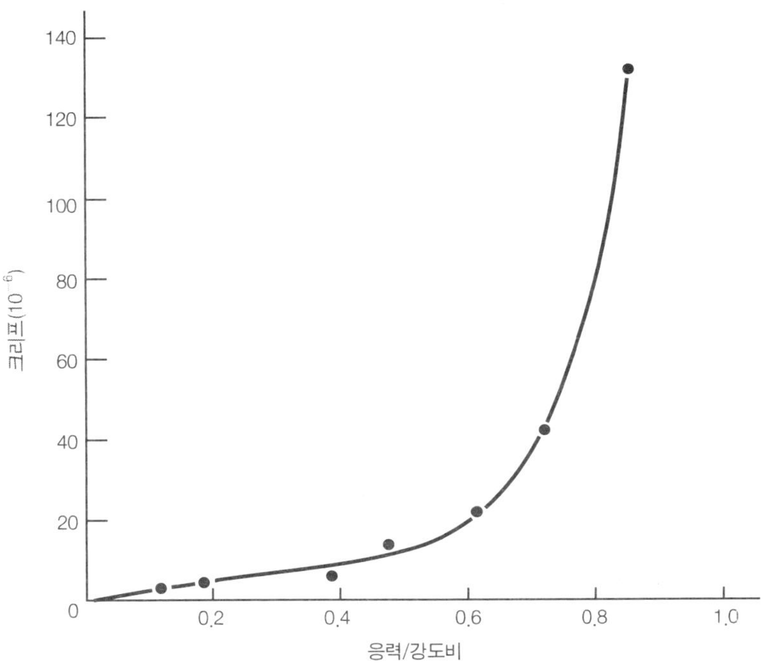

그림 2.10 **응력/강도비와 하중재하 1분 후의 크리프양(재령 7일에서 하중재하)**

표 2.3 **응력/강도비와 크리프 사이의 관계**

응력/강도비	0.2	0.4	0.6	0.7	0.8	0.9
크리프(임의의 단위)	0.2	0.4	0.6	0.83	1.23	2.06

이러한 경향은 다른 연구자들에 의해서도 관찰되었는데 그림 2.11은 Gvozdev[8)]의 실험결과이다. 그림 2.11의 곡선들은 2개의 직선으로 근사할 수 있는데, 이 직선들의 교차점을 미세균열이 발생되는 지점으로 간주할 수 있다. 가압기간이 증가하면 교차점이 점차 오른쪽으로 이동한다. 이것은 재령에 따라 콘크리트의 강도가 증가하여 균열유발 응력이 증가하기 때문인 것으로 사료된다. 이러한 이유로 크리프와 응력/강도비 비례관계의 상한값은 가압기간의 증가에 따라 증가하는 것이다.

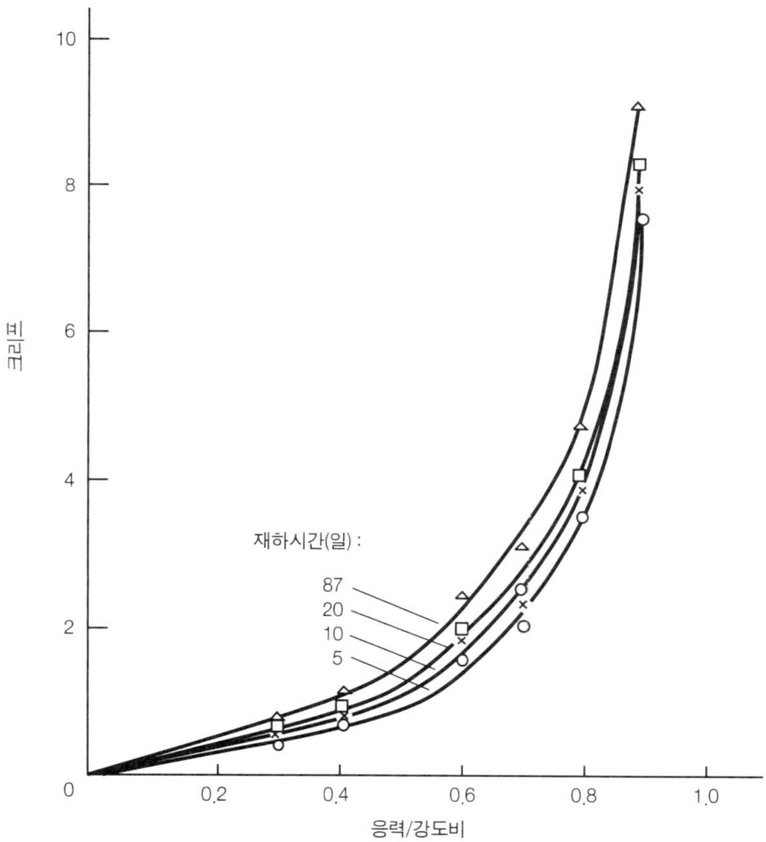

그림 2.11 **응력/강도비와 크리프양 사이의 관계**

압축강도의 측정방법이 각 실험자마다 서로 달라서 연구결과들을 직접 비교하는 것은 어렵다. 대부분의 연구자는 크리프 실험시 대개 높이/가로 비가 3~4배인 직육면체를 사용하고 강도로 동일 형태의 시편을 사용해서 측정한다. 그러나 일부 연구자들은 강도는 정육면체나 원주형 공시체를 이용하여 측정하기도 한다. 크리프 형태의 시료를 사용하여 구한 강도는 정육면체나 원주형 공시체를 사용하여 구한 강도보다 작다. 따라서 이러한 시험체를 사용한 실험의 상한값이 정육면체나 원주형 공시체를 사용한 시료의 상한값보다 크다.

그림 2.12는 강도가 다른 모르타르들의 크리프와 응력/강도비 사이의 관계이다. 60일 동안 95%의 상대습도에서 저장하고 2종류의 응력 수준이 사용되었다. 모르타르의 강도는 50×230mm의 원주형 공시체로 측정되어 표준공시체로 측정한 강도보다는 조금 작을 것으로 사료된다. 그림 2.12의 회귀분석 직선식은 표준배합이고 가압응력이 같은 시료에 대한 실험 데이터들로만 구한 것이다. 이것에는 물-시멘트비와 가압응력 변화에 대한 영향을 고려하지 않았지만 그림에서 보는 바와 같이 모든 데이터들이

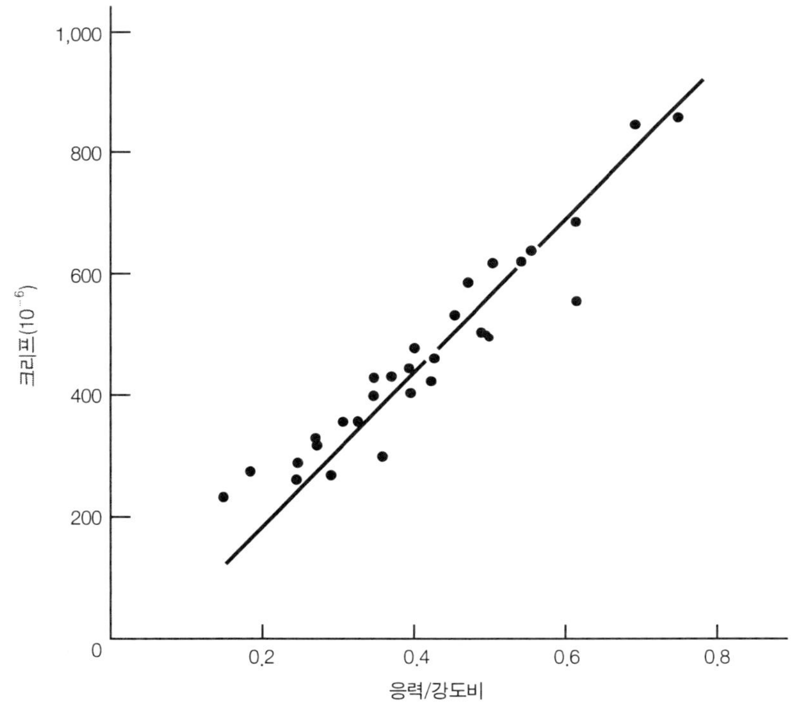

그림 2.12 **모르타르의 응력/강도비와 크리프 관계**

회귀분석 식과 비슷한 오차를 나타내고 있다. 이것은 다른 종류의 시멘트 사용이나 물-시멘트비의 차이는 크리프에 큰 영향을 미치지 않고 또한 응력/강도비와 크리프의 관계도 크게 변하지 않는다.

Sheikin과 Baskakov는 세 종류의 시멘트로 시료를 만들고 같은 응력/강도비로 가압했을 때의 실험결과를 발표하였다. 세 종류의 콘크리트의 가압 20일 후의 비크리프는 각각 23.2, 52.2, 33.3×10^{-6}MPa이었다. 그러나 같은 응력/강도비에 해당하는 전체 변형량률은 20일 후에 300, 330, 300×10^{-6}, 660일 후에 1240, 1530, 1220×10^{-6}으로 차이가 크지 않았다.

또한 Klieger[13]는 크리프와 응력/강도비 사이의 관계에 대한 다음의 실험결과를 제시하였다.

표 2.4 **강도별 콘크리트의 크리프**

가압시의 압축강도 (MPa)	극한비 크리프 (×10^{-6}/MPa)	30%의 응력/강도비에서의 극한 크리프(×10^{-6})
13.8	203.0	933
27.6	116.0	1,067
41.4	79.8	1,100
55.2	58.0	1,067

수중양생한 콘크리트의 크리프와 응력 사이의 비례관계는 L'Hermite와 Mamillan[18]의 실험결과를 통해서도 알 수 있다. 그림 2.13은 가압기간이 7일에서 5.5년 사이일 때의 응력과 크리프변형률 사이의 관계를 나타내고 있다.

Le Camus[16]는 전체 변형량과 응력/강도비의 선형 비례 관계가 0.6까지 존재하다고 발표했다. 그림 2.14는 상대습도가 75%에서 저장된 시료의 응력-전체 크리프변형률 사이의 관계를 나타낸다. 앞에서 언급한 바와 같이 그림 2.14의 직선들은 원점을 지나지 않는다. 이것은 일정값 이하의 응력/강도비에서는 크리프가 발생하지 않은데서 기인하고, 이 값은 가압기간의 증가에 따라 감소한다.

Ross[28]는 크리프에 대한 성숙도의 영향을 측정하였다. 양생온도이력에 따라 강도가 변하는 공시체에 같은 응력을 가했을 때의 크리프양을 실험하였다. 응력/강도비와 크리프양을 나타내는 그래프는 선형이지만 원점을 지나지 않았다. 그러나 그림 2.15에서 보는 바와 같이 크리프와 1/성숙도로 나타낸 직선은 거의 원점에 접근하였다. 이것은 강도와 성숙도가 선형 관계에 있지 않은 데 기인한다. 강도보다는 성숙도가 크리프에 영향을 미치는 좀 더 기본적인 요소라고 주장할 수 있다. 성숙도는 수화도를 고려하므로 시멘트 겔의 양을 반영한다.

Reichard[27]는 크리프에 대한 응력/강도의 영향은 일반골재와 경량골재가 비슷한 경향을 나타냄을 관찰하였다. 그림 2.16의 Jones[12]의 실험결과는 경량골재의 응력/강도비와 크리프의 비례관계 상한계 값이 0.6이라는 것을 나타내고 있다. 그림 2.17과 그림 2.18은 50%의 상대습도하에서 실험을 수행하였으므로 전체 크리프 개념을 사용해야 한다. 크리프와 응력/강도비 사이의 관계가 다소 비선형성을 나타내는데, 이것은 수축의 영향인 것으로 사료된다.

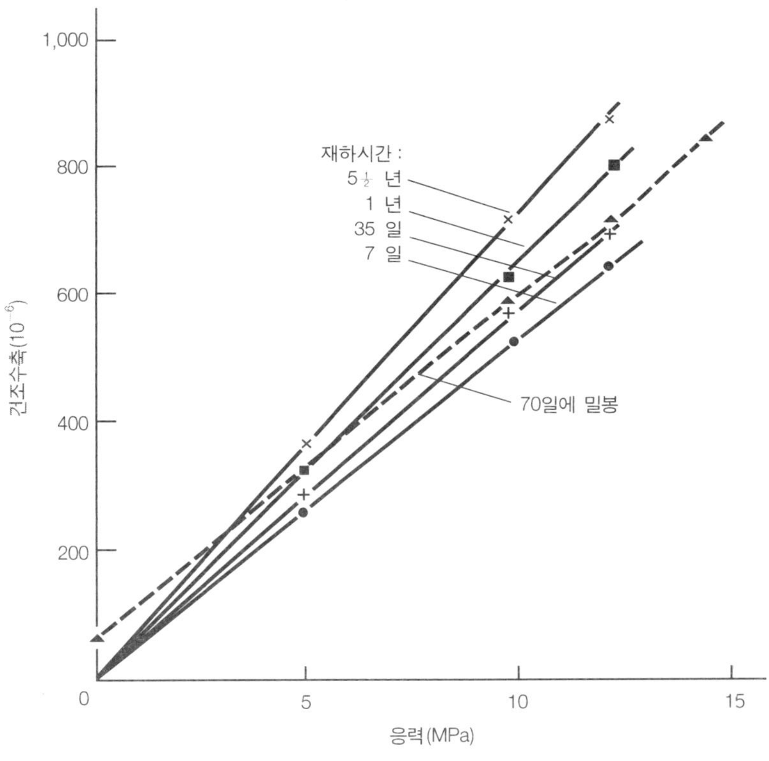

그림 2.13 **응력과 전체 변형률(크리프+탄성변형률) 사이의 관계 (재령 7일 동안 수중에서 양생한 후에 가압 또는 재령 28일에서 가압 후에 밀봉)**

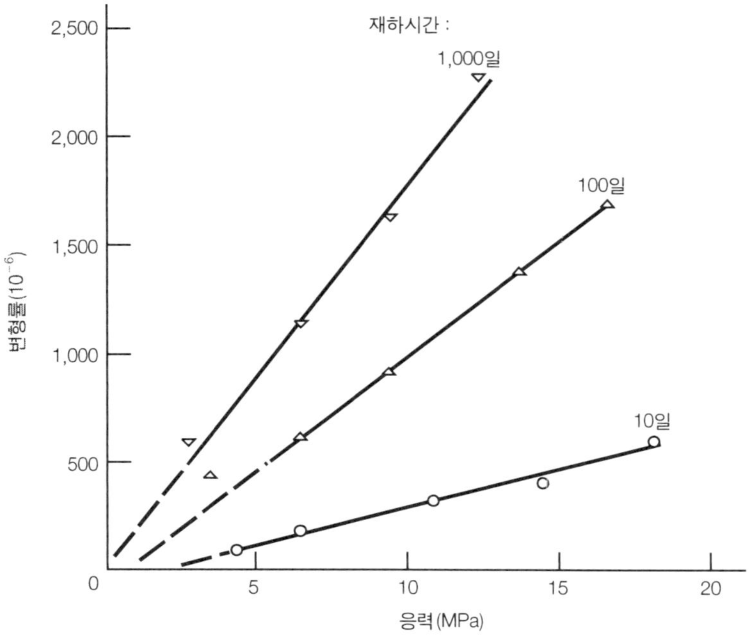

그림 2.14 **상대습도 75%에서 양생되고 저장된 콘크리트의 응력과 전체 변형량**

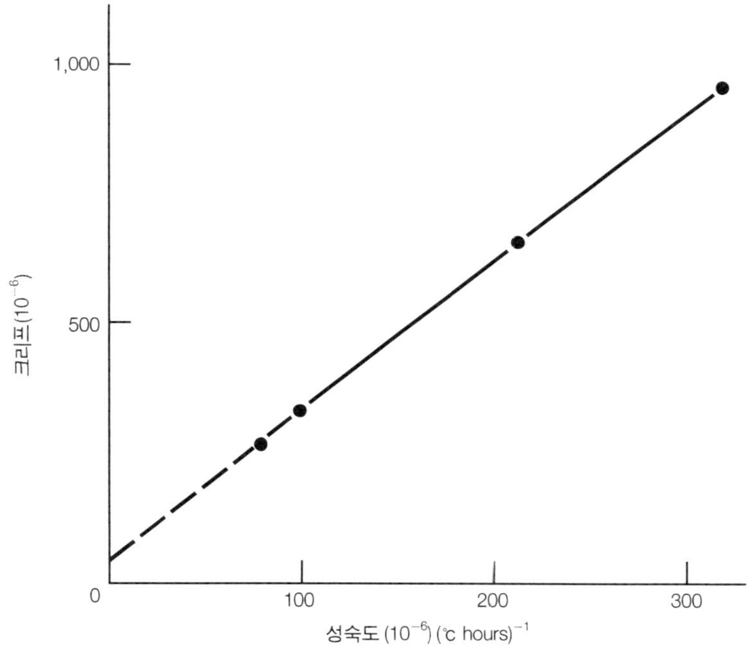

그림 2.15 **크리프와 성숙도 사이의 관계**

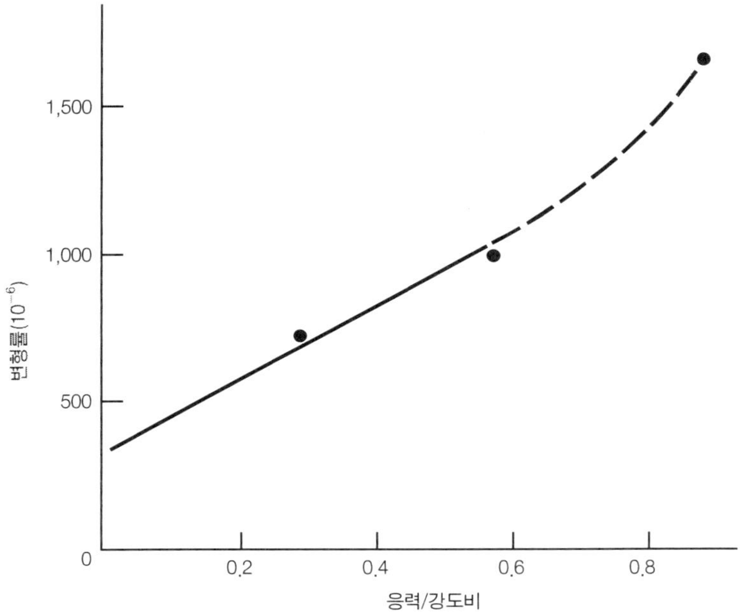

그림 2.16 **경량골재 콘크리트의 응력/강도비와 크리프 사이의 관계**

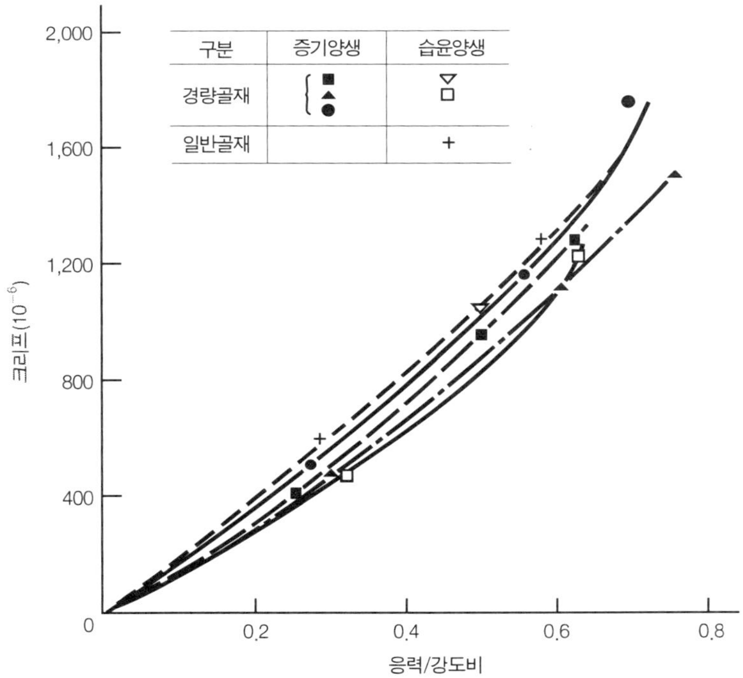

그림 2.17 **경량 및 일반골재 콘크리트의 응력/강도비에 따른 크리프**

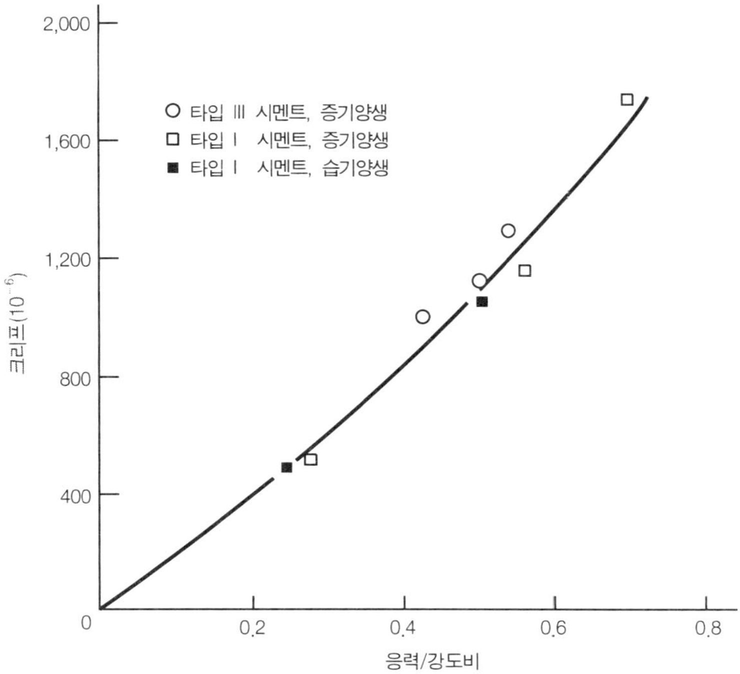

그림 2.18 **여러 시멘트 콘크리트의 응력/강도비에 따른 크리프**

2.2.2 배합설계

콘크리트의 골재는 시멘트 페이스트에서 발생하는 크리프를 억제하는 역할을 한다. 이러한 영향은 수축의 경우에도 적용된다. 즉 크리프는 콘크리트 내부의 시멘트 페이스트가 차지하는 부피의 함수이고 이 관계는 비선형성이다. 콘크리트의 크리프 c는 다음 식에서 구할 수 있다.

$$\log \frac{c_p}{c} = \alpha \log \frac{1}{1-g-u} \tag{2.2.1}$$

$$\alpha = \frac{3(1-\mu)}{1+\mu+2(1-2\mu_a)\dfrac{E}{E_a}} \tag{2.2.2}$$

여기서, c는 콘크리트의 크리프, g는 골재의 단위부피량, u는 미수화된 시멘트의 단위부피량, c_p는 시멘트 페이스트의 크리프이며, μ_a 골재의 포아송비, μ는 콘크리트의 포아송비, E_a는 골재의 탄성계수이고 E는 콘크리트의 탄성계수이다. 이 식들은 보통골재 콘크리트와 경량골재 콘크리트 모두에 적용될 수 있다. 그림 2.19는 콘크리트의 크리프와 골재의 부피비 사이의 관계를 나타낸다. 골재의 부피비가 65%에서 75%로 증가하면 크리프양은 10% 정도 감소한다[22].

시멘트의 종류는 하중재하 시점 콘크리트의 강도에 영향을 준다는 점에서 크리프에 영향을 미친다. 그러므로 다른 종류의 시멘트로 만들어진 콘크리트의 크리프는 시멘트와 강도의 영향으로 고려할 수 있다. 이러한 이론과 실험결과를 바탕으로 같은 강도를 가진 두 종류의 포틀랜드 시멘트와 한 종류의 고알루미나 시멘트는 동일한 크리프양을 나타냄을 알 수 있었다.

시멘트의 분말도는 초기 재령의 강도 발현에 영향을 미치므로 크리프에도 영향을 준다. 그러나 분말도가 크리프를 지배하는 한 요소인 것으로는 보이지 않는다. 왜냐

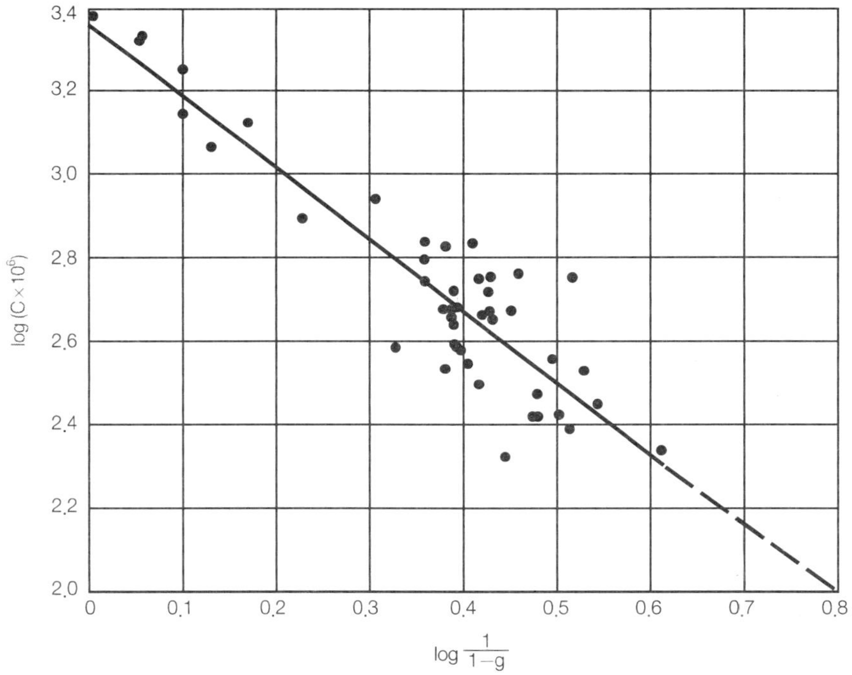

그림 2.19 **28일 후의 크리프 c와 단위골재량 g와의 관계 (재령 14일까지 수중양생, 응력/강도비는 0.5)**[22]

하면 석고의 간접적인 영향으로 반대의 결과가 발생할 수 있기 때문이다. 시멘트가 미세해질수록 석고의 필요성이 커진다. 실험실에서 석고의 추가 없이 시멘트를 분쇄한 결과 시멘트의 수화를 지연시켜 높은 수축과 크리프를 유발했다. 비표면적이 740cm^2/kg 이상의 매우 미세한 시멘트는 높은 초기 재령의 크리프를 나타내지만 1~2년 후에는 낮은 크리프 발생량을 나타낸다. 이것은 미세한 시멘트의 강도 증가율이 높고 이러한 증가로 인해 응력/강도비가 감소하기 때문인 것으로 사료된다.

하중이 재하된 이후의 콘크리트 강도의 변화는 매우 중요하다. 하중재하 시점의 응력/강도비가 동일할 때, 하중재하 시점 이후 강도의 증가가 크면 크리프는 작아진다. 하중재하 시점의 콘크리트 강도에 대한 크리프의 영향은 시멘트 이외의 다른 결합재를 사용했을 때에도 동일하다. 하지만 플라이애쉬나 고로슬래그를 포함한 콘크리트의 크리프를 정량화하는 것은 어렵다. 발표된 실험결과들이 서로 다른 조건에서 실험되었기 때문에 이러한 데이터를 구조 부재의 설계에 사용하는 것은 쉽지 않다.

여러 가지 결합재로 생성된 수화생성물은 콘크리트의 크리프, 엄밀히 말하면 '건조크리프'에 영향을 미칠 수 있다. 수화된 시멘트 페이스트의 투수 및 확산 정도는 건조크리프에 영향을 미친다. 예를 들어, 슬래그는 기본크리프양을 줄이지만 건조크리프는 증가시킨다. 결합재에 따라 수화율과 강도 발현율이 달라진다. 강도 발현율은 크리프에 영향을 미치고 그 영향은 앞서 설명한 바와 같다.

크리프에 대한 수화의 영향은 Buil과 Acker[3]의 실험결과들에서도 알 수 있다. 두 사람의 실험결과는 실리카 흄이 기본크리프에는 영향을 미치지 않지만 건조크리프는 크게 감소시키는 경향을 나타내었다. 이것은 실리카 흄이 겔로부터 이동할 수 있는 수량을 감소시키기 때문이다. 일반적으로 플라이애쉬와 고로슬래그를 포함한 콘크리트의 장기재령 강도가 증가되기 때문에 이러한 콘크리트의 장기재령 크리프는 감소한다. 팽창 시멘트로 제작된 콘크리트는 보통 포틀랜드 시멘트로 제작된 콘크리트보다 크리프가 더 크다.

감수제와 지연제의 사용은 많은 경우에 기본크리프를 증가 시키지만, 언제나 그러한 것은 아니다. 리그노술폰산염계(lignosufonate-based) 혼화제는 카복실산계(carboxylic-acid-based) 혼화제보다 기본크리프가 크다[24]. 건조크리프에 대한 혼화제의 영향은 아직 명확하게 규명되지 않았다. 감수제의 경우도 마찬가지다. 따라서 크리프가 구조물에 중요할 경우에는 이러한 혼화제의 영향도 고려되어야 한다.

2.2.3 구조물의 크기와 형태

시료의 크기가 크리프에 미치는 영향에 대한 몇몇 연구들이 있다. 시료의 크기가 증가함에 따라 크리프의 크기는 감소하지만, 시료의 두께가 0.9m 이상 초과할 때는 이러한 크기효과는 무시될 수 있다. 그림 2.20에 몇몇 전형적인 결과를 제시하였다. 그림에 나타난 바와 같이 하중재하 후 60일 동안 크리프에 대한 크기의 효과는 증가하지만 그 이후에는 크리프에 대한 크기의 효과가 크지 않다. 반면에 L'Hermite와 Mamillan[18]은 두께가 70과 200mm이고 재령 7일에서 하중을 가했을 때, 가압 후 100일과 1,000일에서의 크리프를 비교하였다. 크리프에 대한 두께의 영향은 가압 후 100일과 1,000일에서 큰 차이가 없었다. 그러나 일반적으로 크리프에 대한 크기의 영향은 가압 후의 초기 재령에서 크고 몇 주일이 경과하면 시료의 크기에 관계없이 크리프율이 비슷하다.

Ulitskii[33]는 크리프와 수축에 대한 크기의 영향에 관한 연구를 바탕으로 표 2.5와 같은 수정계수를 제시하였다. 부재의 두께가 200mm인 것을 기준으로 부재의 두께가 50에서 1,000mm로 변할 때의 크리프와 수축량의 변화를 나타내고 있다.

건조크리프가 발생하는 경우에는 주변 매개체로 이동하는 수분의 관점에서 크기효과를 설명할 수 있다. 작은 부재의 시료인 경우에는 크리프와 함께 많은 부분에서 건조수축이 함께 진행되어 큰 부재보다 크리프양이 증가하게 된다. 시간의 경과에 따라 건조효과가 심부에까지 미치면 콘크리트의 거동은 초기 가압 시점과는 달라진다. 좀 더 큰 수화도에 도달하게 되어 강도도 증가하게 되고 수분함유량도 감소된다. 따라서 이 시점에서는 건조크리프양이 작아진다. 이러한 설명은 건조크리프에만 크기효과가 발생하는 것으로 인식될 수 있는데 Troxell은 100%의 상대습도하에서도 크기효과가 발생함을 실험적으로 증명하였다(그림 2.21 참조).

Hansen과 Mattock[10]은 콘크리트의 크리프와 건조수축은 부재의 부피/표면적의 함수로 나타낼 수 있음을 제시하였다. 즉 비닐로 싸여진 시료는 자유면이 없기 때문에 크리프는 부재의 크기에 영향을 받지 않는다. 실제적으로 매스 콘크리트 구조물은 크기효과가 나타나지 않는다. 그림 2.22는 크리프계수와 부피/표면적 사이의 관계를 나타내고 있다. 시료의 실제 크기는 크리프보다 수축에서 영향이 더 크다. 크리프와 수축의 변화율은 비슷한데, 이것은 두 현상 모두 부피/표면적의 함수이기 때문이다.

콘크리트 부재의 형상에 의한 크리프양의 변화는 그림 2.22에 제시되어 있다. 시료의 형상은 수분의 분배에 영향을 미친다. 그림 2.23에서와 같이 대각선 방향의 수분분포와 표면적에 직각인 방향의 수분분포가 다르다. 같은 부피/표면적비를 가졌을 때, 각주 형태의 시료가 원주형 공시체보다 수축률이 작다.

Zia와 Stevenson[34)]은 T형, 삼각형, 사각형 단면들을 가진 시료의 크리프양의 비가 각각 1.27 : 1.44 : 1.20이라는 실험결과를 발표하였다. Chivamit[4)]은 단면적이 같을 때, 십자형단면이 원형단면보다 초기 크리프율이 크지만 장기재령에서의 절대 크리프값은 차이가 없다고 주장하였다. 이것은 십자형이 원형보다 부피/표면적비가 작기 때문에 일어나는 현상으로 설명할 수 있다. 실용적인 관점에서는 형태에 의한 크리프 변화량이 크기효과 만큼 크지 않아 대부분의 경우 형태의 차이에 의한 크리프양 변화는 무시한다.

크리프와 수축의 예측에서 크기효과는 부피/표면적비, 평균두께, 유효두께 개념을 사용하여 나타낸다. 유효두께는 표면적을 노출 둘레의 1/2로 나누어 구한다. 자세한 내용은 표 2.6에 제시되어 있다.

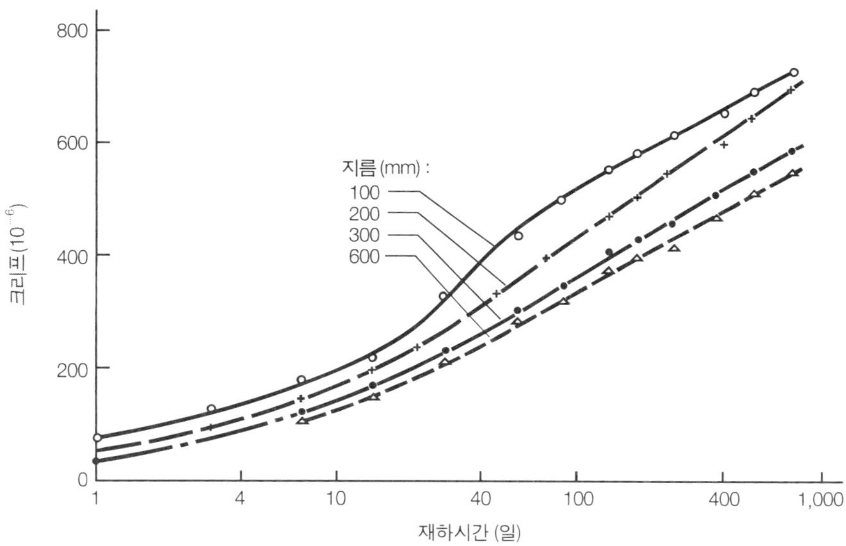

그림 2.20 **시료의 크기에 따른 크리프의 변화**

표 2.5 **크리프와 수축에 대한 시료의 크기의 영향**

최대 두께(mm)	크리프와 수축에 대한 수정계수
< 50	1.6
50	1.5
70	1.3
100	1.15
150	1.05
200	1.00
250	0.95
300	0.9
400	0.8
500	0.75
600	0.7
800	0.55
1,000	0.5
> 1,000과 밀봉 콘크리트	0.4

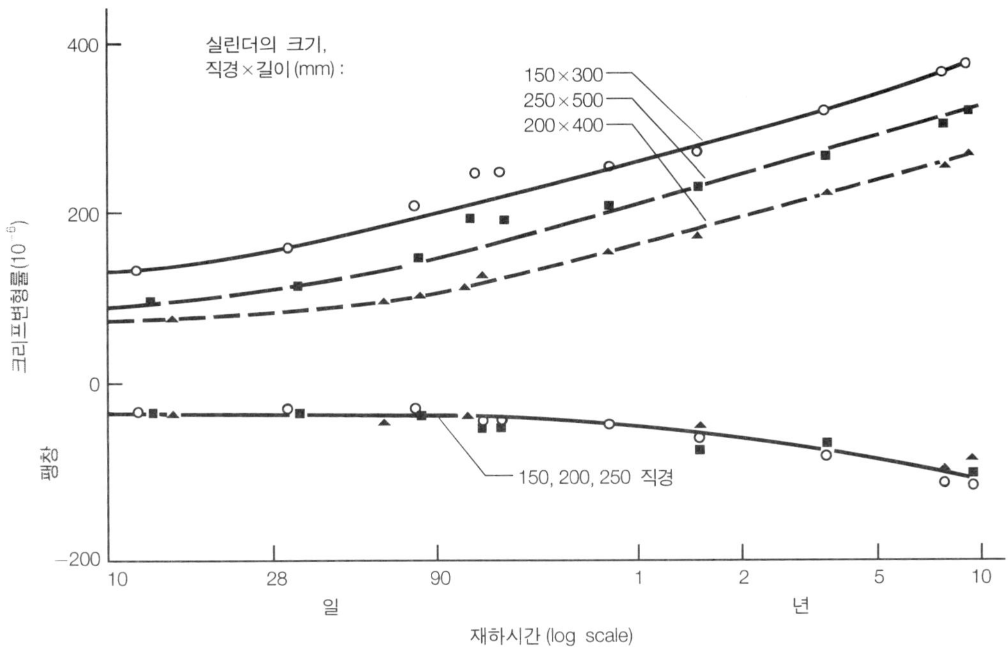

그림 2.21 **시험체의 크기와 크리프의 관계**

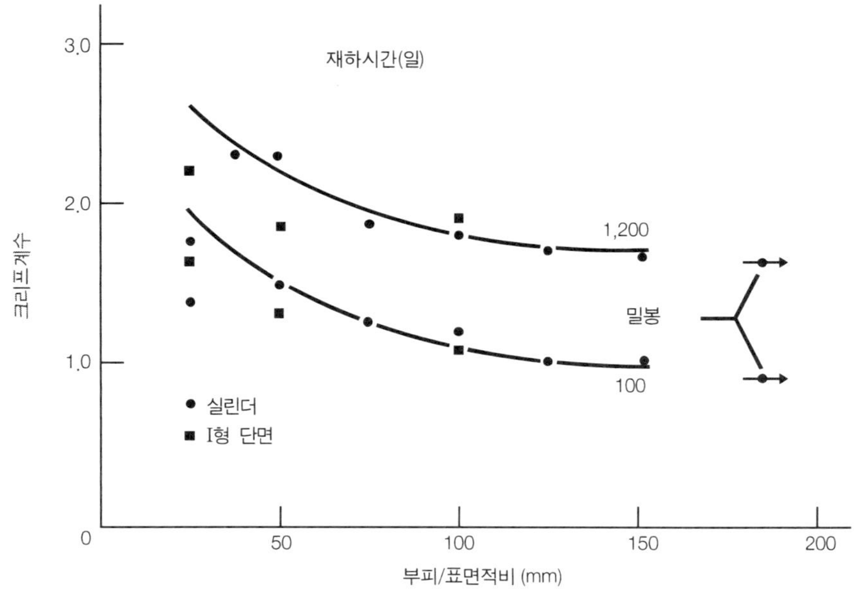

그림 2.22 **크리프의 크리프계수에 대한 부피/표면적비의 효과**

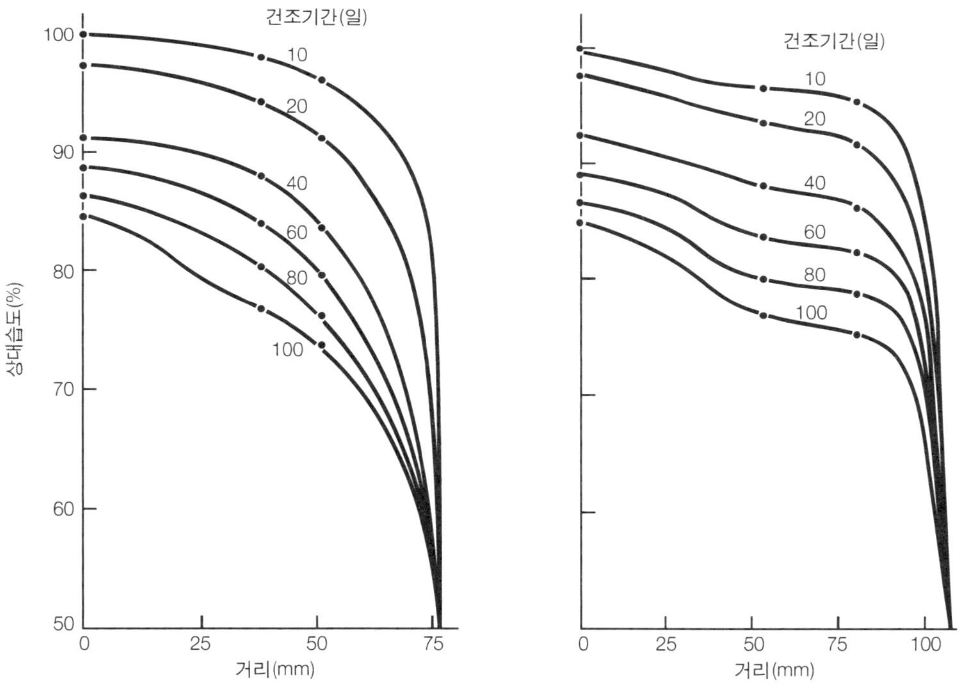

(a) 표면에 수직인 방향으로의 수분분포 (b) 대각선 방향으로의 수분분포

그림 2.23 **상대습도 50% 환경에 보관된 직육면체 시험체의 수분분포**

표 2.6 **단면의 형상에 따른 단면계수**

부제 단면	등가 두께 (mm)	부피/표면적비 (mm)	평균 두께 (mm)
정사각형 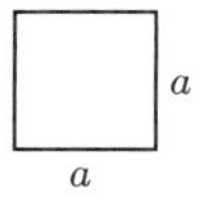	$\frac{a^2}{2a}=\frac{a}{2}$	$\frac{a}{4}$	a
직사각형 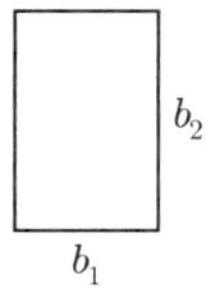	$\frac{b_1 b_2}{b_1+b_2}$	$\frac{b_1 b_2}{2(b_1+b_2)}$	$\frac{2b_1 b_2}{b_1+b_2}$
슬래브 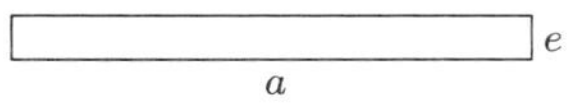	$\frac{ae}{a+e}$	$\frac{ae}{2(a+e)}$	$\frac{2ae}{a+e}$
고리형 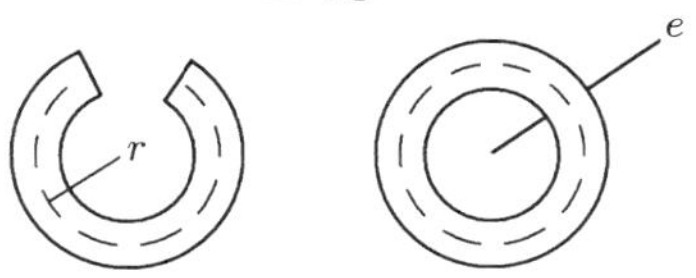	$\frac{2\pi re}{2\pi r}=e$	$\frac{e}{2}$	$2e$
원형 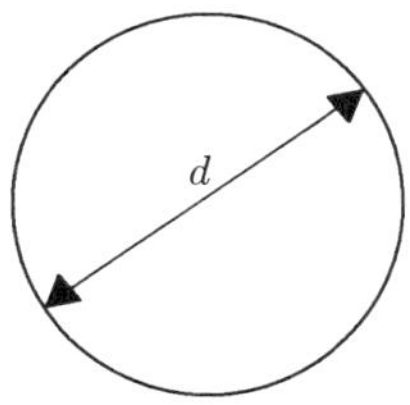	$\frac{d}{2}$	$\frac{d}{4}$	d

2.2.4 골재의 성질

골재의 입도, 최대 치수, 모양 등도 크리프에 영향을 미칠 수 있는 요소들이다. 콘크리트의 크리프에 가장 큰 영향을 주는 골재의 물리적인 성질은 골재의 탄성계수이다. 골재의 탄성계수가 커짐에 따라 수화된 시멘트 페이스트의 잠재적인 크리프양을 억제하는 골재의 영향이 커진다. 이 영향은 위 식 (2.2.1)의 α에 반영되었다.

공극의 크기가 증가할수록 골재의 탄성계수가 작아지므로 공극은 콘크리트의 크리프에 영향을 미치는 요소라고 말할 수 있다. 또한 골재의 공극은 콘크리트 내부의 수분이동에 직접적인 역할을 하고, 이러한 수분이동은 건조크리프의 발현과 관련이 깊다. 건조 조건하의 경량골재 콘크리트가 초기에 과다한 크리프양을 보이는 것은 이러한 이유로 설명할 수 있다.

골재들의 광물학적인 성질과 암석학적인 성질이 다르기 때문에 골재의 종류별 크리프에 미치는 영향을 절대평가할 수는 없다. 그러나 그림 2.24의 데이터는 매우 중요하다. 50%의 상대습도에서 20년 동안 양생했을 경우, 사암골재로 만든 콘크리트의 크리프는 석회석으로 만든 콘크리트의 약 2배 정도인 것으로 관찰되었다.

경량골재와 일반골재의 크리프 성질에 대한 기본적인 차이는 없다. 경량골재가 일반골재보다 크리프양이 더 큰 것은 골재의 탄성계수가 경량골재가 좀 더 작기 때문이다. 경량골재 콘크리트의 크리프율은 보통골재 콘크리트의 크리프율보다 재령에 따라 좀 더 천천히 감소한다. 일반적으로 경량골재 콘크리트의 크리프는 일반골재 콘크리탄성변형률에 대한 크리프변형률의 비는 경량골재 콘크리트가 더 작다.

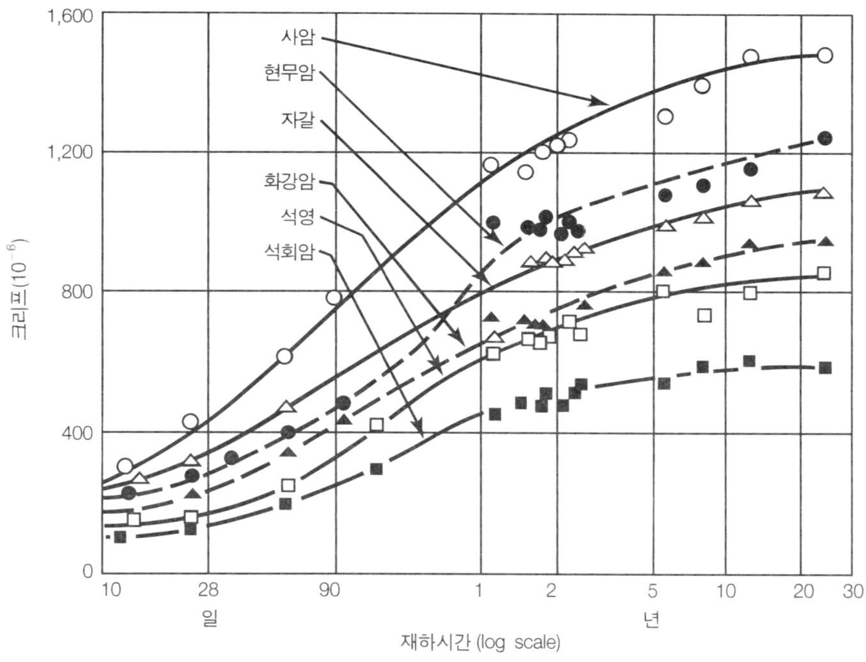

그림 2.24 **다른 종류의 골재로 만들어진 콘크리트의 크리프 (21℃의 기건양생, 50%의 상대습도, 재령 28일에서 재하)**

2.2.5 상대습도

크리프에 영향을 미치는 가장 중요한 외부 요소 중의 하나는 주변의 상대습도이다. 일반적으로 상대습도가 낮을수록 콘크리트의 크리프는 크다. 이러한 경향은 그림 2.25에 잘 나타나 있다. 이러한 습도의 변화는 하중가압 시점 직후의 수축량에 큰 영향을 미친다. 초기 재령에서의 크리프율은 상대습도가 낮을수록 커지지만 장기재령으로 갈수록 상대습도의 변화는 크리프율에 큰 영향을 미치지 않는다. 하중재하기간 동안의 건조는 콘크리트의 크리프를 증가시킨다. 그러나 하중재하 전에 주변 매질과 습도평형을 이룬 공시체는 상대습도의 영향은 매우 적다. 콘크리트의 크리프에 영향을 미치는 것은 상대습도가 아니라 건조과정이다. 즉 낮은 상대습도는 콘크리트의 건조크리프를 유발시키는 것이다.

콘크리트 시료가 건조되면 시료의 외부는 구속된 수축에 의해 인장응력이 발생하여 균열이 발생한다. 적용된 압축하중에 의해 유발된 압축응력은 이러한 균열을 감소시켜 결과적으로 하중이 가해진 시료의 실제 수축은 표면 균열이 발생하는 시료의 수축량보다 크다. 크리프에 수축을 더하는 것은 수축값을 너무 작게 가정하는 것이다. 하중이 가해진 시료의 가정된 수축과 실제 수축 사이의 차이가 '건조크리프'를 나타내는 것이다. 그러나 이러한 가정을 모르타르에 적용하기에는 문제가 있다. 왜냐하면 모르타르에서는 수축에 의한 균열이 존재하지 않는 시료의 건조크리프가 크게 관찰되었기 때문이다. Day와 Illston[6]은 매우 작은 크기의 수화된 시멘트 페이스트의 건조크리프를 연구하였다. 그 결과 건조크리프는 수화 시멘트 페이스트의 고유한 성질로 결론을 내렸다.

Bazant와 Xi[1]는 건조크리프보다도 모세 공극과 겔 공극 사이의 물의 국소적인 이동에 의한 응력이 수축을 발생시킨다고 주장하였다. 그러나 명확한 증명이 없는 동안 건조크리프의 개념을 고려해야 한다.

일반적으로 수축이 큰 콘크리트는 크리프도 크다. 그러나 이것으로 두 현상이 같은 원인에 의해 발생된다는 것은 아니다. 일정한 상대습도에서 양생되고 가압된 콘크리트는 크리프가 일어나고 그 크리프는 콘크리트와 주변 매질 사이의 주요한 수분이동을 동반하지 않는다. 또한 크리프 회복 시에도 마찬가지다. 때로는 크리프나 크리프 회복 시에 소량의 질량 증가가 있을 수 있는데 이는 '탄산화'의 영향이다.

그림 2.26은 수축과 크리프 사이의 관계를 나타내고 있다. 600일 동안 가압시켰던 시료의 하중을 제거하고 시료를 물속에 담가둔다. 시료의 팽창량은 앞서 가해진 하중의 크기와 비례한다. 또한 팽창 후의 부가적인 변형량도 가압하중의 크기와 비례한다.

그림 2.27은 가압한 시료를 수중과 50%의 상대습도를 가진 공기중에서 양생했을 때의 크리프 변화량이다. 수직축은 공기 중에서 600일 동안 가압한 이후의 재령에 따른 변형률을 나타내고 있다. 수중에서 가압시료는 비가압시료의 팽창에 반하여 크리프가 발생한다. 그러나 공기중에서는 모든 시료의 변형량이 같다. 수중에서 오래된 콘크리트의 크리프 증가는 건조 동안에 형성된 연결고리가 파괴되어 일어나는 것이다. 그림 2.28은 그림 2.27을 비가압시료의 변형에 상대적인 변형으로 나타낸 것이다. 이러한 관찰을 바탕으로 수중과 기중양생을 번갈아 하면 크리프 발생량이 증가한다는 결론을 내릴 수 있다. 따라서 실험실에서 측정된 크리프만 의존할 경우 실제 외기에 노출된 구조물의 크리프를 과소평가할 수 있다.

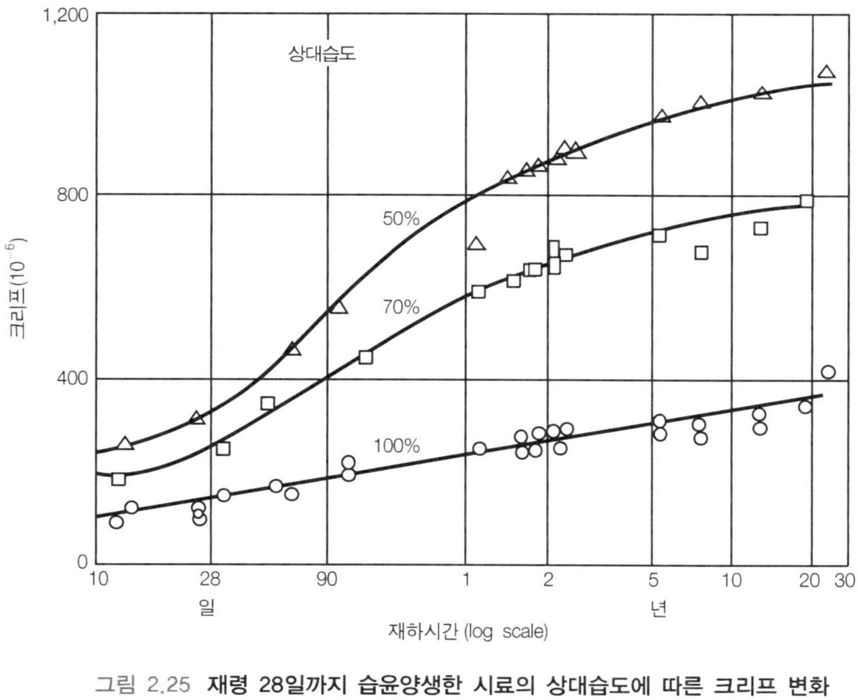

그림 2.25 **재령 28일까지 습윤양생한 시료의 상대습도에 따른 크리프 변화**

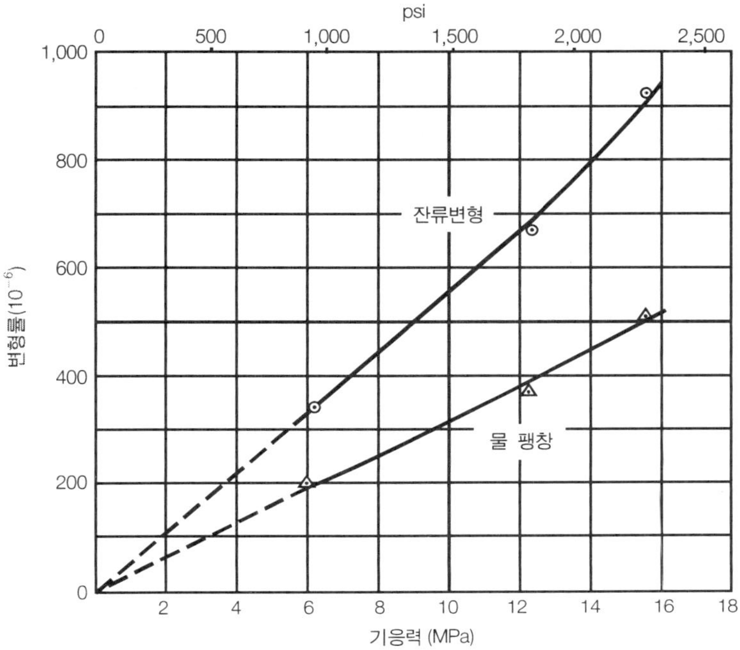

그림 2.26 **기응력과 물에서의 팽창량 및 팽창 후의 부가적인 변형량과의 관계**

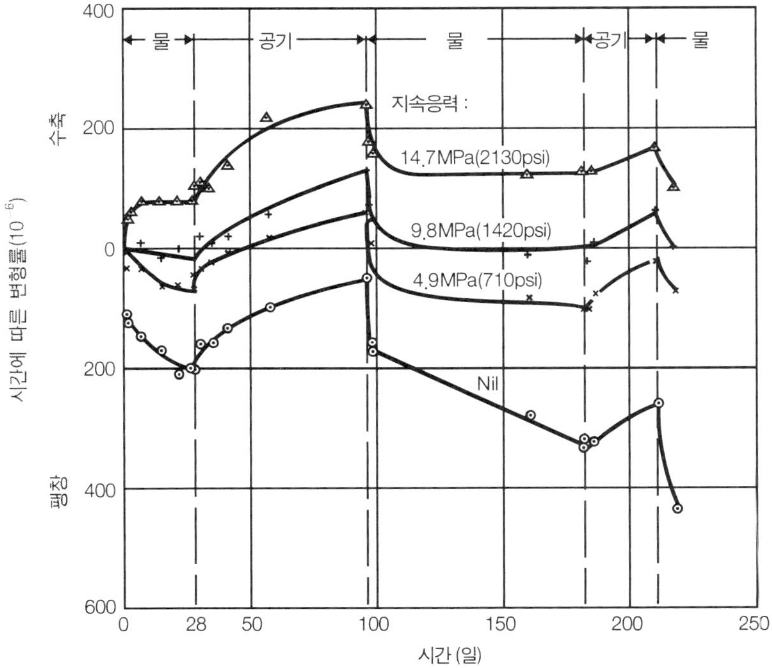

그림 2.27 **상이한 응력과 물과 공기 중에 저장되어 있을 때의 콘크리트의 시간의존적인 변형**

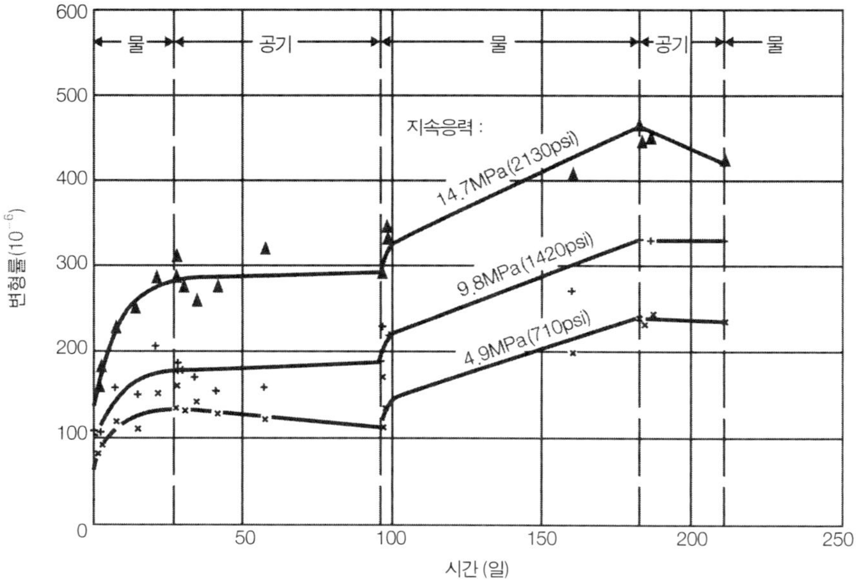

그림 2.28 **비가압시험체에 대한 가압시험체의 상대적인 변형량**

2.2.6 재령

Davis[5]는 크리프에 대한 재령의 영향을 1종 시멘트 콘크리트에 대해서 연구하였다. 7일, 28일, 90일 동안 수중양생한 시료들을 가압하여 80개월 후의 크리프양을 비교하였는데 그 크기는 각각 3:2:1로 나타났다. 기건양생 후에 하중을 가한 콘크리트의 실험결과는 크리프에 대한 재령의 영향이 수중양생 콘크리트보다 크지 않았다. 이 경우에서는 28일 동안 기건양생한 콘크리트의 크리프가 90일 동안 기건양생한 콘크리트의 크리프보다 10~20% 정도 증가할 뿐이었다. Troxell[32]은 이러한 거동에 대한 좀 더 심도 있는 실험결과를 발표하였다(그림 2.29 참조). 또한 Davis[5]는 가압 시점이 초기 재령일 때의 크리프율이 장기재령에서 가압된 시료보다 커짐을 측정하였다.

그림 2.30은 하중재하 재령에 따른 크리프의 일반적인 변화양상을 나타내고 있다. 각 데이터들의 실험자는 다르지만 모두 같은 응력으로 가압한 시료들의 실험결과이다.

Meyers와 Slate[20]는 기본크리프인 경우에 가압 시점의 재령이 감소함에 따라 크리프율이 증가하지 않는다는 연구결과를 발표하였다. 반대로 가압 시점의 재령이 감소함에 따라 크리프율이 감소하는 경향이 관찰되었다. 그림 2.31과 같이 기본크리프인 경우에는 가압 시점의 재령이 7일에서 26일로 증가하면 기본크리프의 크기는 증가하지

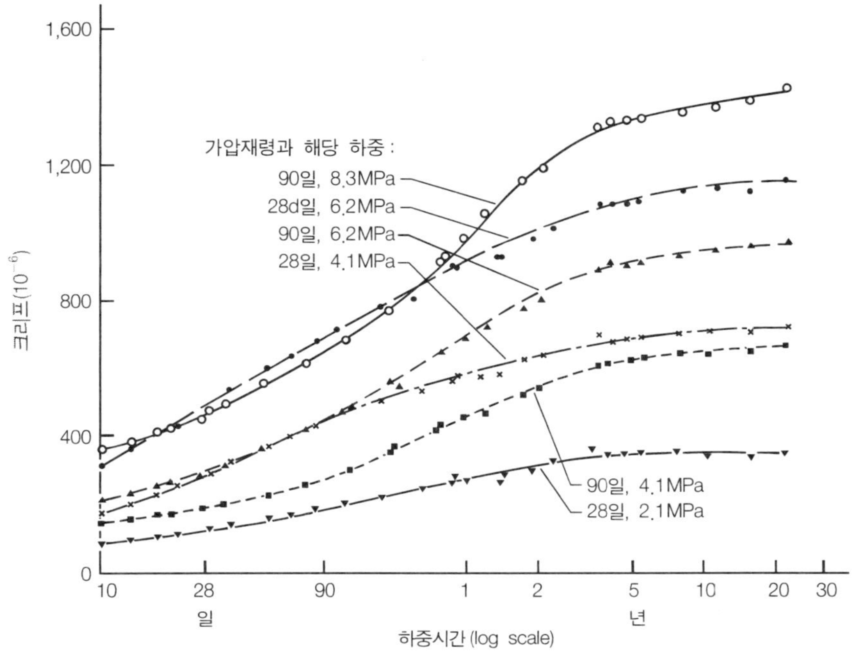

그림 2.29 **수중양생 콘크리트의 가압재령에 따른 크리프양 (골재/시멘트=0.69, 양생 · 실험온도=21℃, 상대습도=70%)**

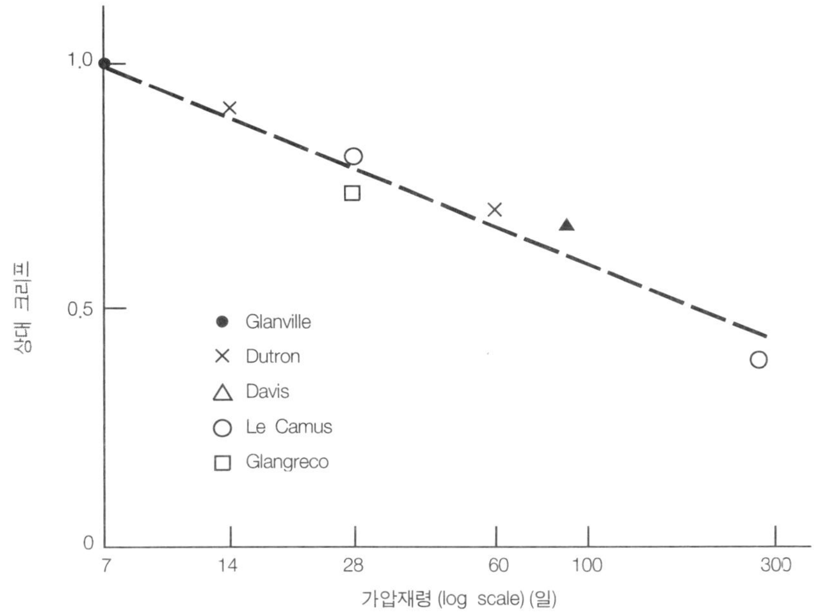

그림 2.30 **가압재령에 따른 콘크리트의 상대 크리프**

만 건조수축이 수반되는 크리프양은 소량 감소한다.

그림 2.32는 가압 시점의 재령이 28일 이상이면 가압 시점이 크리프에 큰 영향을 주지 않은 결과를 나타내고 있다. 이러한 실험결과를 이론적 바탕으로 하여 RCM (rate of creep method)에서 응력 변화에 따른 크리프를 계산한다.

Niyogi[23)]는 기본과 전체 크리프 모두 초기 재령에서의 가압 시점이 증가함에 따라 크리프계수도 증가하는 사실을 관찰하였다. 그림 2.33은 3종 시멘트, 물-시멘트비가 0.9이고 일정한 순간 탄성변형률을 가지도록 가압되었다. 그림 2.34는 그림 2.33의 결과를 비크리프로 나타낸 것으로 초기 재령에서 하중이 재하될수록 기본크리프는 큰 변화가 없지만 전체 크리프양은 증가한다.

Spooner[30)]는 보통 포틀랜드 시멘트, 물-시멘트비가 0.3인 시멘트 페이스트 시료를 습윤상태에서 휨하중을 가했을 때의 실험결과를 발표하였다. 그림 2.35는 휨하중 재하 2분 후의 크리프양을 가압 시점 재령이 7일에서 24개월로 변할 때의 결과를 나타낸 것이다. 그림에서 보는 바와 같이 하중재하 시점의 재령이 3개월까지는 크리프가 크게 감소하지만 그 이후에는 큰 변화가 없다.

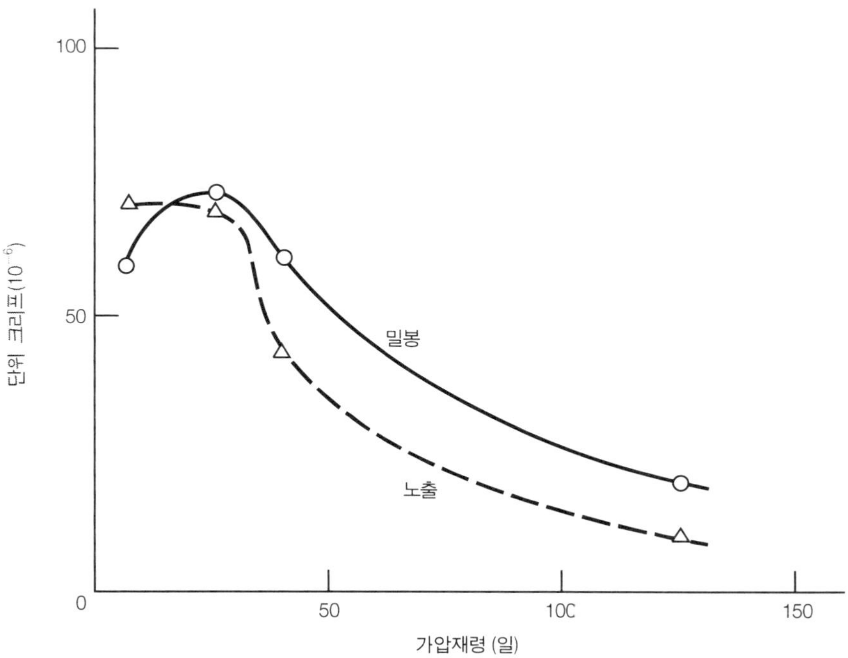

그림 2.31 **콘크리트의 비크리프에 대한 재령의 영향**

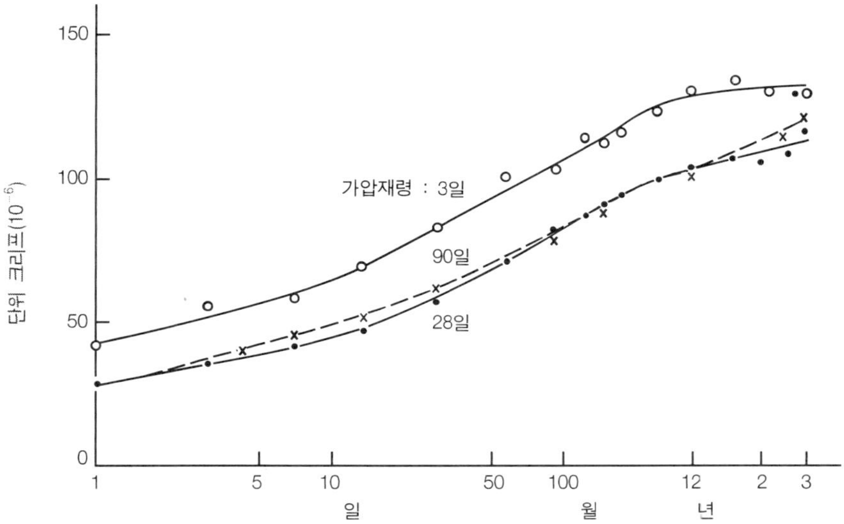

그림 2.32 **1종 시멘트 콘크리트의 크리프에 대한 가압재령의 영향 (골재/시멘트비 = 5.4 ; 물-시멘트비 = 0.55)**

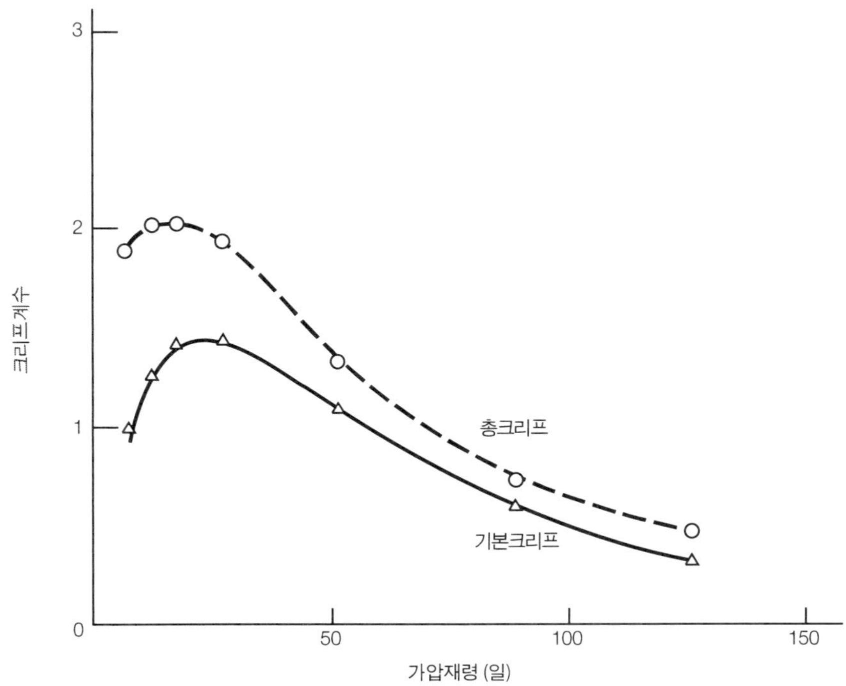

그림 2.33 **가압재령에 따른 콘크리트의 크리프계수**

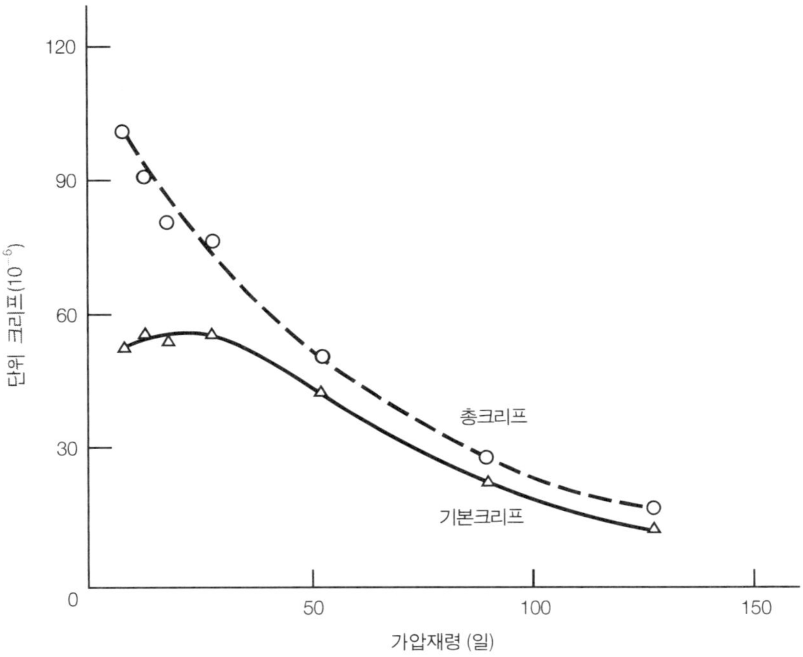

그림 2.34 **가압재령에 따른 콘크리트의 단위 크리프**

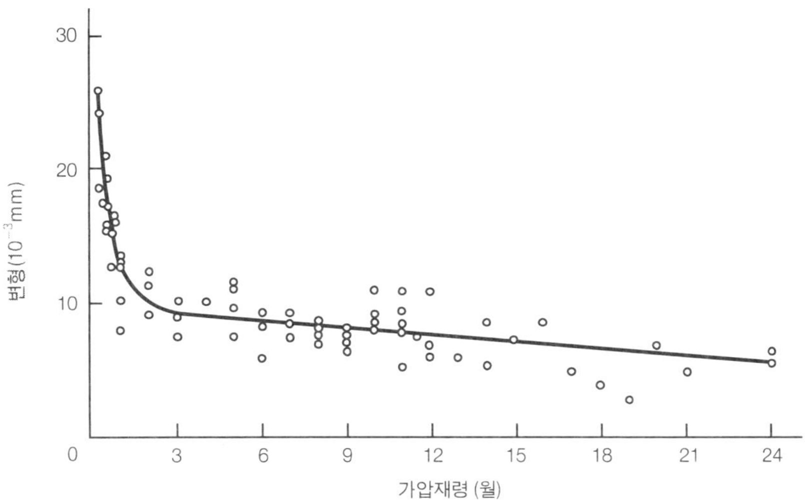

그림 2.35 **1.0MPa의 응력을 가했을 때 가압재령에 따른 2분 후의 크리프**

2.2.7 이 외의 요소들

크리프에 대한 온도의 영향은 교량과 같은 구조물뿐만 아니라 원자력 격납구조물 등에서도 매우 중요하다. 60%의 물-시멘트비를 가진 시료를 23℃와 70℃의 양생온도에서 실험을 수행하면 70℃의 크리프양이 23℃의 크리프양의 3.5배 이상이다. 또한 70~96℃에서 실험을 수행한 결과는 23℃의 크리프양의 1.7배이다. 이러한 차이는 하중재하 후 15개월 동안이나 지속된다. 그림 2.36은 이를 그림으로 나타낸 것이다. 가압시의 온도가 높을수록 크리프가 큰 것은 고온 콘크리트의 강도가 낮은 것으로 설명할 수도 있다.

재하되는 동안 높은 온도로 유지되면 더 많은 양의 크리프가 발생하지만, 80℃ 이상인 경우는 명확한 관계가 밝혀져 있지 않았다. 다만, 대다수의 연구자들은 최대 크리프율이 50~90℃에서 발생한다고 보고 있다. 이렇게 의견이 분분한 것은 각각의 실험에서 재하과정에 이르기까지 온도 변화가 달랐기 때문이다. 크리프가 높은 온도로 인해 가속화된다고 하지만 장기 크리프의 양은 재령의 영향으로 인해 더 작아지게 된다. 콘크리트가 재하되는 동안 온도가 증가하면 추가적인 크리프변형률이 발생하게 되는데, 이를 전이온도 크리프(transitional thermal creep)라고 한다. 증기양생의 경우는 건조수축과 유사하게 크리프양도 비슷한 크기만큼 줄어든다.

결빙은 높은 초기 크리프율을 나타내지만 점차로 0으로 떨어진다. −10~−30℃에서 실험한 시료의 크리프는 20℃에서 실험한 시료의 크리프보다 50% 정도 적다. 전체 온도범위의 크리프는 그림 2.37에 제시되어 있다.

크리프에 대한 대부분의 실험결과가 일정 하중하에서 측정된 것이나 실제 하중은 제한범위에서 변동한다. 동일 응력/강도비에서 하중이 변하는 시료의 크리프는 동일 응력/강도비에서 하중이 일정하게 가해지는 시료의 크리프보다 크다. 이것은 그림 2.38에 자세히 나타나 있다. 그림에서 보는 바와 같이 응력/강도비가 0.25~0.45 사이에서 변하는 시료의 크리프가 일정 응력/강도비 0.35로 실험한 시료의 크리프보다 크다. 반복하중하에서는 초기 재령의 크리프율이 크고, 이로 인해 장기재령의 크리프도 크다. 정적 실험으로부터 구한 크리프 결과를 반복하중이 작용하는 경우에 적용하는 것은 크리프를 과소평가할 수 있다.

앞서 언급된 크리프들은 일축압축일 경우에만 국한된 것이다. 다른 여러 하중 상태에 대한 크리프 데이터는 크리프 성질이나 설계 시에 큰 도움을 줄 수 있다. 그러나 불행하게도 실험데이터는 제한되어 있고, 많은 경우 압축거동과의 양적인 비교는 매우 어렵다. 이러한 이유로 좀 더 많은 실험데이터의 축적이 필요한 실정이다.

매스 콘크리트의 일축인장 크리프는 같은 크기의 압축응력하에서의 크리프보다 20~30% 크다. 이러한 차이는 하중의 재하재령에 따라 달라질 수 있다. 또한 초기 재령에서 50%의 상대습도에 저장된 콘크리트의 경우에는 이러한 차이가 100% 이상 날 수 있다. 그러나 이러한 경향과 상반되는 실험결과도 발표되고 있어 인장크리프에 대한 일반적인 결론을 내리기는 어렵다. 인장크리프-재령 곡선의 개형은 압축인 경우와 유사하지만 시간에 따른 크리프율의 감소는 인장크리프가 좀 더 작은 것으로 나타나는데, 이는 재령에 따른 인장강도의 증가가 작기 때문인 것으로 판단된다. 압축에서와 마찬가지로 건조는 인장크리프의 크기를 증가시킨다. 또한 직접인장에서는 속칭 'time failure'가 일어날 수 있다. 임계의 응력/강도비는 0.7 정도이다.

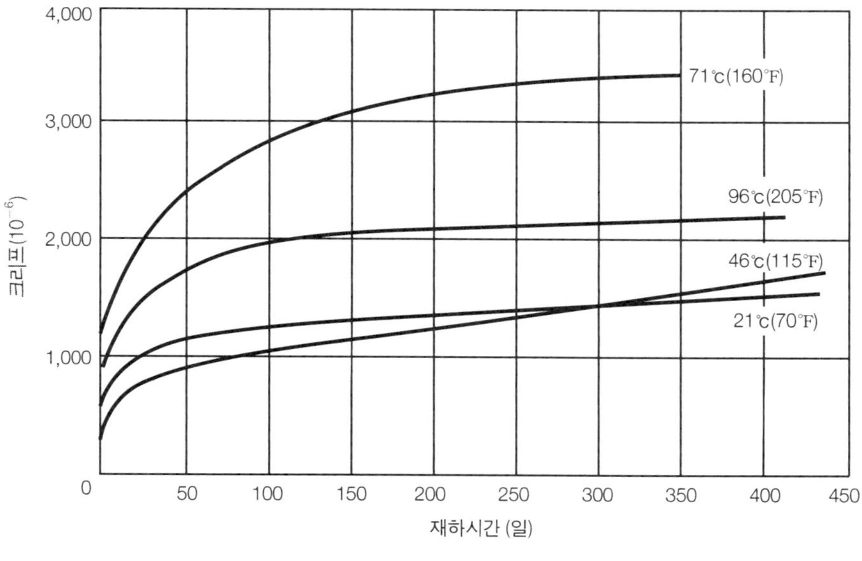

그림 2.36 **상이한 온도에서 양생된 콘크리트의 재령에 따른 크리프**

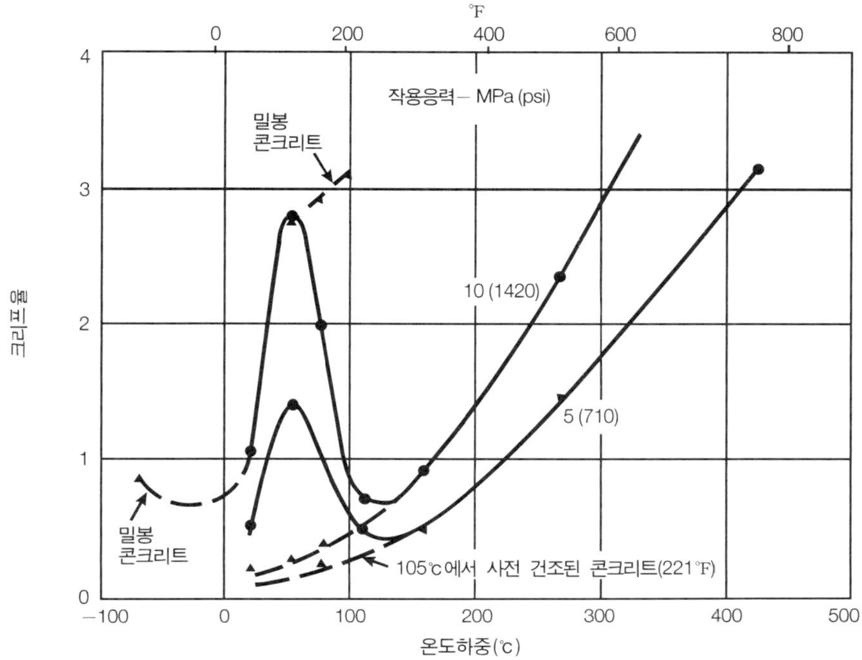

그림 2.37 **크리프율에 대한 온도의 영향**

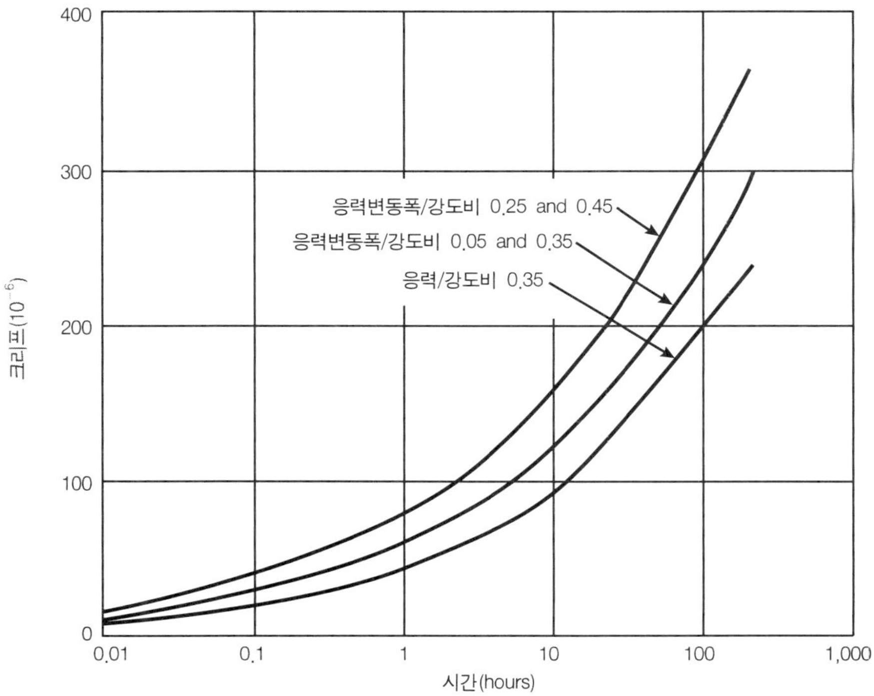

그림 2.38 **반복하중과 정적하중하의 크리프**

크리프는 비틀림 하중에서도 존재하고 응력, 물-시멘트비, 상대습도의 영향을 받는다. 비틀림 크리프-재령 곡선의 개형은 압축과 같다. 비틀림 탄성변형에 대한 크리프 변형의 비는 압축하중에 의한 것과 같은 것으로 관찰된다. 일축압축하에서의 크리프는 압축방향 뿐만 아니라 횡방향으로도 일어난다. 이것을 횡크리프(lateral creep)라고 한다. 다축응력상태에서는 응력 적용 방향의 크리프뿐만 아니라 포아송비에 의한 크리프도 고려되어야 한다. 각 응력에 의한 크리프변형률의 중첩은 유효하지 않으므로 다축응력의 크리프는 단축 크리프 측정으로 크리프를 예측하는 것은 어렵다. 특히 다축압축에 의한 크리프는 같은 크기의 단축압축에 의한 크리프보다 작다(그림 2.39 참조).

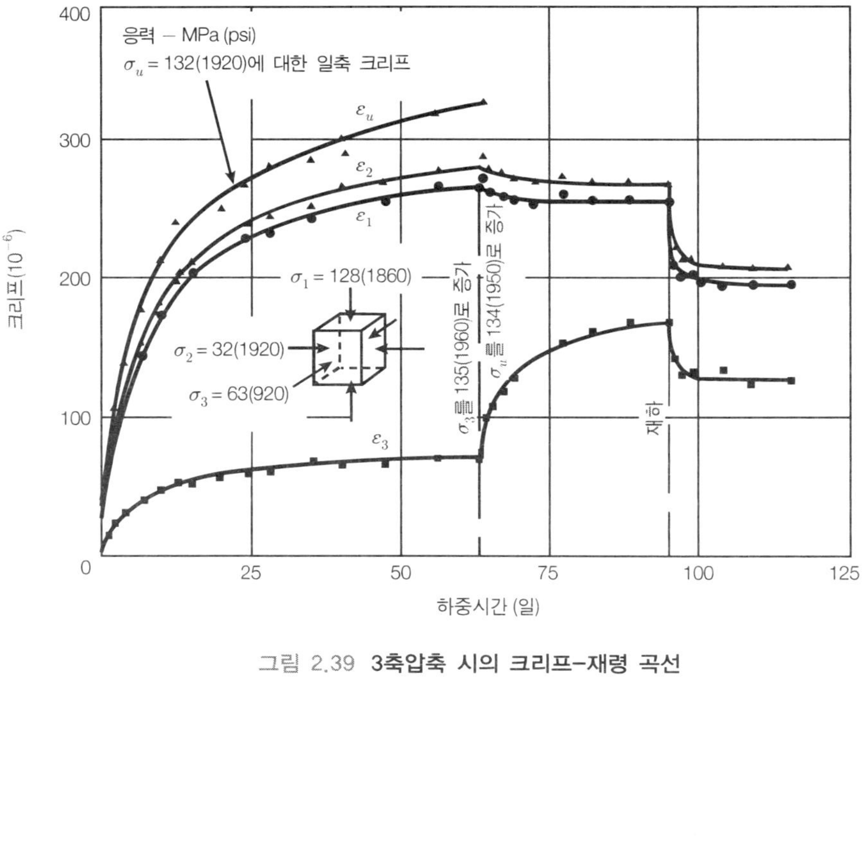

그림 2.39 **3축압축 시의 크리프-재령 곡선**

참/고/문/헌

1) Bazant, Z.P. and Xi, Yunping., "Drying creep of concrete : constitutive model and new experiments separating its mechanisms", Materials and Structures, 27, No.165, 1994, pp.3-15.

2) Brooks, J.J., "Influence of mix proportions, plasticizers and superplasticizers on creep and drying shrinkage of concrete", Mag. Concr. Res. 41, No.148, 1989, pp.145-154.

3) Buil, M. and Acker, P., "Creep of silica fume concrete", Cement and Concrete Reasearch, 15, No.3, 1985, pp.463-467.

4) Chivamit, P., "Creep of plain concrete under axial compression", Thesis No.97, Bangkok, Thailand.

5) Davis, H.E., "Autogenous volume changes of concrete", Proc. ASTM., 40, 1940, pp.1103-1110.

6) Day, R.L. and Illstonm J.M., "The effect of rate of drying on the drying/wetting behaviour of hardened cement paste", Cement and Concrete Reserach, 13, No.1, 1983, pp.7-17.

7) Gaynor, R.D., Meiniger, R.C. and Khan, T.S., "Effect of temperature and delivery time on concrete proportions, in Temperature Effects on Concrete", ASTM Sp. Tech. Publ. No.858, Philadelphoa, Pa, 1983, pp.68-87.

8) Gvozdev, A.A., "Creep of concrete", Mekhanika Tverdogo Tela, Proc. of the 2nd Nat. Conf. on Theor. and Appl. Mech., Acad. Sci. USSR, Moscow, 1966, pp.137-152.

9) Hansen, W. and Almudaiheem, J.A., "Ultimate drying shrinkage of concrete-influence of major parameters", ACI Materials Journal, 84, No.3, 1987, pp.217-223.

10) Hansen, T.C. and Mattock, A.H., "The influence of size and shape of member on the shrinkage and creep of concrete", J.Amer. Concr. Inst., 63, pp.267-290 (Feb. 1966).

11) Jensen, Russel E. and Richart, F.E., "Short time creep tests on concrete in compression", Proc. ASTM, Vol.38, 1938, pp.411-419.

12) Jones, R., "Testing concrete by an ultrasonic pulse technique", D.S.I.R. Road Reasearch Technical Paper, No.34, (HMSO, London, 1955).

13) Klieger, P., "Early high-strength concrete for prestressing", Porc. World Conference on Prestressed Concrete, pp.A5-1-14, (San Francisco, 1957).

14) Lea, F.M. The Chemistry of Cement and concrete, 1970, Arnold, London.

15) Lorman, W.R. The theory of concrete creep, Proc.ASTM., 40, 1940, pp.1082-102.

16) Le Camus, B., "Recherches experimentales sur la deformation du beton et du beton arme", Comptes Rendues des Recherches des Laboratoires du Batiment et des Travaux Publics, (Paris, 1945-46).

17) L' Hermite, R.G., "Quelques problèms mal connus de la technologie du béton", IlCemento, 75, No.3, 1978, pp.231-246.

18) L' Hermite, R.G., Mamillan, M. and Lefevre, C., "Nouveaux resultats de recherches sur la defofmation et la rupture du beton", Annales de I' in-stitut Technique du Bdtiment et des Travaux Publics, Vol.18, No.207-208, 1965, pp.323-360.

19) Mensi, R., Acker P. and Attolou, A.u, "Séchage du béton : analyse et modélisation", Materials and Structures, 21, No.121, 1988, pp.3-12.

20) Meyers, B.L. and Slate, F.O., "Creep and creep recovery of plain concrete as influenced by moisture conditions and associated variables", Magazine of Concrete Research, Vol.22, No.70, pp.37-41.

21) Neville, A.M., "Tests on the influence of the properties of cement on the creep of mortar", RILEM Bull. No.4, 1959, pp.5-17.

22) Neville, A.M., "Creep of concrete as a function of its cement paste content", Mag. Concr. Res., 16, No.46, 1964, pp.21-30.

23) Niyogi, A.K., Hsu, P. and Meyers, B.L., "The influence of age at time of loading on basic and drying creep", Cement and Concrete Research Vol.3, Issue 5, 1973, pp.633-644.

24) Shoya, M., "Drying shrinkage and moisture loss of super plasticizer admixed concrete of low water cement ratio", Transactions of the Japan Concrete Institute, Ⅱ-5, 1979, pp.103-110.

25) Ödman, S.T.A., "Effects of variations in volume, surface area exposed to drying, and composition of concrete on shrinkage", RILEM/CEMBUREAU Int. Colloquium on the Shrinkage of Hydraulic Concretes, 1, Madird, 1968, pp.20.

26) Pickett, G., "Effect of aggregate on shrinkage of concrete and hypothesis concerning shrinkage", J. Amer. Concr. Inst., 52, 1956, pp.581-590.

27) Reichard, T.W., "Creep and drying shrinkage of lightweight and normal weight concretes", Nat. Bur. Stand. Monograph, 74, Washington DC, March 1964

28) Ross, A.D, "Creep of concrete under variable stress", J. Amer. Concr. Inst., 54, 1958, pp.739-758.
29) Shacklock, B.W. and Keene, P.W., "The effect of mix proportions and testing conditions on drying shrinkage and misture movement of concrete", Cement Concre. Assoc. Tech. Report TRA/266 (London, June 1957)
30) Spooner, D.C., "The stress-strain relationship for hardened cement pastes in compression", Magazine of Concrete Research Vol.24, Issue 79, 1972, pp.85-92.
31) Swayze, M.A., "Discussion on : Volume changes of concrete", Proc. 4th Int. Symp. on the Chemistry of Cement, Washington DC, 1960, pp.700-702.
32) Troxell, G.E. Raphael, J.M. and Davis, R.E. "Long-time creep and shrinkage tests of plain and reinforced concrete", Proc. ASTM,, 58, 1958, pp.1101-1120.
33) Ulitskii, I.I., "Determination of creep deformations and shrinkage of concrete", Kive, Gosstroizdat, Ukrainian SRR(1963).
34) Zia, Paul. and Stevenson, J.F., "Creep of concrete under non-uniform stress distribution and its effect on camber of prestressed concrete beams : Final Report", Engineering Research Department, North Carolina State of the University of North Carolina at Raleigh, 1964.

제 3 장 장기거동 예측 모델식

3.1 개요

콘크리트의 장기변형을 예측하기 위해서는 먼저 콘크리트의 배합 및 콘크리트 구조물이 놓인 환경조건에 따른 예측 모델식이 필요하다. 따라서 많은 나라에서는 이에 대한 모델식을 제시하고 있다. 그러나 이러한 모든 모델식이 실제 철근콘크리트 구조물에서 콘크리트의 장기변형을 정확히 나타낼 수 있는 것은 아니다.

그 이유는, 첫째 실제 구조물에서 사용되는 콘크리트가 실험실에서 행하는 재료와는 많은 차이가 있을 수 있으며, 이러한 차이가 콘크리트 강도에 미치는 영향보다도 장기변형에 미치는 영향이 매우 커서 흩어지는 정도가 훨씬 더 크다. 둘째 콘크리트의 장기변형에 미치는 영향인자를 아직도 정확히 파악하지 못하고 있으므로, 그에 대한 이론적·실험적 연구에는 한계가 있으며, 셋째 실제 구조물이 놓이는 환경은 매우 가변적이기 때문에 그러한 가변성을 고려한 모델식의 개발은 불가능하기 때문이다. 따라서 보다 정확한 장기 예측을 위해서는 실제 사용 재료와 동일한 재료와 동일한 환경에 대한 단기간의 실험값에 의해 보정하는 것이 필요하다.

이 3장에서는 현재 널리 이용되고 있는 우리나라 콘크리트구조기준의 모델식, ACI 모델식(초기 ACI 모델식, ACI 209R-92 모델식), 유럽의 모델식(CEB-FIP 1978 모델식,

CEB-FIP 1990 모델식) 및 B3 모델식을 서술하고자 한다. 그러나 앞서 언급한 바와 같이 복잡한 이러한 모델식도 콘크리트의 장기변형을 정확히 예측할 수 있는 것은 아니다.

3.2 우리나라 모델식

3.2.1 일반 사항

우리나라 콘크리트구조설계기준[1)]은 잘 알려져 있듯이 미국 ACI 설계기준을 모델기준으로 하여 강도설계법에 근거하여 규정되어 있다. 또한 1998년까지 토목분야와 건축분야의 기준이 상이하였으나 1999년 통합되었다.

콘크리트 장기거동에 대한 예측 모델식은 통합되기 이전에는 토목, 건축 양 분야 모두 규정되어 있지 않았으나 1999년 통합 콘크리트구조설계기준이 제정되면서 제2장에 기술되었다. 우리나라 설계기준의 대부분 규정이 ACI 설계기준을 따랐으나, 장기거동 예측 모델식은 CEB-FIP 1990 모델기준의 규정을 따라 작성되었다. 그 이유는 ACI 초기 모델식에 의해 건조수축을 예측할 때 문제가 있는 것으로 판단되었기 때문이다. 그 후 2003년에 개정되면서 콘크리트 강도 발현을 나타내는 식의 계수를 일부 개정하였다. 유럽에서 분류하는 시멘트의 종류와 우리나라가 달라 강도 발현의 차이가 있기 때문으로, 현재 개정된 계수를 사용하면 우리나라에서 그동안 널리 사용한 ACI의 규정식(식 (3.3.17) 참조)과 유사한 값을 얻을 수 있다. 그러나 크리프계수를 계산할 때 β_{sc}값(식 (3.2.3)과 (3.2.14) 참조)과 온도를 보정할 때 사용하는 α값(식 (3.2.27) 참조) 등은 CEB-FIP 1990 모델 규정값을 그대로 사용하는 것으로 하였기 때문에 우리나라의 시멘트를 사용한 콘크리트의 경우 오차가 발생할 수도 있다.

3.2.2 재령에 따른 재료 상수

1) 콘크리트의 압축강도

재령 28일의 평균 압축강도 f_{cu}가 주어져 있을 때, 재령에 따른 강도 발현은 식 (3.2.1)과 식 (3.2.2)에 따라 구할 수 있다.

$$f_{cu}(t) = \beta_{cc}(t) f_{cu} \tag{3.2.1}$$

$$\beta_{cc}(t) = \exp[\beta_{sc}(1 - \sqrt{28/t})] \tag{3.2.2}$$

만약, 실험을 통해 평균 압축강도 f_{cu}를 구하지 않은 경우에는 설계기준압축강도 f_{ck}에 8MPa을 더해서 추정한다.

여기서, t는 재령(일)이고 β_{sc}는 시멘트 종류 및 양생방법에 따른 상수로 다음과 같다.

$$\beta_{sc} = \begin{cases} 0.35 : \text{1종 시멘트 습윤양생} \\ 0.15 : \text{1종 시멘트 증기양생} \\ 0.25 : \text{3종 시멘트 습윤양생} \\ 0.12 : \text{3종 시멘트 증기양생} \\ 0.40 : \text{2종 시멘트 습윤양생} \end{cases} \tag{3.2.3}$$

한편 양생기간 동안 온도가 20℃가 아닌 경우, 식에서 재령 t 대신에 콘크리트구조기준 2.2.2(5)③(가)의 규정을 이용하면 식 (3.2.4)에 따라 계산된 등가재령 t_T를 대입하여 구한다.

$$t_T = \sum_{i=1}^{n} \Delta t_i \exp\left(-\frac{4000}{273 + T(\Delta t_i)} + 13.65\right) \tag{3.2.4}$$

여기서, Δt_i는 일정한 온도가 지속된 기간(일)이고 $T(\Delta t_i)$는 Δt_i 동안 지속된 온도(℃)이다.

2) 콘크리트의 탄성계수

콘크리트의 탄성계수는 실험에 의해 구할 수도 있고, 압축강도가 주어지면 콘크리트구조기준에서 제시한 식에 의해 구할 수도 있다. KS 규준에 의한 표준 압축강도 실험을 통해 구하는 탄성계수는 식 (3.2.5)와 같다.

$$E_c = \frac{0.4 f_{cu}(t) - f_{cu,50\times10^{-6}}}{\varepsilon_{c,0.4} - 50\times10^{-6}} \tag{3.2.5}$$

여기서, $E_c(t)$와 $f_{cu}(t)$는 재령 t(일)에서 각각 콘크리트의 할선탄성계수와 압축강도이고, $f_{cu,50\times10^{-6}}$은 변형률이 50×10^{-6}일 때의 응력, $\varepsilon_{c,0.4}$는 압축강도의 40%에 해당하는 응력에 대한 변형률이다.

콘크리트구조기준을 이용하는 경우는 식 (3.2.6)과 식 (3.2.7)을 이용해서 재령 28일일 때와 재령 t일 때의 초기접선 탄성계수를 구한다.

$$E_{ci} = 10,000\sqrt[3]{f_{cu}} \tag{3.2.6}$$

$$E_{ci}(t) = \sqrt{\beta_{cc}(t)}\,E_{ci} \tag{3.2.7}$$

여기서, $\beta_{cc}(t)$는 앞의 식 (3.2.2)에 주어진 것과 같으며, 초기접선 탄성계수의 85%를 할선탄성계수로 한다.

$$E_c = 0.85E_{ci} \tag{3.2.8}$$

3.2.3 건조수축 모델식

콘크리트의 건조수축에 대한 모델식은 콘크리트구조기준 2.2.2(6)에 규정되어 있으며, 대기의 평균 상대습도, 부재의 크기 등을 고려하여 식 (3.2.9)에 의해 구한다.

$$\varepsilon_{sh}(t,t_s) = \varepsilon_{sh_o}\beta_s(t-t_s) \tag{3.2.9}$$

여기서, ε_{sh_o}와 $\beta_s(t-t_s)$는 식 (3.2.10) ~ 식 (3.2.14)를 사용하여 구할 수 있다.

$$\varepsilon_{sh_0} = \varepsilon_s(f_{cu})\beta_{RH} \tag{3.2.10}$$

$$\varepsilon_s(f_{cu}) = [160 + 10\beta_{sc}(9 - f_{cu}/10)] \times 10^{-6} \tag{3.2.11}$$

$$\beta_{RH} = \begin{cases} -1.55[1-(RH/100)^3] & (40\% \le RH < 99\%) \\ 0.25 & (99\% \le RH) \end{cases} \tag{3.2.12}$$

$$\beta_s(t-t_s) = \sqrt{\frac{(t-t_s)}{0.035h^2 + (t-t_s)}} \tag{3.2.13}$$

여기서, RH는 외기의 상대습도(%), $h = 2A_c/u$는 개념부재 치수(mm), A_c는 부재의 단면적(mm^2), u는 단면적 A_c의 둘레에서 수분이 대기로 확산되는 둘레의 길이이다.

그리고 식 (3.2.10)의 β_{sc}는 다음과 같다.

$$\beta_{sc} = \begin{cases} 4: \text{2종 시멘트} \\ 5: \text{1종, 5종 시멘트} \\ 8: \text{3종 시멘트} \end{cases} \tag{3.2.14}$$

여기서, β_{sc}는 식 (3.2.3)의 재령에 따른 압축강도 발현에 사용된 β_{sc}와 다른 값임에 유의해야 한다.

만약 외기에 노출된 온도가 20℃가 아닌 경우, β_{RH}와 $\beta_s(t-t_s)$는 각각 다음 식 (3.2.15)와 식 (3.2.16)에 의해 보정된 값을 사용해야 한다.

$$\beta_{RH,T} = \left[1 + \left(\frac{8}{103 - RH}\right)\left(\frac{T-20}{40}\right)\right]\beta_{RH} \tag{3.2.15}$$

$$\beta_{s,T}(t-t_s) = \sqrt{\frac{(t-t_s)}{0.035h^2 \exp[-0.06(T-20)] + (t-t_s)}} \tag{3.2.16}$$

3.2.4 크리프 모델식

1) 전체 변형률

우리나라 콘크리트구조기준의 크리프에 대한 모델식은 평균온도가 5℃에서 30℃ 정도까지, 그리고 평균 습도는 40% 이상이면 사용할 수 있으며, 하중은 콘크리트 강도의 40%까지는 선형적으로 변하는 것으로 가정하고 있고 60%까지는 보정하여 사용할 수 있는 것으로 규정하고 있다.

그리고 크리프함수 $J(t, t')$은 우리나라 콘크리트구조기준 2.2.2(5)①에 다음 식 (3.2.17)과 같이 정의되어 있다.

$$J(t,t') = \frac{1}{E_{ci}(t')} + \frac{\phi(t,t')}{E_{ci}} \tag{3.2.17}$$

위 식은 CEB-FIP 1990 모델 규정과 동일하다. ACI 모델의 규정과는 차이가 있다. ACI 모델의 크리프계수 $\phi(t,t')$ 식 (3.3.17)과 식 (3.3.18) 참조)는 하중재하 재령 t'(일)에서 할선탄성계수를 사용한 탄성변형에 대한 크리프 변형만의 비로 정의되어 있으며, ACI 모델에서 제시한 크리프계수와 우리나라 크리프계수와의 관계는 식 (3.2.18)과 같다.

$$\phi(t,t')_{KCI} = \frac{E_{ci}}{E_c(t')}\phi(t,t')_{ACI} + \left(\frac{E_{ci}(t')}{E_c(t')} - 1\right) \tag{3.2.18}$$

2) 크리프계수

식 (3.2.17)에 나타난 크리프계수는 우리나라 콘크리트구조기준 2.2.2(5)②에 규정되어 있으며, 양생온도와 구조물이 노출된 외기 온도가 모두 20℃인 경우 다음에 따라 구할 수 있다.

$$\phi(t,t') = \phi_o \beta_c (t - t') \tag{3.2.19}$$

여기서,

$$\phi_o = \phi_{RH}\beta(f_{cu})\beta(t') \tag{3.2.20}$$

$$\phi_{RH} = 1 + \frac{1 - 0.01RH}{0.10\sqrt[3]{h}} \tag{3.2.21}$$

$$\beta(f_{cu}) = 16.8 / \sqrt{f_{cu}} \tag{3.2.22}$$

$$\beta(t') = \frac{1}{0.1 + (t')^{0.2}} \tag{3.2.23}$$

$$\beta_c(t - t') = \left[\frac{(t - t')}{\beta_H + (t - t')} \right]^{0.3} \tag{3.2.24}$$

$$\beta_H = 1.5[1 + (0.012RH)^{18}]\,h + 250 \leq 1500(\text{일}) \tag{3.2.25}$$

만약 양생온도가 20℃가 아닌 경우 위의 식 (3.2.23)의 t'는 식 (3.2.26)에 의해 등가 t'인 t'_e로 대체시켜야 한다.

$$t'_e = t'_T \left[\frac{9}{2 + (t'_T)^{1.2}} + 1 \right]^{\alpha} \geq 0.5(\text{일}) \tag{3.2.26}$$

여기서, t'_T는 앞의 식 (3.2.4)에 의해 구할 수 있으며, α는 시멘트 종류에 따라 식 (3.2.27)과 같다.

$$\alpha = \begin{cases} -4 : 2\text{종 시멘트} \\ \ \ 0 : 1\text{종, } 5\text{종 시멘트} \\ \ \ 1 : 3\text{종 시멘트} \end{cases} \tag{3.2.27}$$

그리고 하중이 작용하는 동안, 즉 구조물이 외기에 노출되어 외기온이 평균 20℃가 아닌 경우에는 크리프계수 $\phi(t, t')$은 식 (3.2.28)과 같고, 식 (3.2.21)의 ϕ_{RH}와 식 (3.2.25)의 β_H는 각각 다음 식 (3.2.29)와 식 (3.2.30)에 주어지는 $\phi_{RH,T}$와 $\beta_{H,T}$로 대체시켜야 한다.

$$\phi(t,t') = \phi_0\beta_c(t - t') + 0.0004(T - 20)^2 \tag{3.2.28}$$

$$\phi_{RH,T} = \exp[0.015(T - 20)] + (\phi_{RH} - 1.0)\{\exp[0.015(T - 20)]\}^{1.2} \tag{3.2.29}$$

$$\beta_{H,T} = \exp\left[\frac{1500}{273 + T} - 5.12 \right] \beta_H \tag{3.2.30}$$

또한 작용응력이 $0.4f_{cu}$를 초과하고 $0.6f_{cu}$ 이하인 경우 식 (3.2.20)의 ϕ_0는 식 (3.2.31)에 주어진 $\phi_{o,k}$로 대체시켜야 한다.

$$\phi_{o,k} = \phi_o \exp\left[1.5\left(\frac{|f_c(t')|}{f_{cu}(t')} - 0.4\right)\right] \tag{3.2.31}$$

3.3 ACI 초기 모델식

3.3.1 일반 사항

ACI 초기 모델식이란 ACI 209 위원회에 의해 제시된 것으로서, 이 위원회의 연구 보고서인 『Prediction of Creep, Shrinkage, and Temperature Effects in Concrete Structures』[2),3),4)]에 수록되어 있다. 주된 내용은 1970년대 초 Branson 교수에 의해 제시된 방법이며, 이에 대한 상세한 내용은 『Deformation of Concrete Structures』[5)]에 기술되어 있다.

이 ACI 초기 모델식은 일반적인 환경에 놓인 철근콘크리트 구조물에만 적용할 수 있으며, 특수한 환경, 예를 들면 매스 콘크리트 구조물 또는 고온환경의 구조물 등에는 적용할 수 없다.

3.3.2 재령에 따른 재료 상수

1) 콘크리트의 압축강도

콘크리트의 강도 발현은 시멘트의 종류, 단위시멘트양 등 많은 요인에 의해 다르게 나타나나 ACI에서는 아래와 같은 식 (3.3.1)을 제시하고 있다.[6),7)]

$$f_c'(t) = \frac{t}{a+bt}(f_c')_{28} \tag{3.3.1}$$

여기서, t는 재령(일), $f_c'(t)$는 재령 t(일)에서 콘크리트의 압축강도, $(f_c')_{28}$은 재령 28일에서 압축강도이며, a와 b는 실험상수로서 시멘트 종류 및 양생방법에 따라 결정되며 표 3.1과 같다.

표 3.1 **시멘트 종류 및 양생방법에 따른 사용되는 상수 a, b***

시멘트 종류	양생방법	a	b
1종 시멘트	습윤양생	4.0	0.85
	증기양생	1.0	0.95
3종 시멘트	습윤양생	2.3	0.92
	증기양생	0.70	0.98

2) 콘크리트 탄성계수

ASTM C649에 의해 식 (3.3.2)와 같이 할선탄성계수를 산출하는데 우리나라 모델식에서도 동일한 값을 사용한다(식 (3.2.5)).

$$E_c(t) = \frac{0.4 f_c'(t) - f_{c,0.00005}}{\varepsilon_{c,0.4} - 0.00005} \tag{3.3.2}$$

여기서, $E_c(t)$는 재령 t에서 탄성계수, $f_{c,0.00005}$는 콘크리트 변형률이 0.00005에 해당하는 응력, $\varepsilon_{c,0.4}$는 응력이 $0.4f_c'(t)$에 해당하는 변형률을 의미한다.

또한 콘크리트의 압축강도 $f_c'(t)$와 단위질량으로부터 아래 식 (3.3.3)에 의해 구할 수도 있다.

$$E_c(t) = 0.043\, W^{1.5} \sqrt{f_c'(t)} \tag{3.3.3}$$

여기서, $E_c(t)$와 $f_c'(t)$는 재령 t(일)에서 콘크리트의 탄성계수와 압축강도를 각각 나타내며 단위는 MPa, W는 단위질량으로서 단위는 kg/m^{3}이다.

---

* 표 3.1에서 습윤양생이란 ASTM C192와 C511에 따라 양생된 것을 의미하며, 증기양생이란 100℃ 이하의 온도에서 완전 습윤상태에서 이루어진 것을 의미한다. 그리고 식 (3.3.1)은 1종 및 3종을 제외한 다른 종류의 시멘트에 대해서는 상수를 구해 사용할 수 있다.

3.3.3 건조수축 모델식

부재가 시간 t_0부터 공기 중에 노출되었을 때, 시간 t에서 건조수축량은 아래 식 (3.3.4)에 의해 구한다.

$$\varepsilon_{sh}(t, t_0) = \frac{(t - t_0)}{\alpha + (t - t_0)} (\varepsilon_{sh})_u \tag{3.3.4}$$

여기서, α는 콘크리트의 양생조건에 따른 상수로서 7일간 수중양생인 경우 35, 1~3일간의 증기양생인 경우에는 55를 각각 사용한다. 양생방법에 따라 건조수축량은 식 (3.3.5), (3.3.6)과 같이 주어진다.

7일 동안 습윤양생된 콘크리트는

$$\varepsilon_{sh}(t, t_0) = \frac{(t - t_0)}{35 + (t - t_0)} (\varepsilon_{sh})_u \tag{3.3.5}$$

1~3일 동안 증기양생된 콘크리트에 대해서

$$\varepsilon_{sh}(t, t_0) = \frac{(t - t_0)}{55 + (t - t_0)} (\varepsilon_{sh})_u \tag{3.3.6}$$

여기서, $(\varepsilon_{sh})_u$는 시간이 무한히 지났을 때의 궁극적인 최종 건조수축량을 나타낸다. 이 $(\varepsilon_{sh})_u$는 여러 가지 요인에 의해 그 크기가 변화하며 식 (3.3.7), (3.3.8)과 같이 나타낼 수 있다.

$$\varepsilon_{sh,u} = -780 \times 10^{-6} \gamma_{sh} \tag{3.3.7}$$

$$\gamma_{sh} = \gamma_{cp} \gamma_{\lambda} \gamma_h \gamma_s \gamma_{\psi} \gamma_a \tag{3.3.8}$$

식 (3.3.8)을 이용해서 각 요인의 영향을 고려할 수 있는데, 각 요인에 따른 계수는 다음과 같다.

(1) 양생기간에 따른 보정, γ_{cp}

식 (3.3.5)는 7일 동안의 표준 습윤양생에 대한 식이며, 7일 이외의 양생기간에 대해서는 표 3.2에 따라 보정한다.

표 3.2 **초기 습윤양생 기간에 따른 건조수축 보정계수,** γ_{cp}

습윤양생 기간(일)	1	3	7	14	28	90
보정계수 γ_{cp}	1.2	1.1	1.0	0.93	0.86	0.75

(2) 공기의 상대습도, γ_λ

구조물이 놓인 환경의 상대습도에 따라 콘크리트의 건조수축은 크게 변화하며 다음 식 (3.3.9)으로 그 영향을 고려한다.

$$\gamma_\lambda = \begin{cases} 1.40-0.010\lambda & (40\% \le \lambda \le 80\%\text{일 때}) \\ 3.00-0.030\lambda & (80\% < \lambda \le 100\%\text{일 때}) \end{cases} \tag{3.3.9}$$

여기서, λ는 공기 중의 상대습도(%)이다.

(3) 부재의 두께, γ_h

식 (3.3.5) 및 (3.3.6)은 평균두께 150mm에 대한 것으로서, 그 밖의 두께에 대한 보정이 필요하며 이에 대한 보정방법으로 두 가지가 있다.

첫째, 평균두께 방법으로서 평균두께가 150mm 이상 380mm 이하인 경우에 식 (3.3.10a)를 적용할 수 있고, 두께가 그 이하인 경우 표 3.3의 값을 사용할 수 있다.

$$\gamma_h = \begin{cases} 1.23-0.0015h & (t-t_0 \le 1\text{년}) \\ 1.17-0.00114h & (t-t_0 > 1\text{년}) \end{cases} \tag{3.3.10a}$$

표 3.3 **평균두께 ($h \le$150mm)에 따른 보정계수,** γ_h

평균두께 (mm)	건조수축 보정계수 γ_h		크리프 보정계수 γ_h	
	$(t-t_0) \le 1$년	$(t-t_0) > 1$년	$(t-t_0) \le 1$년	$(t-t_0) > 1$년
50	1.35	1.35	1.30	1.30
75	1.25	1.25	1.17	1.17
100	1.17	1.17	1.11	1.11
125	1.08	1.08	1.04	1.04
150	1.00	1.00	1.00	1.00

두 번째, 부피/표면적비 방법으로서, 수분이 발산할 수 있는 표면적 S에 대한 전체 콘크리트 부피 V의 비율인 V/S로 이 계수를 정할 수 있으며 아래 식 (3.3.10b)과 같다. 이때 V/S의 단위는 mm이다.

$$\gamma_h = 1.2\exp(-0.00472\,V/S) \tag{3.3.10b}$$

(4) 슬럼프값, γ_s

콘크리트의 슬럼프에 따른 보정이 필요하며 γ_s는 슬럼프값 s(mm)에 따라 변하는 계수이다.

$$\gamma_s = 0.89 + 0.00161s \tag{3.3.11}$$

(5) 잔골재량, γ_ψ

γ_ψ는 전체 골재량에 대한 잔골재량의 중량비 $\psi = s/a$(%)에 따라 변하는 계수이다.

$$\gamma_\psi = \begin{cases} 0.30 + 0.014\psi & (\psi \le 50\%\text{일 때}) \\ 0.90 + 0.002\psi & (\psi > 50\%\text{일 때}) \end{cases} \tag{3.3.12}$$

(6) 단위시멘트양, γ_c

γ_c는 단위시멘트양 c(kg/m^3)에 따라 변하는 계수로서 식 (3.3.13)과 같다.

$$\gamma_c = 0.75 + 0.00061c \tag{3.3.13}$$

(7) 공기량, γ_α

γ_α는 공기량 α(%)에 따라 변하는 계수이다.

$$\gamma_\alpha = 0.95 + 0.008\alpha \tag{3.3.14}$$

3.3.4 크리프 모델식

1) 전체 변형률

ACI 초기 모델식에서는 작용하중에 대한 특별한 언급은 없으나, 중첩의 원리가 유지되기 위해서는 $0.4f_c'(t) \sim 0.5f_c'(t)$ 혹은 그 이하의 응력에 적용할 수 있다. 그리고 환경조건도 특수한 경우가 아닌 일반적인 경우에 한하며, 특수한 경우에는 그에 따른 검토가 필요하다. 또 ACI 초기 모델식에서는 크리프함수 $J(t, t')$가 정의되어 있지 않고 크리프계수 $\phi(t, t')$가 정의되어 있다. 크리프계수로부터 크리프함수를 유도하면 아래와 같다.

$$J(t, t') = \frac{1}{E_c(t)}[1 + \phi(t, t')] \tag{3.3.15}$$

여기서, $E_c(t)$은 시간 t(일)에서 콘크리트의 할선탄성계수이고, $\phi(t, t')$은 크리프계수이다.

따라서 시간 t'에서 응력 $f_c(t')$이 작용했을 때, 시간 t(일)에서 전체 변형률 $\varepsilon_c(t, t')$은 식 (3.3.16)과 같이 계산된다.

$$\varepsilon_c(t, t') = f_c(t')\ J(t, t') \tag{3.3.16}$$

2) 크리프계수

ACI 초기 모델의 크리프계수는 식 (3.3.17)과 같이 표현된다.

$$\phi(t, t') = \frac{(t - t')^{0.6}}{10 + (t - t')^{0.6}}\phi_u \tag{3.3.17}$$

여기서, t는 크리프변형을 계산하고자 하는 시간, t'은 하중이 작용하는 시간을 각각 나타내며, 단위는 일(day)이다. ϕ_u는 최종 크리프계수(final creep coefficient)로서 외부환경 및 콘크리트의 배합조건에 따라 아래 식 (3.3.18)로 구한다. 단, 표준조건일 때는 $\phi_u = 2.35$를 사용할 수 있다.

$$\phi_u = 2.35\,\gamma_{la}\,\gamma_\lambda\,\gamma_h\,\gamma_s\,\gamma_f\,\gamma_a \tag{3.3.18}$$

여기서, 각 계수는 아래와 같다.

(1) 초기 재하 재령, γ_{la}

γ_{la}는 최초로 하중을 가한 시간에 따라 변하는 계수로서, 습윤양생과 증기양생에 따라 다르며 아래 식 (3.3.19)와 같다.

$$\gamma_{la} = \begin{cases} 1.25\,t'^{-0.118} & (\text{습윤양생에 대해서}) \\ 1.13\,t'^{-0.094} & (\text{증기양생에 대해서}) \end{cases} \tag{3.3.19}$$

여기서, t'는 습윤양생일 때 7일보다 크고 증기양생일 때는 3일보다 커야 한다.

(2) 공기 중의 상대습도, γ_{λ}

γ_{λ}는 상대습도 λ(%)에 따라 변하는 계수이며 40% 전후에 따라 아래 식 (3.3.20)과 같다.

$$\gamma_{\lambda} = \begin{cases} 1.0 & (\lambda < 40\%\text{일 때}) \\ 1.27 - 0.0067\lambda & (\lambda \geq 40\%\text{일 때}) \end{cases} \tag{3.3.20}$$

(3) 부재의 두께, γ_h

평균두께 방법을 사용하는 경우, 평균두께가 150mm 이하이면 표 3.3의 값을 사용하고 150mm 이상 380mm 이하인 경우에는 다음 보정계수 γ_h값을 사용한다.

$$\gamma_h = \begin{cases} 1.14 - 0.00092h & ((t - t') \leq 1\text{년에 대해서}) \\ 1.10 - 0.00067h & ((t - t') > 1\text{년에 대해서}) \end{cases} \tag{3.3.21}$$

부피/표면적비 방법을 사용하는 경우 γ_h값은 다음 식 (3.3.22)와 같다.

$$\gamma_h = \frac{2}{3}\left[1 + 1.13\exp(-0.0213\,V/S)\right] \tag{3.3.22}$$

여기서, V/S는 부피/표면적비(mm)다.

(4) 슬럼프값, γ_s

γ_s는 슬럼프값 s(mm)에 따라 변하는 계수이다. 그리고 s의 단위가 mm인 경우에 (3.3.23)과 같다.

$$\gamma_s = 0.82 + 0.00264s \qquad (3.3.23)$$

(5) 잔골재량, γ_ψ

γ_ψ는 전체 골재량에 대한 잔골재(fine aggregate)량의 중량비 $\psi = s/a$ (%)에 따라 변하는 계수이다.

$$\gamma_\psi = 0.88 + 0.0024\psi \qquad (3.3.24)$$

(6) 공기량, γ_α

γ_α는 공기량 α(%)에 따라 변하는 계수이다.

$$\gamma_\alpha = 0.46 + 0.09\alpha \geq 1.0 \qquad (\alpha \geq 6\%\text{일 때}) \qquad (3.3.25)$$

3.4 ACI 209R-92 모델식

3.4.1 일반 사항

ACI 모델식은 2008년도 판부터 ACI 기준[92] 본문에서 부록으로 옮겨졌으며, 부록에 ACI 209R-92, B3, CEB MC90-99(CEB-FIP Model Code 1990), GL2000 모델식 등이 주어져 있어, 이러한 모델식 중에 선택하여 사용하도록 하고 있다. ACI 209R-92 모델식은 209 Committee에 의해 1992년에 개정된 것으로 되어 있으나, 가장 문제가 많았던 건조수축을 2008년도 판부터는 시간에 따른 변화를 나타내도록 35 또는 55 등으로 수정하였다. 여기에서는 2008년에 제시된 ACI 209R-92 모델식을 소개한다.

3.4.2 재령에 따른 재료 상수

1) 콘크리트의 압축강도

잘 알려진 바와 같이 콘크리트의 강도 발현은 시멘트의 종류, 단위시멘트양 등 많은 요인에 의해 영향을 받는다. ACI에서는 이를 다음 식 (3.4.1)과 같이 제시하고 있다.

$$f_{cmt}(t) = \frac{t}{a+bt} f_{cm28} \tag{3.4.1}$$

여기서, t는 재령(일), $f_{cmt}(t)$는 재령 t(일)에서 콘크리트의 평균 압축강도, f_{cm28}은 재령 28일에서 평균 압축강도이며, a와 b는 시멘트의 종류 및 양생방법에 따라 결정되며 다음 표 3.1과 같다.

2) 콘크리트 탄성계수

ASTM C649에 의해 측정된 탄성계수는 할선탄성계수이며 식 (3.4.2)와 같다.

$$E_c(t) = \frac{0.4f_{cmt}(t) - f_{c,0.00005}}{\varepsilon_{c,0.4} - 0.00005} \tag{3.4.2}$$

여기서, $E_c(t)$는 재령 t에서 탄성계수, $f_{c,0.00005}$는 콘크리트 변형률이 0.00005에 해당하는 응력, $\varepsilon_{c,0.4}$는 응력이 $0.4f_{cmt}(t)$에 해당하는 변형률을 의미한다.

또한 콘크리트의 평균 압축강도 $f_{cmt}(t)$가 주어지면 아래 식 (3.4.3)을 사용하여 콘크리트의 탄성계수를 구할 수 있다.

$$E_{cmt}(t) = 0.043\gamma_c^{1.5}\sqrt{f_{cmt}(t)} \tag{3.4.3}$$

여기서, $E_{cmt}(t)$와 $f_{cmt}(t)$는 재령 t(일)에서 콘크리트의 탄성계수와 평균 압축강도를 나타내며 단위는 MPa이고, γ_c는 단위질량으로서 단위는 kg/m^3이다.

3.4.3 건조수축 모델식

공시체가 시간 t_0부터 공기 중에 노출되었을 때, 시간 t에서 건조수축량은 아래 식 (3.4.4)에 의해 구한다.

$$\varepsilon_{sh}(t, t_0) = \frac{(t-t_0)^\alpha}{f+(t-t_0)^\alpha}\varepsilon_{shu} \tag{3.4.4}$$

여기서, f는 식 (3.4.5)와 같이 부재 크기(V/S)에 따른 함수이고, 일반적으로 α는 1을 사용한다.

$$f = 26.0\exp[0.0142(V/S)] \tag{3.4.5}$$

그리고 ε_{shu}는 시간이 무한히 지났을 때의 궁극적인 최종 건조수축량을 나타낸다. 이 ε_{shu}는 여러 가지 요인에 의해 그 크기가 변화하며, 각 요인에 따른 변화 γ_{sh}는 식 (3.4.6), (3.4.7)과 같이 나타낼 수 있다.

$$\varepsilon_{shu} = -780\times 10^{-6}\gamma_{sh} \tag{3.4.6}$$

$$\gamma_{sh} = \gamma_{sh,tc}\,\gamma_{sh,RH}\,\gamma_{sh,vs}\,\gamma_{sh,s}\,\gamma_{sh,\psi}\,\gamma_{sh,c}\,\gamma_{sh,\alpha} \tag{3.4.7}$$

식 (3.4.7)의 각 요인에 고려하는 보정계수는 다음과 같다.

(1) 양생 기간에 따른 보정, $\gamma_{sh,tc}$

식 (3.4.5)는 7일 동안의 표준 습윤양생에 대한 식이며, 7일 이외의 양생기간에 대해서는 표 3.4 또는 식 (3.4.8)에 따라 보정한다. 그리고 1~3일 동안 증기 양생한 경우에는 $\gamma_{sh,tc}$=1을 사용한다.

$$\gamma_{sh,tc} = 1.202 - 0.2337\log t_c \tag{3.4.8}$$

표 3.4 **습윤양생 기간에 따른 보정계수**

습윤양생 기간(일)	1	3	7	14	28	90
보정계수 $\gamma_{sh,tc}$	1.2	1.1	1.0	0.93	0.86	0.75

(2) 공기의 상대습도, $\gamma_{sh,RH}$

구조물이 놓인 환경의 상대습도에 따라 콘크리트의 건조수축은 크게 변화하며 다음 식 (3.4.9)로 그 영향을 고려한다.

$$\gamma_{sh,RH} = \begin{cases} 1.40 - 1.02h & (0.4 \leq h \leq 0.8\text{일 때}) \\ 3.00 - 3.0h & (0.8 \leq h \leq 1\text{일 때}) \end{cases} \tag{3.4.9}$$

여기서, h는 상대습도를 의미한다. 식 (3.4.9)의 적용 범위는 상대습도가 0.4보다 더 큰 범위에 국한된다. 만약 $h=0.4$보다 작은 습도를 고려하면 $\gamma_{sh,RH}$가 1보다 커지는 상황, 즉 팽창이 발생하는 것으로 잘못된 예측값이 도출된다.

(3) 부재의 크기, $\gamma_{sh,vs}$

식 (3.4.5)은 평균두께가 150mm이 아닌 경우 두께에 대한 보정이 필요하며, 이에 대한 보정방법은 두 가지가 있다.

먼저 부피/표면적비 방법은 수분이 발산할 수 있는 표면적에 대한 전체 콘크리트 부피비를 이용하며 식 (3.4.10)과 같다.

$$\gamma_{sh,vs} = 1.2\exp(-0.00472\, V/S) \tag{3.4.10}$$

여기서, V/S의 단위는 mm이다.

두 번째 평균두께 방법으로서 평균두께가 150mm 이상 380mm 이하인 경우에 식 (3.4.11)을 사용한다.

$(t - t_0) \leqq 1$년에 대해서

$$\gamma_{sh,vs} = \begin{cases} 1.23 - 0.001d \\ 1.23 - 0.006(V/S) \end{cases} \tag{3.4.11a}$$

$(t - t_0) > 1$년에 대해서

$$\gamma_{sh,vs} = \begin{cases} 1.17 - 0.00114d \\ 1.17 - 0.00456(V/S) \end{cases} \tag{3.4.11b}$$

여기서, 평균두께 $d = 4(V/S)$로 정의한다. 식 (3.4.11)에 의해 계산한 $\gamma_{sh,vs}$는 0.2 이상의 값을 가지도록 제한한다.

(4) 슬럼프값, $\gamma_{sh,s}$

콘크리트의 슬럼프값에 따른 보정이 필요하며 $\gamma_{sh,s}$는 슬럼프값 s(mm)에 따라 변하는 계수이다.

$$\gamma_{sh,s} = 0.89 + 0.00161s \tag{3.4.12}$$

(5) 잔골재량, $\gamma_{sh,\psi}$

$\gamma_{sh,\psi}$는 전체 골재량에 대한 잔골재량의 중량비 $\psi = s/a$(%)에 따라 변하는 계수이다.

$$\gamma_{sh,\psi} = \begin{cases} 0.30 + 0.014\psi & (\psi \leq 50\%\text{일 때}) \\ 0.90 + 0.002\psi & (\psi > 50\%\text{일 때}) \end{cases} \tag{3.4.13}$$

(6) 단위시멘트양, $\gamma_{sh,c}$

$\gamma_{sh,c}$는 단위시멘트양 c (kg/m^3)에 따라 변하는 계수이며 식 (3.4.14)와 같다.

$$\gamma_{sh,c} = 0.75 + 0.00061c \tag{3.4.14}$$

(7) 공기량, $\gamma_{sh,\alpha}$

$\gamma_{sh,\alpha}$는 공기량 α(%)에 따라 변하는 계수이다.

$$\gamma_{sh,\alpha} = 0.95 + 0.008\,\alpha \geq 1.0 \tag{3.4.15}$$

3.4.4 크리프 모델식

1) 전체 변형률

ACI 209R-92기준에서도 작용하중에 대한 특별한 언급은 없으나 중첩의 원리가 유지되기 위해서는 $0.4f_{cmt0}$ 이하의 응력이 작용할 때 적용할 수 있다. 그리고 환경조건도 특수한 경우가 아닌 일반적인 경우에 한하며, 특수한 경우에는 별도의 검토가 필요하다. ACI 209R-92기준에서는 크리프 함수 $J(t,t')$가 식 (3.4.16)과 같이 정의되어 있고 크리프계수 $\phi(t,t')$도 정의되어 있다.

$$J(t,t') = \frac{1}{E_{cmto}}[1+\phi(t,t')] \tag{3.4.16}$$

여기서, E_{cmt0}는 시간 t'(일)에서 콘크리트의 할선탄성계수로서 앞의 식 (3.3.2) 또는 식 (3.3.3)에 의해 구할 수 있고, $\phi(t,t')$은 크리프계수를 나타낸다.

따라서 시간 t'에서 응력 $f_c(t')$가 작용했을 때, 시간 t(일)에서 전체 변형률 $\varepsilon_c(t,t')$는 식 (3.4.17)과 같이 계산할 수 있다.

$$\varepsilon_c(t,t') = f_c(t')\ J(t,t') \tag{3.4.17}$$

2) 크리프계수

ACI 모델의 크리프계수는 식 (3.4.18)과 같이 표현된다.

$$\phi(t,t') = \frac{(t-t')^{\psi}}{d+(t-t')^{\psi}}\phi_u \tag{3.4.18}$$

여기서, t는 크리프변형을 구하고자 시간, t'는 하중이 작용하는 시간을 각각 나타내며 단위는 일(day)이다. ϕ_u는 최종 크리프계수(final creep coefficient)로서 외부환경 및 콘크리트의 배합조건에 따라 식 (3.4.19)로 구할 수 있으며, 표준조건일 때는 $\phi_u=$ 2.35를 사용할 수 있다. 그리고 d와 ψ는 평균값으로 각각 10과 0.6을 사용할 수도 있고, 또는 d값은 앞의 건조수축에서 사용된 f와 같은 값을 사용하고 $\psi=1$을 사용할 수도 있도록 규정하고 있다. 표준조건이 아닌 경우 최종 크리프계수는 다음과 같이 보정한다.

$$\phi_u = 2.35\,\gamma_c = 2.35\gamma_{c,t_o}\,\gamma_{c,RH}\,\gamma_{c,vs}\,\gamma_{c,s}\,\gamma_{c,\psi}\,\gamma_{sh,\alpha} \tag{3.4.19}$$

여기서, 각 보정계수는 다음과 같다.

(1) 양생조건, γ_{c,t_o}

γ_{c,t_o}는 양생조건에 따라 변하는 계수로서, 습윤양생과 증기양생에 따라 다른 값을 가지며 아래 식 (3.4.20)과 같다.

$$\gamma_{c,t0} = \begin{cases} 1.25\,t_0^{-0.118} & \text{(습윤양생)} \\ 1.13\,t_0^{-0.094} & \text{(증기양생)} \end{cases} \tag{3.4.20}$$

여기서, 습윤양생일 때 t_0는 7일보다 증기양생일 때는 1~3일보다 커야 한다.

(2) 공기 중의 상대습도, $\gamma_{c,RH}$

$\gamma_{c,RH}$는 상대습도 h에 따라 변하는 계수이며, 40% 이상일 때는 아래 식 (3.4.21)과 같으며, 40% 미만이면 1보다 큰 값을 취해야 한다.

$$\gamma_{c,RH} = 1.27 - 0.67h \qquad (h \geq 0.4\text{일 때}) \tag{3.4.21}$$

(3) 부재의 두께, $\gamma_{c,vs}$

부피/표면적비 방법으로서 건조수축에서와 마찬가지로 부피/표면적비에 따라 이 $\gamma_{c,vs}$값을 결정할 수 있으며 식 (3.4.22)와 같다.

$$\gamma_{c,vs} = \frac{2}{3}\left[1 + 1.13\exp\{0.0213(V/S)\}\right] \tag{3.4.22}$$

여기서, V/S의 단위는 mm이다.

한편 평균두께 방법을 사용할 수도 있으며, 평균두께 $d = 4(V/S)$가 150mm 이하인 경우 다음 표 3.5에 주어진 값을 사용하고, 150mm 이상인 경우 다음 식 (3.4.23)과 식 (3.4.24)에 의해 구할 수 있다.

- 하중이 가해지고 첫 1년간, $(t-t_0) \leq$ 1년

$$\gamma_{c,vs} = \begin{cases} 1.14-0.00092d \\ 1.14-0.00363(V/S) \end{cases} \tag{3.4.23}$$

- 그 이후, $(t-t_0) >$ 1년

$$\gamma_{c,vs} = \begin{cases} 1.10-0.00067d \\ 1.10-0.00268(V/S) \end{cases} \tag{3.4.24}$$

표 3.5 **평균두께에 따른 보정계수, $\gamma_{c,vs}$**

평균두께 d (mm)	V/S (mm)	보정계수, $\gamma_{c,vs}$
50	12.5	1.30
75	20	1.17
100	25	1.11
125	30	1.04
150	37.5	1.00

(4) 슬럼프값, $\gamma_{c,s}$

$\gamma_{c,s}$는 슬럼프값 s(mm)에 따라 변하는 계수이다.

$$\gamma_{c,s} = 0.82 + 0.00264\,s \tag{3.4.25}$$

(5) 잔골재량, $\gamma_{c,\psi}$

$\gamma_{c,\psi}$는 전체 골재량에 대한 잔골재량의 중량비 $\psi = s/a$(%)에 따라 변하는 계수이다.

$$\gamma_{c,\psi} = 0.88 + 0.0024\,\psi \tag{3.4.26}$$

(6) 공기량, $\gamma_{c,\alpha}$

$\gamma_{c,\alpha}$는 공기량 α(%)에 따라 변하는 계수이다.

$$\gamma_{c,\alpha} = 0.46 + 0.09\alpha \geq 1.0 \tag{3.4.27}$$

3.5 CEB-FIP 모델식(1978)

3.5.1 일반 사항

이 모델식은 CEB-FIP(1970) 식을 개선한 것으로서, 작용응력이 압축강도의 40%보다 적을 때 적용 가능한 것으로 되어 있다. CEB-FIP 모델식은 크리프에 의한 장기변형을 계산하기 위해 여러 요인을 개별적으로 고려한 후 합산하도록 되어 있다. 즉 초기 탄성변형, 첫 1일 간의 회복되지 않는 변형, 지연된 탄성변형 및 회복되지 않는 소성변형 등의 합으로 나타내고 있다.

3.5.2 재령에 따른 재료 상수

CEB-FIP 1978 모델식에서는 초기 변형률(initial strain)을 계산할 때에는 $E_{ci}(t')$을 사용하고 크리프변형을 계산할 때에는 E_{c28}을 사용하도록 되어 있는데, 이에 대한 정확한 정의를 먼저 알아야 한다.

초기 변형률(initial strain)이란 하중이 재하되고 30~60초 내에 측정된 변형률로 정의된다. 크리프함수로 표현하면, 다음 식 (3.5.1)에 $(t-t') = 30\sim60$초 $\simeq 0.5\times10^{-3}$일을 대입해야 하는 값이다.

$$\frac{1}{E_{ci}(t')} = J(t,t') \tag{3.5.1}$$

그러나 실험에 의해 이러한 값을 구하지 않는다면, 즉 CEB-FIP(1978) 기준 2.5.2의 할선탄성계수 $E_c(t')$ 값을 25% 증가시킨 값 $E_{ci}(t')$으로 이용할 수 있다.

$$\begin{aligned} E_{ci}(t') &= 1.25E_c(t') \\ &= 1.25\times 9500^3\sqrt{f_{cm}(t')} \end{aligned} \tag{3.5.2}$$

여기서, $E_{ci}(t')$, $E_c(t')$ 및 $f_{cm}(t')$의 단위는 MPa이다. $f_{cm}(t')$은 재령 t'일 때의 콘크리트 평균 압축강도(MPa)이며, 실험값이 없으면 설계기준압축강도 $f_{ck}(t')$에 8MPa

을 더한 값을 이용할 수 있다. $E_{ci}(t')$과 28일 재령 탄성계수 E_{c28}과의 관계는 시간에 따른 변화를 고려함으로써 아래 식 (3.5.3)과 같이 표현되며, 식 (3.5.4)나 그림 3.1을 이용하여 계산할 수 있다.

$$\frac{1}{E_{ci}(t')} = \frac{1}{E_{c\,28}}\sqrt[3]{\frac{\beta_c(28)}{\beta_c(t')}} \tag{3.5.3}$$

$$\beta_c(t') = \frac{f_{cm}(t')}{f_{cm\infty}} \tag{3.5.4}$$

여기서, $f_{cm\infty}$는 시간이 무한히 흘렀을 때의 콘크리트 평균 압축강도를 의미한다.

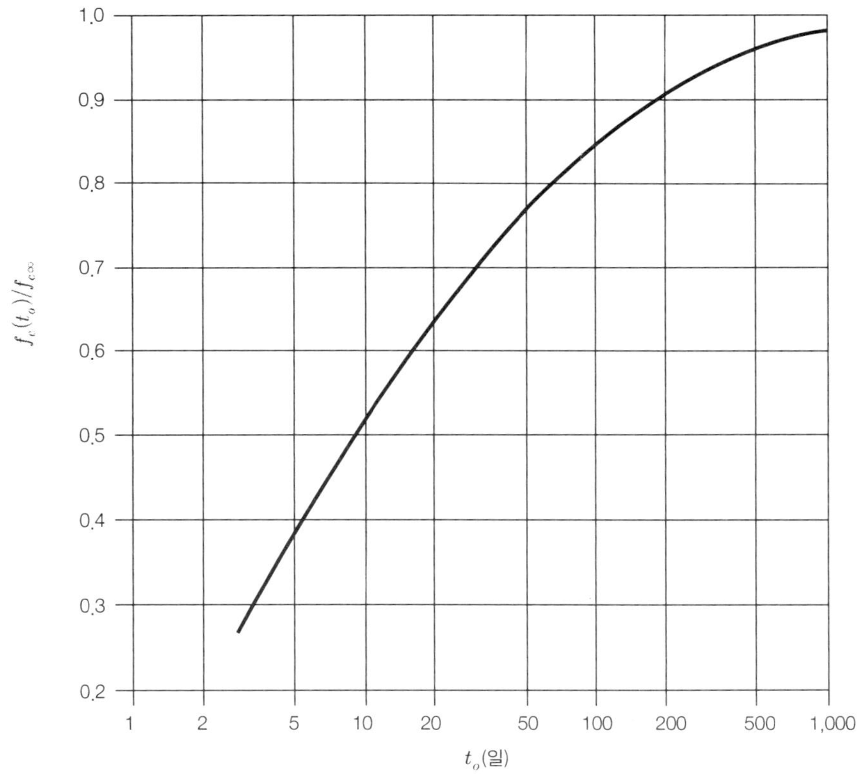

그림 3.1 CEB-FIP(1978)의 시간에 따른 콘크리트 강도 발현

3.5.3 건조수축 모델식

건조가 t_o(일)에 시작하여 현재 시간 t(일)에서의 건조수축, 즉 $(t-t_o)$ 동안에 일어나는 건조수축에 의한 변형도는 식 (3.5.5)와 같다.

$$\varepsilon_{sh}(t,\, t_o) = \varepsilon_{so}[\beta_s(t) - \beta_s(t_o)] \tag{3.5.5}$$

또한 ε_{so}는 식 (3.5.6)과 같이 표현된다.

$$\varepsilon_{so} = \varepsilon_{s1}\, \varepsilon_{s2} \tag{3.5.6}$$

여기서, ε_{so}는 기본 건조수축계수인데, ε_{s1}은 공기중의 습도에 관계되는 계수로서 표 3.6과 같고, ε_{s2}는 부재의 유효두께 h_o에 관계되며 그림 3.2와 같다. 그리고 β_s함수는 시간에 따른 건조수축의 변화인데 유효두께 h_o에 따라 달라지며 그림 3.3과 같다.

유효두께 h_o는 식 (3.5.7)과 같이 정의된다.

$$h_o = \lambda \frac{2A_c}{u} \tag{3.5.7}$$

여기서, λ는 표 3.6의 값이며 A_c는 콘크리트의 단면적, 그리고 u는 공기와 접해서 수분이 발산할 수 있는 둘레 길이를 의미한다. 이때 h_o의 단위는 mm이다.

표 3.6 **크리프 및 수축에 미치는 외부 영향계수**

환경조건	상대습도	계수		계수 λ
		크리프, ϕ_{f1}	건조수축, ε_{s1}	
물속	100%	0.8	+0.00010	30
매우 습한 환경	90%	1.0	−0.00013	5
일반적인 외부 환경	70%	2.0	−0.00032	1.5
매우 건조한 환경	40%	3.0	−0.00052	1.0

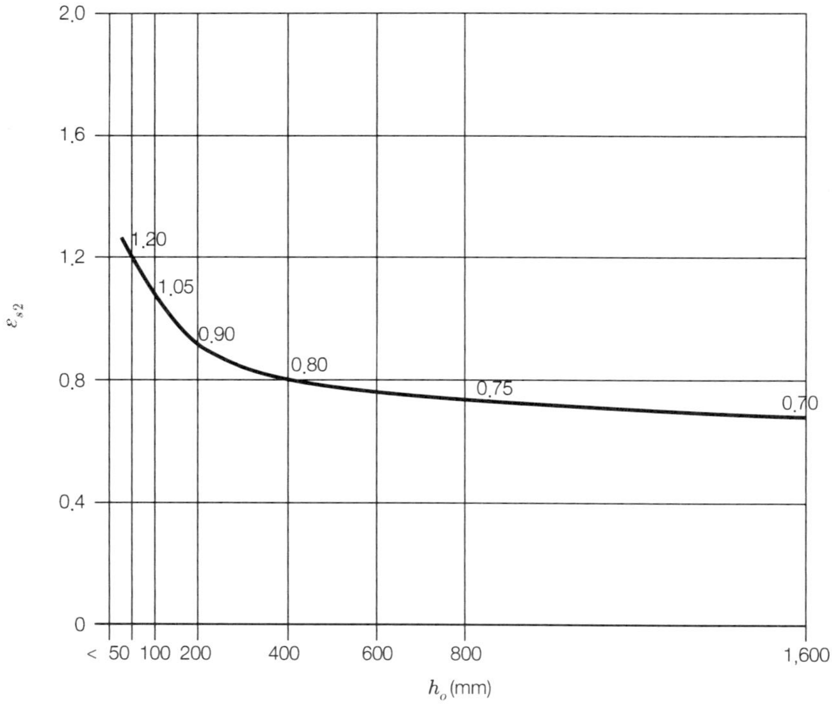

그림 3.2 **유효두께가 건조수축에 미치는 영향**

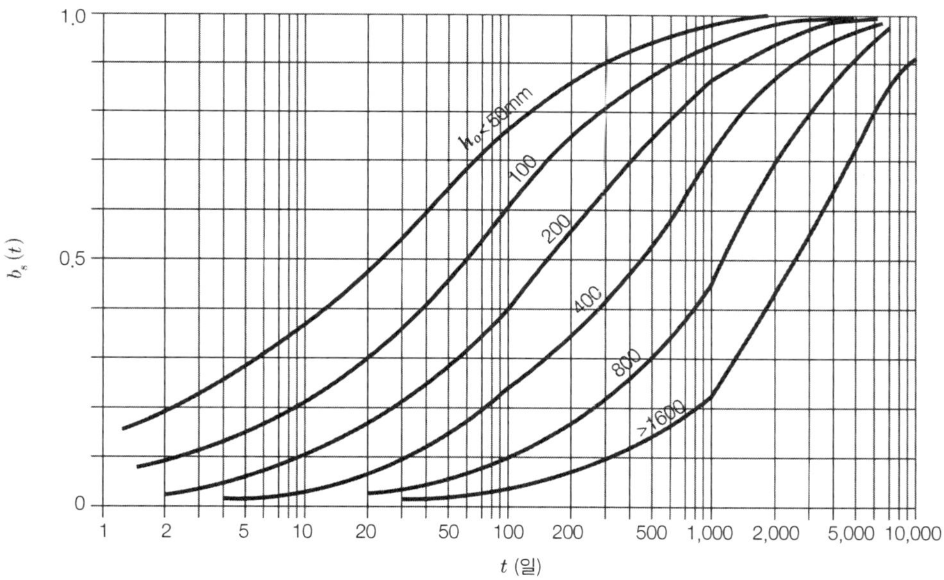

그림 3.3 **재령과 유효두께가 건조수축에 미치는 영향**

예를 들면, 두께 t인 벽체나 슬래브는 $2A_c/u = 2at/2a = t$이며, 단면의 크기가 $a \times b$인 기둥은 $2A_c/u = 2ab/2(a+b) = ab/(a+b)$이고, 한 변의 길이가 a인 정사각형 단면은 $ab/(a+b) = a/2$가 된다.

그리고 온도가 20℃ 정도가 아닌 경우에는 콘크리트 강도 발현이 달라지므로, 이러한 경우에는 아래 식 (3.5.8)에 의한 적산온도 개념을 이용하여 시간 t에 대한 보정을 할 수 있다.

$$t = \frac{\alpha}{30}\sum^{t_i}\left[\left(T(t_i) + 10\right)\Delta t_i\right] \quad (3.5.8)$$

여기서, α는 시멘트 종류에 따른 계수로서 보통 시멘트(N) 및 중용열 시멘트(SL)에 대해서 1, 조강 시멘트(R)에 대해서 2, 조강 고강도 시멘트(RS)에 대해서는 3의 값을 가진다. 시멘트 분류는 표 3.7과 같다.

표 3.7 **시멘트의 분류**

분류명	약칭
중용열 시멘트	SL
보통 시멘트	N
조강 시멘트	R
조강 고강도 시멘트	RS

3.5.4 크리프 모델식

1) 전체 변형률

앞서 언급한 바와 같이 CEB-FIP 모델식에서는 타 모델과는 달리 크리프계수를 재령 28일의 탄성변형에 대한 비로 정의하고 있다. 다시 말해, 크리프함수 $J(t, t')$은 다음 식 (3.5.9)와 같다.

$$J(t, t') = \frac{1}{E_{ci}(t')} + \frac{\phi(t, t')}{E_{c28}} \quad (3.5.9)$$

다시 말해, 식 (3.3.15)의 ACI 모델식에서의 크리프계수 $\phi(t,t')$은 재하 당시의 단위 응력에 대한 탄성변형인 $1/E_c(t')$에 대한 크리프변형을 의미하나, 위 식 (3.5.9)의 정의는 다르다. 즉 ACI의 크리프계수 $\phi(t,t')_{ACI}$와 CEB-FIP의 크리프계수 $\phi(t,t')_{CEB}$와의 관계는 다음 식 (3.5.10)과 같다.

$$\phi(t,t')_{ACI} = \frac{E_c(t')}{E_{c28}}\phi(t,t')_{CEB} + \left(\frac{E_c(t')}{E_{ci}(t')} - 1\right) \tag{3.5.10}$$

여기서, $E_c(t')$과 $E_{ci}(t')$은 각각 식 (3.3.2)와 식 (3.5.3)에 의해 계산하며, 각각 시간 t'일의 할선탄성계수(secant modulus)와 순간접선 탄성계수(instantaneous tangent modulus)의 의미를 가진다.

2) 크리프계수

작용하중에 의한 크리프변형은 단기간(1일)에 발생하는 회복되지 않는 변형(short-term irreversible creep)을 고려한 β_a항, 장기간에 걸쳐 발생하는 변형 중 회복되는 변형(long-term reversible creep) $\phi_d\beta_d$항과 회복되지 않는 변형(long-term irreversible creep) $\phi_f[\beta_f(t)-\beta_f(t')]$항의 합으로 표현된다. 즉, 위 식 (3.5.9)의 크리프계수 $\phi(t,t')$은 식 (3.5.11)과 같이 표현된다.

$$\phi(t,t') = \beta_a(t') + \phi_d\beta_d(t-t') + \phi_f[\beta_f(t) - \beta_f(t')] \tag{3.5.11}$$

$$\beta_a(t') = 0.8\left(1 - \frac{f_{cm}(t')}{f_{cm\infty}}\right) \tag{3.5.12}$$

$$\phi_f = \phi_{f1}\phi_{f2} \tag{3.5.13}$$

여기서, 식 (3.5.12)의 $f_{cm}(t')/f_{cm\infty}$는 그림 3.1에 의해 구할 수 있으며, 식 (3.5.13)의 ϕ_{f1}은 환경조건에 따른 계수로서 표 3.6에 의해, 그리고 ϕ_{f2}는 유효두께 h_o에 관련된 항으로 그림 3.4에 의해 각각 구할 수 있다. 그리고 지연 탄성변형을 나타내는 β_d함수 및 소성변형을 나타내는 β_f함수는 그림 3.5 및 그림 3.6에 의해 각각 구할 수 있으며 ϕ_d는 0.4의 값을 취하면 된다.

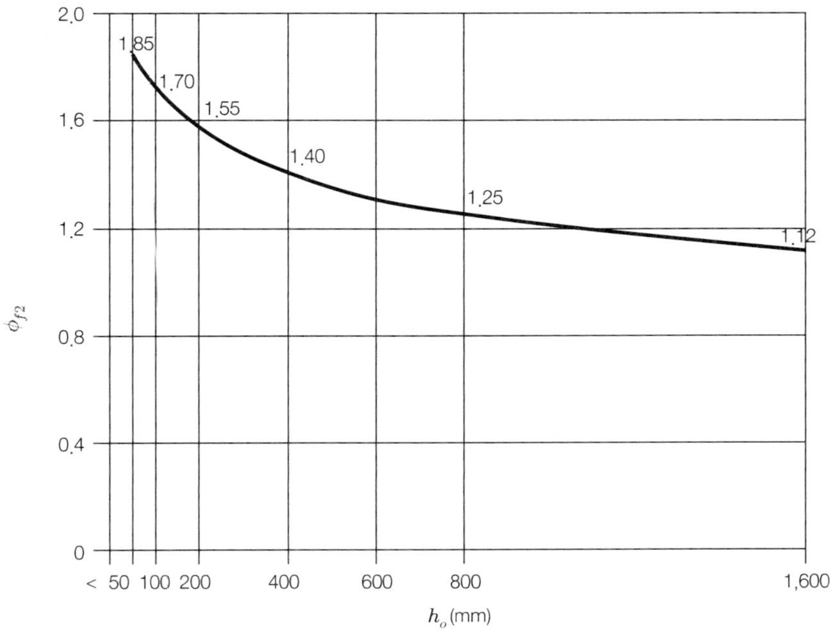

그림 3.4 **유효두께가 크리프에 미치는 영향**

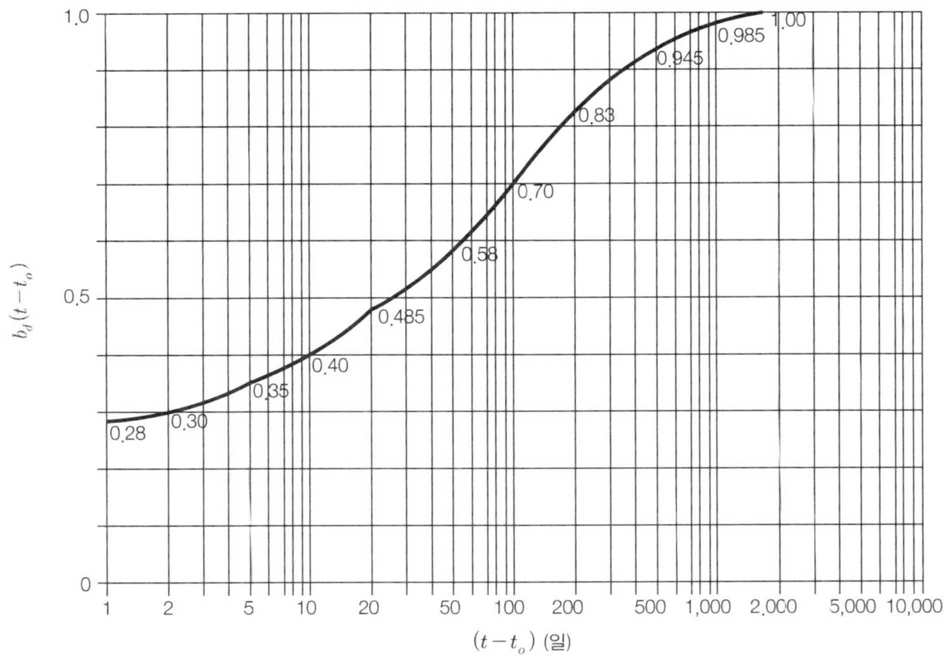

그림 3.5 **지연 탄성변형**

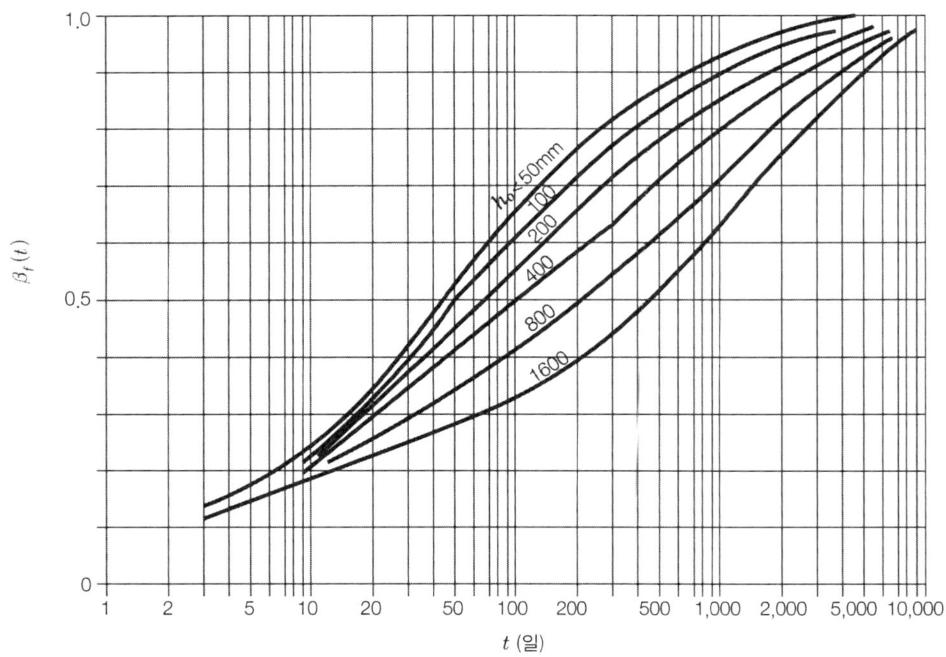

그림 3.6 **지연 소성변형**

3.6 CEB-FIP 모델식(1990)

3.6.1 일반 사항

이 모델식도 콘크리트부재 단면의 평균적 거동을 예측하는 것으로 연속체의 재료점(material point)의 거동을 나타내는 것은 아니다. 또 일반적인 구조용 콘크리트로 사용되는 압축강도 12~80MPa인 콘크리트에 작용 응력이 약 $0.4f_{cm}(t')$ 미만일 때 사용할 수 있다. 물론 $0.6f_{cm}(t')$까지도 사용 가능하도록 되어 있으나 그러한 경우에는 적절한 보정을 요구하고 있다. 상대습도는 40~100%, 평균온도는 5~30℃ 정도의 범위에서 사용할 수 있다. 이 모델식은 압축력을 받을 때에 이용될 수 있는 것이나, 인장력에 대해서도 큰 오차 없이 이용될 수 있다. 이 모델식을 이용하기 위해서는 최소한 1) 콘크리트의 평균 압축강도($f_{cm}(t')$) 또는 설계기준압축강도($f_{ck}(t')$), 2) 부재의 크기, 3) 주위 공기의 평균 상대습도, 4) 재하 시의 재령, 5) 건조가 일어나기 시작하는 재령, 6) 재하기간 등이 필요하고, 다음과 같은 조항 1) 시멘트의 종류, 2) 양생온도, 3) 온도 변화, 4) 작용하중이 $0.4f_{cm}(t')$ 이상 $0.6f_{cm}(t')$ 이하 등의 정보가 있으면 보다 정확하게 모델식을 보정할 수 있다[8].

3.6.2 재령에 따른 재료 상수

1) 콘크리트의 압축강도

CEB-FIP 기준에서 콘크리트 압축강도는 ISO 1920, ISO 2736/2와 ISO 4012에 따른 ϕ150×300mm 원주공시체에 따라 시험하며, 콘크리트의 평균 강도(배합강도의 의미도 있음)는 식 (3.6.1)과 같이 정의된다.

$$f_{cm} = f_{ck} + \Delta f \tag{3.6.1}$$

여기서, f_{ck}는 설계기준압축강도로서 단위는 MPa이고 Δf =8MPa이다.

시간에 따른 콘크리트 강도 발현에 대한 식은 다음과 같다.

$$f_{cm}(t) = \beta_{cc}(t)\, f_{cm} \tag{3.6.2}$$

여기서, $\beta_{cc}(t)$는 시간에 따른 강도 발현속도를 의미하며 아래 식과 같이 표현한다.

$$\beta_{cc}(t) = \exp\left[s\left(1 - \sqrt{\frac{28}{t/t_1}}\right)\right] \tag{3.6.3}$$

식 (3.6.3)에서 $t_1 = 1$일, s는 시멘트 종류에 따른 상수를 나타내며, 조강 고강도 시멘트(RS)는 $s = 0.20$, 보통 시멘트(N) 및 조강 시멘트(R)는 $s = 0.25$, 중용열 시멘트(SL)는 $s = 0.38$이다. 시멘트의 분류는 표 3.7에 나타난 바와 같다.

2) 콘크리트의 탄성계수

CEB-FIP 기준에서는 초기접선 탄성계수 E_{ci}와 초기 소성변형을 고려한 탄성계수 E_c를 구별하여 사용하고 있다. 먼저 초기접선 탄성계수 E_{ci}는 식 (3.6.4)와 같다.

$$E_{ci} = E_{co}[(f_{ck} + \Delta f) / f_{cmo}]^{1/3} \tag{3.6.4}$$

여기서, E_{ci}는 28일 재령 콘크리트의 초기접선 탄성계수(MPa), f_{ck}는 28일 재령 콘크리트의 설계기준압축강도(MPa), $\Delta f = 8$MPa, $f_{cmo} = 10$MPa, 그리고 $E_{co} = 2.15 \times 10^4$ MPa이다. 또는 식 (3.6.5)와 같이 나타낼 수 있다.

$$E_{ci} = E_{co}[f_{cm} / f_{cmo}]^{1/3} \tag{3.6.5}$$

그리고 초기 소성변형을 고려한 탄성계수 E_c와 E_{ci}의 관계는 다음과 같다.

$$E_c = 0.85 E_{ci} \tag{3.6.6}$$

또한 시간에 따른 탄성계수의 변화는 강도 변화에서와 유사하게 식 (3.6.7)로 표현된다.

$$E_{ci}(t) = \beta_E(t)\, E_{ci} \tag{3.6.7}$$

여기서, $E_{ci}(t)$는 재령 t인 콘크리트의 초기접선 탄성계수(MPa)이며 $\beta_E(t)$는 식 (3.6.8)과 같다. 시간에 따른 콘크리트의 탄성계수 증가를 보정하며

$$\beta_E(t) = \sqrt{\beta_{cc}(t)} \tag{3.6.8}$$

여기서, $\beta_{cc}(t)$는 식 (3.6.3)에 의해 계산한다.

3.6.3 건조수축 모델식

건조수축에 대한 모델식도 크리프에 대한 식과 유사하게 시간이 무한히 흘렀을 때의 최종 수축량에 시간에 따른 함수를 곱하여 나타내고 있다. 즉 전체 수축변형률 또는 팽창변형률은 식 (3.6.9)와 같이 규정되고 있다.

$$\varepsilon_{sh}(t, t_o) = \varepsilon_{sho}\, \beta_s(t - t_o) \tag{3.6.9}$$

여기서, ε_{sho}는 개념수축계수(notional shrinkage coefficient), $\beta_s(t-t_o)$는 수축이 시작된 후의 시간에 따른 수축변형도의 변화를 나타내는 함수이고, t_o는 수축이 시작되는 시간(일)이다. 또한 여기에서 개념수축계수는 ε_{sho}는 아래 식 (3.6.10)과 같이 정의된다.

$$\varepsilon_{sho} = \varepsilon_s(f_{cm})\beta_{RH} \tag{3.6.10}$$

또 $\varepsilon_s(f_{cm})$과 β_{RH}는 다음 식과 같이 각각 나타난다.

$$\varepsilon_s(f_{cm}) = [160 + 10\beta_{sc}(9 - f_{cm}/f_{cmo})] \times 10^{-6} \tag{3.6.11}$$

$$\beta_{RH} = \begin{cases} -1.55\beta_{sRH} & (40\% \leqq RH \leqq 99\%\text{에 대해서}) \\ 0.25 & (RH \geqq 99\%\text{에 대해서}) \end{cases} \tag{3.6.12}$$

$$\beta_{sRH} = 1 - \left(\frac{RH}{100}\right)^3 \tag{3.6.13}$$

여기서, f_{cm}은 28일 평균 압축강도(MPa), $f_{cm0} = 10\text{MPa}$, β_{sc}값은 시멘트 종류에 따라 중용열 시멘트(SL)에 대해 4, 보통 시멘트(N)와 조강 시멘트(R)에 대해서는 5, 조강 고강도 시멘트(RS)에 대해서는 6이다. 그리고 RH는 외기의 상대습도(%)이다. 또 식 (3.6.9)에서 $\beta_s(t-t_o)$는 식 (3.6.14)로 규정되고 있다.

$$\beta_s(t-t_o) = \sqrt{\frac{\dfrac{(t-t_o)}{t_1}}{\beta_{SH} + \dfrac{(t-t_o)}{t_1}}} \tag{3.6.14}$$

이 식에서 $t_1 = 1$일, $\beta_{SH} = 350(h/h_0)^2$, $h_0 = 100\text{mm}$, $h = 2A_c/u\,(\text{mm})$이다. 그리고 외기의 온도가 20℃가 아닌 경우에 대해서 CEB-FIP 기준에서는 위의 식 (3.6.12)의 β_{RH}항을 다음 식 (3.6.15)와 같이 보정하고 식 (3.6.14) 속의 β_{SH}항은 식 (3.6.16)의 $\beta_{SH,T}$항을 사용하도록 하고 있다.

$$\beta_{RH,T} = \beta_{RH}\left[1 + \left(\frac{8}{103 - RH}\right)\left(\frac{T-20}{40}\right)\right] \tag{3.6.15}$$

$$\beta_{SH,T} = \beta_{SH}\exp\left[-0.06\,(T-20)\right] \tag{3.6.16}$$

식 (3.6.15)와 식 (3.6.16)의 T는 온도를 의미하며 단위는 ℃이다.

3.6.4 크리프 모델식

1) 전체 변형률

작용응력이 $0.4f_{cm}(t')$ 이하일 경우 중첩의 원리를 이용할 수 있으며, 이때 시간 t'에서 $\sigma_c(t')$의 응력이 작용할 때 크리프만에 의한 변형률은 식 (3.6.17)과 같이 나타난다.

$$\varepsilon_{cc}(t,t') = \frac{\sigma_c(t')}{E_{ci}}\,\phi(t,t') \tag{3.6.17}$$

여기서, $\phi(t,t')$는 크리프계수(creep coefficient)라고 하는데, 그 의미는 28일 재령의 콘크리트의 순간변형(instantaneous strain)에 대한 크리프만에 의한 변형의 비를 의미하며, E_{ci}는 28일 재령 콘크리트 초기접선 탄성계수를 나타낸다. 따라서 시간 t'에서의 순간변형을 더한 응력으로 전체 변형률은

$$\varepsilon_{c\sigma}(t,t') = \sigma_c(t')\left[\frac{1}{E_{ci}(t')} + \frac{\phi(t,t')}{E_{ci}}\right] = \sigma_c(t')\,J(t,t') \tag{3.6.18}$$

가 되고, 여기에서 $E_{ci}(t')$는 재하할 때의 콘크리트의 초기접선 탄성계수를 나타내고 $J(t,t')$는 크리프함수(creep function 또는 creep compliance)라고 말하며, 단위응력이 시간 t'에 작용했을 때 시간 t에서 그 응력에 의한 전체 변형률을 의미한다. 따라서 $J(t,t')$와 $\phi(t,t')$의 관계식은 식 (3.6.19)와 같으며, CEB-FIP 모델에서는 크리프계수 $\phi(t,t')$를 정의하고 있다.

$$\begin{aligned} J(t,t') &= \frac{1}{E_{ci}(t')} + \frac{\phi(t,t')}{E_{ci}} \\ &= \frac{1}{E_{ci}(t')}\left[1 + \frac{E_{ci}(t')}{E_{ci}}\,\phi(t,t')\right] \end{aligned} \tag{3.6.19}$$

2) 기본적인 크리프계수

'기본적인'이란 의미는 보편적인 상황에서의 의미이고, 특별한 시멘트를 사용한 경우이거나 고온 또는 저온에서 양생되거나 구조물이 특수한 환경에 놓여 있는 경우 등에 대한 것은 다음에서 서술한다. 이와 같이 보편적인 상황에서의 크리프에 대한 기본식은 다음과 같다.

$$\phi(t,t') = \phi_0 \beta_c(t-t') \tag{3.6.20}$$

여기서, ϕ_0는 개념 크리프계수(notional creep coefficient)라고 하며, 크리프계수가 최대가 될 수 있는 값이다. 즉 수렴값이고, $\beta_c(t-t')$는 재하 후에 시간에 따른 크리프 변화를 나타내는 계수이다. 또 개념 크리프계수 ϕ_0는

$$\phi_0 = \phi_{RH}\, \beta(f_{cm})\beta(t') \tag{3.6.21}$$

로 나타낼 수 있고, 여기에서

$$\phi_{RH} = 1 + \frac{1-\dfrac{RH}{RH_o}}{0.46\left(\dfrac{h}{h_o}\right)^{1/3}} \tag{3.6.22}$$

$$\beta(f_{cm}) = \frac{5.3}{\sqrt{\dfrac{f_{cm}}{f_{cmo}}}} \tag{3.6.23}$$

$$\beta(t') = \frac{1}{0.1+\left(\dfrac{t'}{t_1}\right)^{0.2}} \tag{3.6.24}$$

이고, 여기에서 RH는 공기의 상대습도(%), $RH_0 = 100\%$, f_{cm}은 28일 평균 압축강도(MPa), $f_{cm0} = 10\text{MPa}$, $t_1 = 1$일, $h_0 = 100\text{mm}$, 그리고 $h = 2A_c/u$ (mm)인데, 이 h를 개념 부재치수(notional size of member)라고 하며, A_c는 단면적이고 u는 외기와 접촉하는 단면 둘레를 의미한다.

또한 $\beta_c(t-t')$는 1보다 작은 값으로, 이는 CEB-FIP 1990 기준도 ACI 기준과 마찬가지로 콘크리트의 크리프는 특정 값에 점근한다는 것을 의미하며, 이 값은 식

(3.6.25)와 같이 주어진다.

$$\beta_c(t-t') = \left[\frac{\dfrac{(t-t')}{t_1}}{\beta_H + \dfrac{(t-t')}{t_1}} \right]^{0.3} \tag{3.6.25}$$

여기에서도 $t_1 = 1$일이며 β_H는 아래 식 (3.6.26)과 같다.

$$\beta_H = 150 \left[1 + \left(1.2 \frac{RH}{RH_o} \right)^{18} \right] \frac{h}{h_o} + 250 \leqq 1{,}500(\text{일}) \tag{3.6.26}$$

식 (3.6.26)에서 $RH_o = 100\%$, $h_o = 100\text{mm}$이고 $h = 2A_c/u\,(\text{mm})$이다.

3) 양생온도 및 시멘트 종류에 따른 보정

위에서 정의된 크리프계수는 양생온도가 20℃이고, 하중이 가해진 후에도 외기의 기온이 20℃인 경우를 기준으로 삼은 값이다. 따라서 양생하는 동안 온도의 변화가 있거나 20℃가 아닌 온도에 구조물이 노출되어 있는 경우에 t와 t'는 보정이 필요하다. 즉, 아래 식 (3.6.27)에 의해 t를 t_T로 보정하고 식 (3.6.28)에 의해 t_o를 보정한다.

$$t_T = \sum_{i=1}^{n} \Delta t_i \exp\left(- \frac{4000}{273 + T(\Delta t_i)} + 13.65 \right) \tag{3.6.27}$$

여기서, $T(\Delta t_i)$는 Δt_i 기간(일) 동안 지속된 온도(℃)이고 Δt_i는 일정한 온도가 지속된 기간(일)을 의미하며 n은 일정한 온도를 유지한 단계의 수를 의미한다.

$$t_o = t_{o,T} \left[\frac{9}{2 + \sqrt{\dfrac{t_{o,T}}{t_{1,T}}}} + 1 \right]^{\alpha} \geqq 0.5(\text{일}) \tag{3.6.28}$$

여기서, $t_{1,T} = 1$일, $t_{0,T}$는 식 (3.6.27)에 의해 t_o(일)까지 보정한 값이며 α는 시멘트의 종류에 따른 계수로 다음과 같다.

$$\alpha = \begin{cases} -1 & \text{(중용열 시멘트(SL)에 대해서)} \\ 0 & \text{(보통 또는 조강 시멘트(N, R)에 대해서)} \\ 1 & \text{(조강 고강도 시멘트(RS)에 대해서)} \end{cases} \tag{3.6.29}$$

여기서, 시멘트 종류는 표 3.7과 같고, 또한 구성성분에 따라 CEB-FIP기준에서는 prENV197에 따른 다음 표 3.8과 같이 분류하고 있다.

표 3.8 **구성성분에 따른 시멘트의 분류**

분류명	약칭	성분
포틀랜드 시멘트	CE 1	클링커양 95% 이상
포틀랜드 혼합 시멘트	CE 2	65%≤클링커양≤80% 고로슬래그≤35% 자연 또는 인공 포졸란≤28% 석회성분≤20%
고로 시멘트	CE 3	20%≤클링커양 고로슬래그≤80%
포졸란 시멘트	CE 4	60%≤클링커양 자연 또는 인공 포졸란≤40%

4) 높은 응력 ($0.4f_{cm}(t') \leq | \sigma_c | \leq 0.6f_{cm}(t')$)에 대한 보정

작용응력 σ_c의 크기가 $0.4f_{cm}(t')$ 이상이고 $0.6f_{cm}(t')$ 이하인 경우 약간의 비선형성을 보이게 되므로, 앞의 식 (3.6.21)의 개념 크리프계수 ϕ_0의 값 대신에 식 (3.6.30)의 $\phi_{0,k}$값을 대입하여 구할 수 있다. 물론 이 $\phi_{0,k}$의 값은 항상 ϕ_0값보다는 크다. 즉, 높은 응력이 작용하는 경우 콘크리트 내의 균열 등에 의해 최종의 크리프(개념 크리프)가 증가하기 때문이다.

$$\phi_{o,k} = \phi_o \exp\left[1.5(k_\sigma - 0.4)\right] \tag{3.6.30}$$

여기서, $k_\sigma = | \sigma_c | / f_{cm}(t')$로서 시간 t'에서의 압축강도에 대한 작용응력의 비다.

5) 온도 변화에 대한 보정

하중이 가해지는 동안의 온도가 5℃에서 30℃까지 변화할 때의 크리프계수는 다음과 같이 구하도록 하고 있다.

$$\phi(t,t',T) = \phi_o \beta_c(t-t') + \Delta\phi_{T,trans} \tag{3.6.31}$$

여기서, ϕ_o와 $\beta_c(t-t')$은 식 (3.6.21)의 값과 같으나 식 (3.6.22)의 ϕ_{RH}와 식 (3.6.26)의 β_H를 식 (3.6.32)의 $\phi_{RH,T}$와 식 (3.6.34)의 $\beta_{H,T}$의 값으로 대체시켜야 한다. 즉,

$$\phi_{RH,T} = \phi_T + (\phi_{RH} - 1)\phi_T^{1.2} \tag{3.6.32}$$

$$\phi_T = \exp[0.015(T-20)] \tag{3.6.33}$$

$$\beta_{H,T} = \beta_H \beta_T \tag{3.6.34}$$

$$\beta_T = \exp\left[\frac{1500}{273+T} - 5.12\right] \tag{3.6.35}$$

또한 $\Delta\phi_{T,trans}$는 온도상승에 따른 추가되는 변형으로서 식 (3.6.36)에 의해 계산한다.

$$\Delta\phi_{T,trans} = 0.0004(T-20)^2 \tag{3.6.36}$$

3.7 B3 모델

3.7.1 일반 사항

이 모델은 단순 구조물뿐만 아니라 복잡한 구조물에도 적용 가능하며, B3 모델의 컴플라이언스 함수는 탄성계수의 부정확성으로 인한 오차를 줄여준다. 일반적인 구조용 콘크리트 강도인 압축강도가 17~70MPa인 콘크리트에 작용응력이 약 $0.45f_{cm}(t')$

미만일 때 이용할 수 있다. 또한 물-시멘트비가 0.35~0.85, 골재-시멘트비가 2.5~13.5, 시멘트 단위중량이 160~720kg/m^{3}의 범위에 이용될 수 있다. 이 모델식을 이용하기 위해서는 최소한 1) 콘크리트의 평균 압축강도($f_{cm}(t')$) 또는 설계기준압축강도($f_{ck}(t')$), 2) 콘크리트의 평균 탄성계수, 3) 부재의 크기, 4) 주위 공기의 평균 상대습도, 5) 재하 시의 재령, 6) 건조가 일어나기 시작하는 재령, 7) 재하기간 등이 필요하다. 또한 최초 재하시간은 1일 이후의 콘크리트에 적용할 수 있다고 규정되어 있다.

3.7.2 재령에 따른 재료 상수

1) 콘크리트의 압축강도

B3 모델에서 콘크리트 압축강도는 원주공시체에 따라 시험하며, 콘크리트의 평균강도(배합강도의 의미도 있음)는 식 (3.7.1)과 같이 정의된다.

$$f_{cm} = f_{ck} + \Delta f \tag{3.7.1}$$

여기서, f_{ck}는 설계기준압축강도이고 $\Delta f = 8.3\text{MPa}$이며 f_{cm}은 콘크리트의 평균 압축강도이다.

2) 콘크리트의 탄성계수

콘크리트의 탄성계수는 콘크리트의 평균 압축강도에 따라 결정되며 식 (3.7.2)에 의해 구할 수 있다.

$$E_{ci} = 4734\sqrt{f_{cm28}} \tag{3.7.2}$$

3.7.3 건조수축 모델식

시간에 따른 콘크리트 단면적의 평균 건조수축변형률 $\varepsilon_{sh}(t, t_c)$는 식 (3.7.3)에 의해 구할 수 있다.

$$\varepsilon_{sh}(t, t_c) = -\varepsilon_{sh\infty} k_h S(t - t_c) \tag{3.7.3}$$

여기서, $\varepsilon_{sh\infty}$는 극한 건조수축변형률이며 식 (3.7.4), (3.7.5), (3.7.6)에 의해 구할 수 있다. k_h는 상대습도에 대한 변수이고 다음 주어진 표 3.9의 값과 같다. 또한 $S(t-t_c)$는 초기 양생이 끝난 시점부터의 시간함수이며 식 (3.7.7)과 같다.

$$\varepsilon_{sh\infty}(t) = -\varepsilon_{s\infty} \frac{E_{cm607}}{E_{cm(t_c + \tau_{sh})}} \tag{3.7.4}$$

여기서,

$$\varepsilon_{s\infty} = -\alpha_1 \alpha_2 \left[0.019 w^{2.1} f_{cm28}^{-0.28} + 270 \right] \times 10^{-6} \tag{3.7.5}$$

$$E_{cmt} = E_{cm28} \left(\frac{t}{4 + 0.85t} \right)^{0.5} \tag{3.7.6}$$

그리고 사용된 계수 α_1, α_2는 다음 표 3.10과 표 3.11에 주어진 값과 같다.

표 3.9 **계수 k_h 의 값**

상대습도	k_h
$h \leq 0.98$	$1-h^3$
$h = 1.00$	-0.2
$0.98 < h < 1.00$	선형보간 : $12.74 - 12.94h$

표 3.10 **계수 α_1 의 값**

시멘트 종류	α_{as}
Type Ⅰ	1.00
Type Ⅱ	0.85
Type Ⅲ	1.10

표 3.11 **계수 α_2 의 값**

양생방법	α_{as}
증기양생	0.75
습윤양생	1.00
피막양생	1.20

$$S(t-t_c) = \tan h\sqrt{\frac{(t-t_c)}{\tau_{sh}}} \tag{3.7.7}$$

여기서, t는 콘크리트 재령, t_c는 건조가 시작되는 시점 또는 습윤양생이 끝나는 시점이며 τ_{sh}는 식 (3.7.8)과 같다.

$$\tau_{sh} = 0.085 t_c^{-0.08} f_{cm28}^{-0.25} \left[2k_s(V/S)\right]^2 \tag{3.7.8}$$

사용된 계수 k_s는 콘크리트 단면 형상계수로 표 3.12에 주어진 값과 같고 V/S는 부피/단면적비다.

표 3.12 **계수 k_s의 값**

단면 형상	α_{as}
슬래브	1.00
원주기둥	1.15
사각기둥	1.25
구	1.30
정육면체	1.55

3.7.4 크리프 모델식

1) 전체 변형률

크리프함수 $J(t,t_0)$는 하중이 가해지는 시간 t_0에서부터 일정하게 가해진 일축응력에 의해 발생되며, 순간변형률과 기본크리프, 건조크리프의 합으로 구성되고 식 (3.7.9)와 같다.

$$J(t,t_0) = q_1 + C_0(t,t_0) + C_d(t,t_0,t_c) \tag{3.7.9}$$

여기서, q_1은 단위응력에 의해 순간적으로 발생하는 변형률이며 식 (3.7.10)과 같다.

$$q_1 = 0.6/E_{cm28} \tag{3.7.10}$$

그리고 $C_0(t,t_0)$는 재령에 따른 점탄성 컴플라이언스 함수, 비재령 점탄성 컴플라이언스 함수, 재령에 따른 플로 컴플라이언스 함수로 구성되며 식 (3.7.11)과 같다.

$$C_0(t,t_0) = q_2 Q(t,t_0) + q_3 \cdot \ln[1+(t-t_0)^n] + q_4 \cdot \ln(t/t_0) \tag{3.7.11}$$

여기서, q_2는 재령에 따른 점탄성 컴플라이언스 함수의 매개변수로 식 (3.7.12)와 같다.

$$q_2 = 185.4 \times 10^{-6} c^{0.5} f_{cm28}^{-0.9} \tag{3.7.12}$$

여기서, $Q(t,t_0)$는 변수 q_2를 곱하여 이항 적분법으로 계산되며 식 (3.7.13)과 같다.

$$Q(t,t_0) = Q_f(t_0)\left[1+\left(\frac{Q_f(t_0)}{Z(t,t_0)}\right)^{r(t_0)}\right]^{-1/r(t_0)} \tag{3.7.13}$$

여기서,

$$Q_f(t_0) = \left[0.086(t_0)^{2/9} + 1.219(t_0)^{4/9}\right]^{-1} \tag{3.7.14}$$

$$Z(t,t_0) = (t_0)^{-m} \cdot \ln\left[1+(t-t_0)^n\right] \tag{3.7.15}$$

$$r(t_0) = 1.7(t_0)^{0.12} + 8 \tag{3.7.16}$$

m과 n은 경험상수로 각각 0.5와 0.1의 값을 갖는다.
q_3는 점탄성 컴플라이언스 함수의 매개변수로 식 (3.7.17)과 같다.

$$q_3 = 0.29(w/c)^4 q_2 \tag{3.7.17}$$

q_4는 재령에 따른 플로우 컴플라이언스 함수의 변수로 식 (3.7.18)과 같다.

$$q_4 = 20.3 \times 10^{-6} (a/c)^{-0.7} \tag{3.7.18}$$

또한, $C_d(t,t_0,t_c)$는 하중재하 이전의 건조만을 고려하는 함수이며 식 (3.7.19)와 같다.

$$C_0(t, t_0, t_c) = q_5\left[\exp - 8H(t) - \exp - 8H(t_0)\right]^{1/2} \tag{3.7.19}$$

여기서, q_5는 건조크리프 컴플라이언스 함수의 매개변수이며 식 (3.7.20)과 같다.

$$q_5 = 0.757 f_{cm28}^{-1} \mid \varepsilon_{sh\infty} \times 10^6 \mid^{-0.6} \tag{3.7.20}$$

또한 $H(t)$와 $H(t_0)$는 공극 상대습도에 대한 평균값이며 식 (3.7.21), (3.7.22)와 같다.

$$H(t) = 1 - (1-h)S(t-t_c) \tag{3.7.21}$$

$$H(t_0) = 1 - (1-h)S(t_0 - t_c) \tag{3.8.22}$$

여기서, $S(t-t_c)$와 $S(t_0-t_c)$는 콘크리트 재령 t와 하중재하 시 콘크리트 재령 t_0에 따른 건조수축 시간함수이며 식 (3.7.23), (3.7.24)와 같다.

$$S(t-t_c) = \tan h\left[\left(\frac{t-t_c}{\tau_{sh}}\right)^{1/2}\right] \tag{3.7.23}$$

$$S(t_0-t_c) = \tan h\left[\left(\frac{t_0-t_c}{\tau_{sh}}\right)^{1/2}\right] \tag{3.7.24}$$

참/고/문/헌

1) 콘크리트구조기준, 2012, 한국콘크리트학회

2) ACI Committee 209, 1982, "Prediction of Creep, Shrinkage and Temperature Effects in Concrete Structures," Designing for Creep and Shrinkage in Concrete Structures, A Tribute to Adrian Pauw, SP-76, American Concrete Institute, Farmington Hills, MI, pp.193-300.

3) ACI Committee 209, 1992, "Prediction of Creep, Shrinkage, and Temperature Effects in Concrete Structures (ACI 209R-92)," American Concrete Institute, Farmington Hills, MI.

4) ACI Committee 211, 1991, "Standard Practice for Selecting Proportions for Normal, Heavyweight, and Mass Concrete (ACI 211.1-91) (Reapproved 2002)," American Concrete Institute, Farmington Hills, MI.

5) Branson, D. E., and Chen, C. I., 1972, "Design Procedures for Predicting and Evaluating the Time-Dependent Deformation of Reinforced, Partially Prestressed and Fully Prestressed Structures of Different Weight Concrete," Research Report, Civil Engineering Department, University of Iowa, Iowa City, IA, Aug.

6) Branson, D. E., and Christiason, M. L., 1971, "Time Dependent Concrete Properties Related to Design—Strength and Elastic Properties, Creep and Shrinkage," Creep, Shrinkage and Temperature Effects, SP-27, American Concrete Institute, Farmington Hills, MI, pp.257-277.

7) Branson, D. E.; Meyers, B. L.; and Kripanarayanan, K. M., 1970, "Loss of Prestress, Camber, and Deflection of Noncomposite and Composite Structures Using Different Weight Concretes," Final Report No.70-6, Iowa Highway Commission, Aug., pp.1-229.

8) CEB, 1993. "CEB-FIP Model Code 1990," CEB Bulletin d' Information No.213/214, Comité Euro-International du Béton, Lausanne, Switzerland, pp.33-41.

제 4 장 콘크리트 구조물의 장기거동 해석

4.1 개요

콘크리트 구조물의 크리프와 건조수축현상을 해석하는 것은 쉬운 일이 아니다. 왜냐하면 단기하중에 대한 콘크리트의 재료 거동이 선형 탄성이라고 해도 장기하중에 대한 재료 거동과 건조수축에 의한 재료 거동은 선형 탄성이 아니며, 시간에 따른 비선형 거동을 나타내기 때문이다. 따라서 컴퓨터가 나타나기 이전에는 가능한 여러 현상을 단순화하여 해석을 할 수밖에 없었다.

해석적인 해석방법으로는 미국에서 주로 사용되어온 유효탄성계수법과 재령보정 유효탄성계수법이 있으며, 유럽 각국에서 사용되어온 크리프율법과 영구변형률법이 있다. 미국과 유럽에서 사용되어온 이러한 다른 해석방법 때문에 초기 ACI 모델식의 형태와 CEB-FIP 모델식 형태의 특징이 정해진 면도 있다. 유효탄성계수법과 재령보정 유효탄성계수법은 대수학적으로 해석 가능한 방법이며, 크리프율법과 영구변형률법은 미분방정식을 풀어 해석하는 방법이다. 한편 최근에는 컴퓨터에 의한 해석이 가능하므로 수치적 해석방법으로 단계해석법을 사용하여 크리프와 건조수축 거동을 해석한다.

4.2절에서는 각 해석방법을 설명하고, 그 방법이 갖는 특징과 상호간의 차이점 등에

대하여 서술하고, 4.2절에 소개된 방법으로 기둥 부재에 대한 장기거동 해석이 수행되며, 4.3절에서는 휨을 받는 부재의 해석 예제를 소개하고자 한다.

4.2 해석방법

4.2.1 유효탄성계수법

유효탄성계수법(EMM; effective modulus method)은 Faber (1927)에 의해 제시된 방법으로 알려져 있으며[1], “저감탄성계수법”이라고도 한다. 이는 크리프변형과 탄성변형을 모두 고려한 콘크리트의 등가탄성계수를 산정하여 그 값을 구조물을 해석할 때 탄성계수와 같은 용도로 사용한다. 따라서 이 탄성계수는 탄성변형에 따른 탄성계수보다 작기 때문에 이러한 이름이 붙었으며 저감된 탄성계수를 유효탄성계수라고 일컫는다.

그림 4.1에 나타난 바와 같이 시간 t'에서 일정한 응력 f_0가 지속적으로 작용할 때, 시간 t에서 응력에 의한 탄성변형과 크리프의 합은 ACI 모델식에 따르면 식 (4.2.1)과 같이 표현할 수 있다[4].

$$\begin{aligned}\varepsilon_{c\sigma}(t,t') &= \frac{f_0}{E_c(t')} + \frac{f_0}{E_c(t')}\phi(t,t') \\ &= \frac{f_0}{E_c(t')}[1+\phi(t,t')] = \frac{f_0}{E_{eff}}\end{aligned} \tag{4.2.1}$$

그리고 유효탄성계수 E_{eff}는 식 (4.2.2)와 같이 나타낼 수 있다.

$$E_{eff} = \frac{E_c(t')}{1+\phi(t,t')} \tag{4.2.2}$$

여기서, $\varepsilon_{c\sigma}(t,t')$는 시간 t'에서 일정한 지속응력 f_0가 작용할 때 시간 t에서 이 응력에 의한 전체 변형률이며, $E_c(t')$는 재령 t'에서 콘크리트의 (할선) 탄성계수이다. 그리고 $\phi(t,t')$는 $t-t'$ 기간 동안 지속응력이 가해졌을 때 시간 t에서 콘크리트의 크리프계수이며, E_{eff}는 유효탄성계수이다.

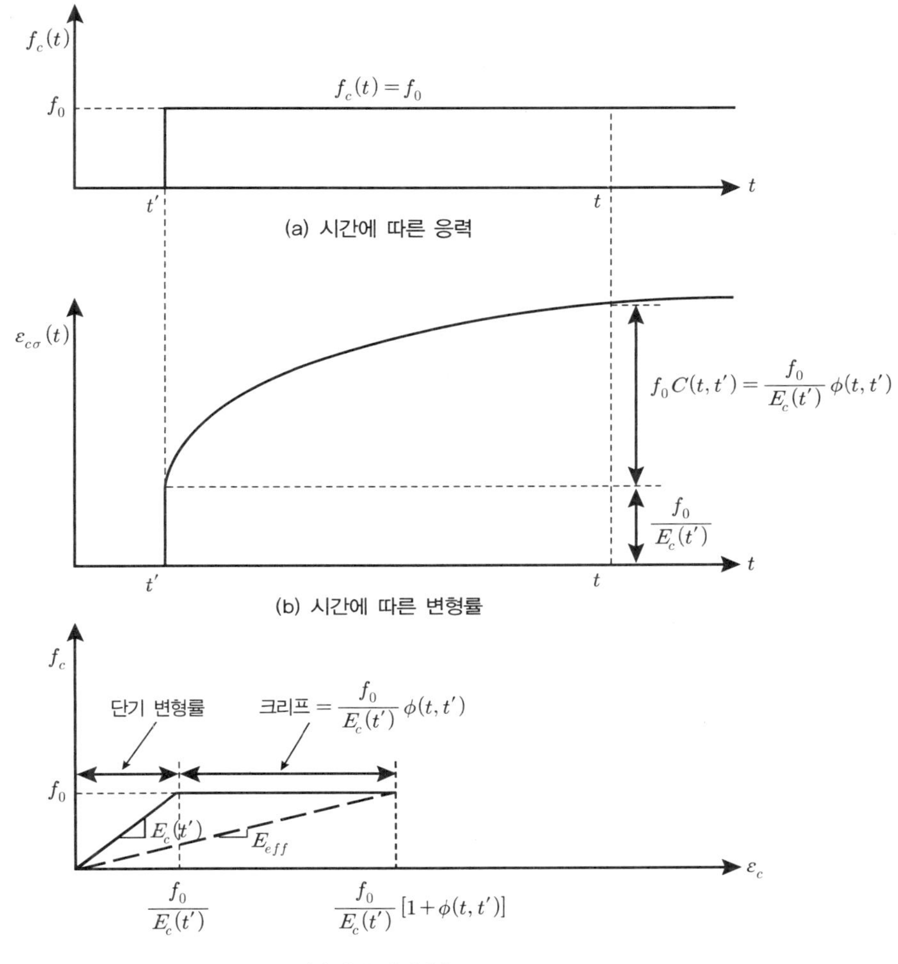

그림 4.1 **유효탄성계수의 의미(ACI 모델)**

그러나 우리나라 구조기준과 CEB-FIP 설계기준에 따르면, 식 (4.2.3)과 같이 표현할 수 있다[11].

$$\varepsilon_{c\sigma}(t) = \frac{f_0}{E_{ci}(t')} + \frac{f_0}{E_{ci}}\phi(t,t') = \frac{f_0}{E_{eff}} \tag{4.2.3}$$

이 경우 유효탄성계수 E_{eff}는 식 (4.2.4)와 같다.

$$E_{eff} = \frac{1}{\dfrac{1}{E_{ci(t')}} + \dfrac{\phi(t,t')}{E_{ci}}} \tag{4.2.4}$$

여기서, $E_{ci}(t')$는 재령 t'에서 콘크리트의 초기접선 탄성계수이고, E_{ci}는 재령 28일에서 콘크리트의 초기접선 탄성계수이다.

그러나 작용응력이 시간에 따라 일정하지 않고 계속 변화한다면, 즉 $f_c(t)$로서 시간의 함수일 때는 식 (4.2.1) 또는 식 (4.2.3)과 같이 간단히 나타낼 수 없다. 유효탄성계수법에서는 이와 같은 시간에 따른 응력의 변화를 고려하지 않고 구하고자 하는 시점에서 응력 $f_c(t)$에 대하여 변형률을 구하는 것으로 가정하고 있다.

즉, 작용응력이 시간에 따라 변하여 현재 시간 t에서 응력을 $f_c(t)$라고 하면, 이 시간 t에서 변형률 $\varepsilon_c(t)$는 건조수축변형률 $\varepsilon_{sh}(t, t_0)$를 포함하여 식 (4.2.5)와 같이 표현된다.

$$\varepsilon_c(t) = \frac{f_c(t)}{E_{eff}} + \varepsilon_{sh}(t, t_0) \tag{4.2.5}$$

여기서, $\varepsilon_c(t)$는 현재 시간 t에서 전체 변형률이고 $f_c(t)$는 현재 시간 t에서 응력이며, $\varepsilon_{sh}(t, t_0)$는 시간 t_0에서 건조가 시작하여 (대기에 노출되어) 현재시간 t까지 일어난 건조수축변형률이다.

앞 절에서 설명한 바와 같이 일정한 응력이 계속 작용할 때는 이 유효탄성계수법에 의해 변형률을 정확히 예측할 수 있다. 그러나 실제 구조물에서 콘크리트는 작용응력이 시시각각으로 변화하므로 이 방법에 의한 해석은 오차를 가질 수밖에 없다.

그림 4.1과 같이 시간에 따른 응력의 변화가, 각각 다른 경로이지만 현재 구하고자 하는 시간 t에서 응력 $f_c(t)$가 동일하다면 식 (4.2.1)과 식 (4.2.3)에 의하면 변형률 $\varepsilon_{c\sigma}(t)$는 동일하다. 그러나 쉽게 예견할 수 있는 것과 같이 응력이력 ①의 경우가 응이력 ② 또는 ③보다 크리프에 의한 변형률이 클 것이다. 그러나 이 방법에 의하면 이를 반영하지 못하고 있다.

이와 같이 시간이력을 고려하지 못하기 때문에 그림 4.3(a)에서 보인 바와 같은 응력 f_0가 시간 t_1에 작용하여 시간 t_2에서 완전히 없어지면, 시간 $t\,(t > t_2)$에서 응력은 없으므로 식 (4.2.1)과 식 (4.2.3)에 의하면 응력에 의한 변형률은 0이 되어야 한다. 그러나 실제 콘크리트의 경우 그림 4.3(b)와 같이 시간 t에서 변형률은 콘크리트의 재령이 작은 경우에서 크게 나타나며, 콘크리트의 재령이 큰 경우에서는 작게 나타나지만 어느 경우에도 응력이 없어졌다 해도 영구변형이 있다. 따라서 유효탄성계수법은 응력 변화가 크지 않은 노령 콘크리트에 적용할 때만 큰 오차 없이 사용될 수 있으나 그렇지 않은 경우에는 큰 오차를 수반할 위험이 있다.

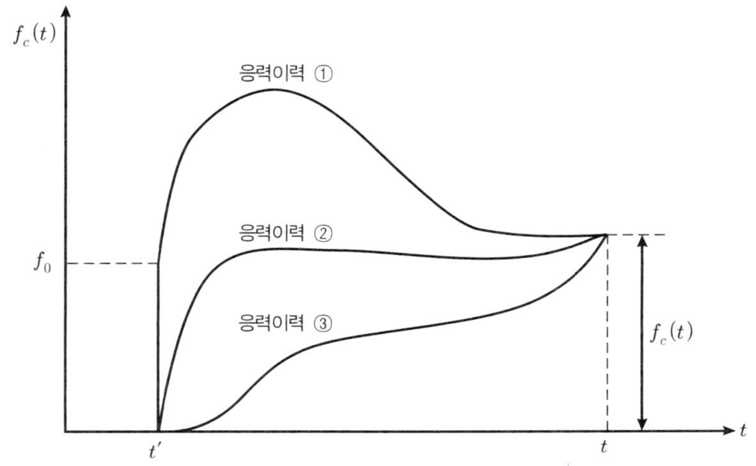

그림 4.2 **응력이력 곡선 그림**

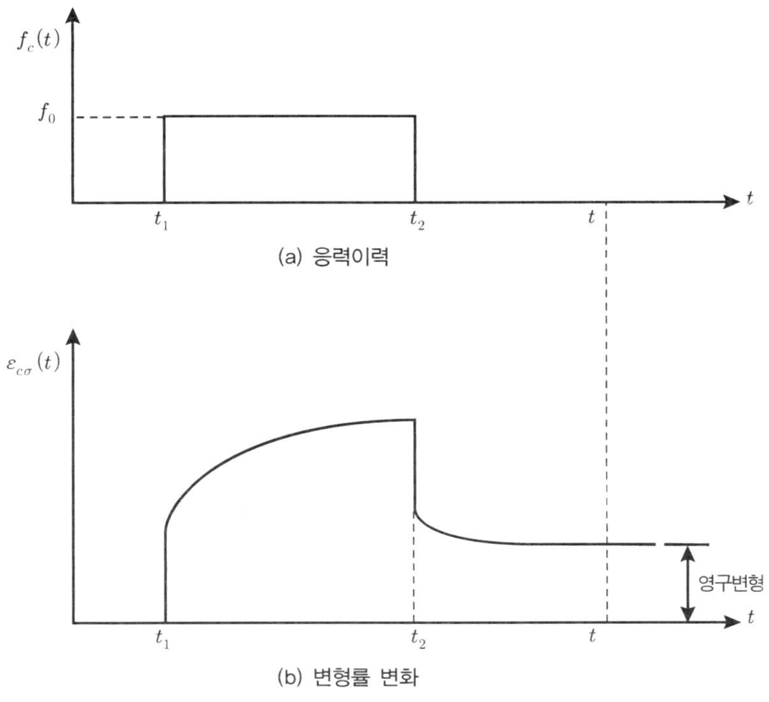

그림 4.3 **응력 변화에 따른 변형률 변화**

4.2.2 재령보정 유효탄성계수법

앞 절의 유효탄성계수법의 단점을 어느 정도 보완한 방법이 이 재령보정 유효탄성계수법(AEMM; age-adjusted effective modulus method)이다. 이 방법은 Trost (1967)에 의해 제시되었으며[2)], 그 후 Bazant (1972)에 의해 개선된 방법으로서 TB 방법이라고도 일컫는다[3)].

이 방법은 응력에 대한 순간변형률은 유효탄성계수법과 같으나 시간에 따른 응력변화 $\Delta f_c(t)$에 대한 변형률은 가해진 기간이 최초 재하된 하중에 의한 기간과 차이가 나므로, 이에 따른 보정계수를 사용하여 크리프계수를 조정해주는 방법이다. 따라서 응력 변화가 있을 때 이 방법을 이용하면 유효탄성계수법보다 나은 예측이 가능하다.

여기서, 재령보정계수를 결정하려면 응력이력을 알아야 하는데 실제로는 모르는 경우가 많다. 그러나 일반 철근콘크리트 구조물의 경우 어느 정도 일정한 경향으로 응력 변화가 일어나기 때문에 대개는 어느 특정한 값을 사용하기도 한다.

응력이 시간에 따라 변할 때 그림 4.4(a)에서 보인 바와 같이 시간 $\bar{t}$에서 $d\bar{t}$기간 동안의 응력 증분 $\Delta f_c(\bar{t})$는 그림 4.4(b)에 나타난 바와 같고 식 (4.2.6)과 같이 표현할 수 있다.

$$\Delta f_c(\bar{t}) = \left.\frac{df_c(t)}{dt}\right|_{t=\bar{t}} d\bar{t} = \frac{df_c(\bar{t})}{d\bar{t}} d\bar{t} \qquad (4.2.6)$$

시간 $\bar{t}$에서 작용하는 응력 증분 $\Delta f_c(\bar{t})$에 의한 시간 t에서 응력에 의한 전체 변형률 증분 $\Delta \varepsilon_{c\sigma}(\bar{t})$는 그림 4.4(c)에 나타낸 바와 같이 ACI 설계기준과 우리나라 구조기준을 사용하는 경우 각각 다음 식 (4.2.7) (a), (b)와 같다.

$$\Delta \varepsilon_{c\sigma}(\bar{t}) = \frac{\Delta f_c(\bar{t})}{E_c(\bar{t})}\left[1 + \phi(t, \bar{t})\right] \qquad (4.2.7)(a)$$

$$\Delta \varepsilon_{c\sigma}(\bar{t}) = \Delta f_c(\bar{t})\left[\frac{1}{E_{ci}(\bar{t})} + \frac{\phi(t, \bar{t})}{E_{ci}}\right] \qquad (4.2.7)(b)$$

따라서 시간 t'에서 $f_c(t')$가 작용하여 시간 t에서 $f_c(t)$인 응력 변화에 대한 시간 t에서 전체 변형률 $\varepsilon_{c\sigma}(t)$는 ACI 설계기준을 사용하는 경우, 식 (4.2.8) (a), (b)와 같이 나타낼 수 있다.

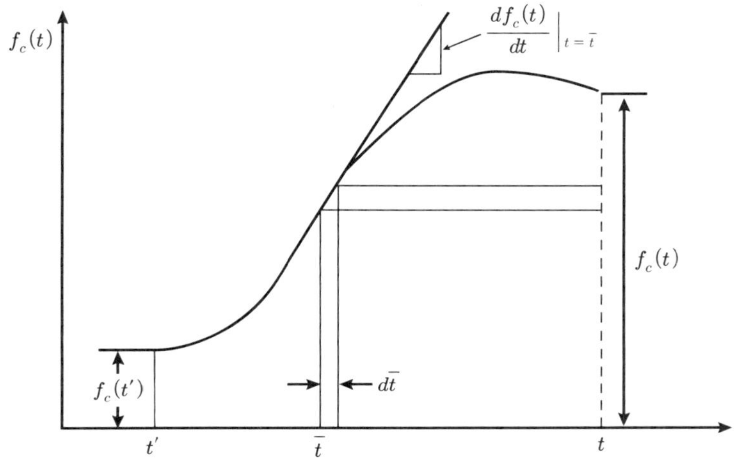

(a) 응력이력과 응력 증분

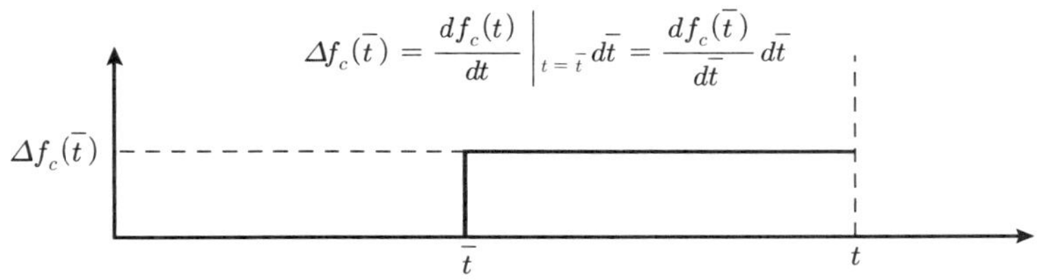

(b) 시간 $\bar{t}$ 에서 증분 응력 $\Delta f_c(\bar{t})$

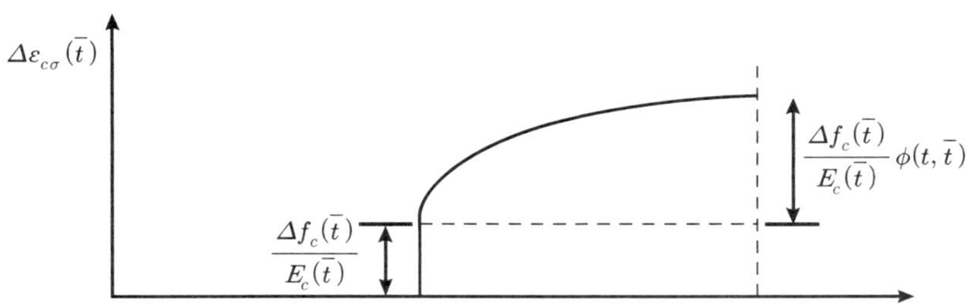

(c) $\Delta f_c(\bar{t})$에 의한 변형률

그림 4.4 **AEMM의 유도과정**

$$\varepsilon_{c\sigma}(t) = f_c(t')\ J(t,t') + \int_{t'}^{t} \Delta\varepsilon_{c\sigma}(\bar{t})\,d\bar{t}$$

$$= \frac{f_c(t')}{E_c(t')}\,[1+\phi(t,t')] + \int_{t'}^{t} \frac{1+\phi(t,\bar{t})}{E_c(\bar{t})}\,\frac{df_c(\bar{t})}{d\bar{t}}\,d\bar{t} \qquad (4.2.8)(a)$$

또는 우리나라 구조기준을 사용하는 경우에는 식 (4.2.8)(b)와 같다.

$$\varepsilon_{c\sigma}(t) = f_c(t')\left[\frac{1}{E_{ci}(t')} + \frac{\phi(t,t')}{E_{ci}}\right] + \int_{t'}^{t}\left[\frac{1}{E_{ci}(\bar{t})} + \frac{\phi(t,\bar{t})}{E_{ci}}\right]\frac{df_c(\bar{t})}{d\bar{t}}\,d\bar{t}$$

(4.2.8)(b)

식 (4.2.8)의 첫 항은 초기 응력 $f_c(t')$에 의한 변형률을 나타내고 둘째 항은 응력 변화에 따른 변형률 변화를 나타낸다. 앞서 설명한 바와 같이 둘째 항의 응력은 그 증분 시간이 각각 달라 응력 작용기간이 초기에 작용한 응력보다도 짧기 때문에, 그 효과를 고려하여 크리프계수에 재령보정계수를 곱한 값을 이용하여 식 (4.2.9)와 같이 나타낸다. 여기서, 식 (4.2.8)과 비교하여 재령보정계수 $\chi(t,t')$은 식 (4.2.10)과 같이 나타낼 수 있다.

$$\varepsilon_{c\sigma}(t) = \frac{f_c(t')}{E_c(t')}\,[1+\phi(t,t')] + \frac{f_c(t)-f_c(t')}{E_c(t')}\,[1+\chi(t,t')\ \phi(t,t')]$$

(4.2.9)(a)

또는

$$\varepsilon_{c\sigma}(t) = f_c(t')\left[\frac{1}{E_{ci}(t')} + \frac{\phi(t,t')}{E_{ci}}\right]$$

$$+ [f_c(t) - f_c(t')]\left[\frac{1}{E_{ci}(t')} + \frac{\chi(t,t')\ \phi(t,t')}{E_{ci}}\right] \qquad (4.2.9)(b)$$

여기서,

$$\chi(t,t') = \frac{1}{\phi(t,t')}\left[\frac{E_c(t')}{f_c(t)-f_c(t')}\int_{t'}^{t}\frac{1+\phi(t,\bar{t})}{E_c(\bar{t})}\,\frac{df_c(\bar{t})}{d\bar{t}}\,d\bar{t} - 1\right]$$

$$= \frac{1}{\phi(t,t')}\left[\frac{E_c(t')}{f_c(t)-f_c(t')}\sum_{t'}^{t}\frac{\Delta f_c(\bar{t})}{E_c(\bar{t})}\{1+\phi(t,\bar{t})\} - 1\right] \quad (4.2.10)(a)$$

또는

$$\chi(t,t') = \frac{1}{\phi(t,t')}\left[\frac{E_{ci}}{f_c(t)-f_c(t')}\int_{t'}^{t}\left(\frac{1}{E_{ci}(\bar{t})}+\frac{\phi(t,\bar{t})}{E_{ci}}\right)\frac{df_c(\bar{t})}{d\bar{t}}d\bar{t} - \frac{E_{ci}}{E_{ci}(t')}\right]$$

$$= \frac{1}{\phi(t,t')}\left[\frac{E_{ci}}{f_c(t)-f_c(t')}\sum_{t'}^{t}\left\{\Delta f_c(\bar{t})\left(\frac{1}{E_{ci}(\bar{t})}+\frac{\phi(t,\bar{t})}{E_{ci}}\right)\right\} - \frac{E_{ci}}{E_{ci}(t')}\right] \quad (4.2.10)(b)$$

따라서 식 (4.2.10) (a), (b)에 의하면, 응력이력 $f_c(t)$가 주어지면 각 재령에서 $E_c(\bar{t})$와 $\phi(t,\bar{t})$를 실험 또는 우리나라 구조기준식, ACI, CEB-FIP 설계기준식 등으로 구하여 재령보정계수 $\chi(t,t')$를 구할 수 있다. 그러나 실제 구조물에서 시간에 따라 변하는 콘크리트의 응력 $f_c(t)$를 알 수 없는 경우가 많으므로 정확하게 구할 수 없으며, 철근콘크리트 구조물의 경우 콘크리트의 응력이 일정 범위 내에서 변하므로 $\chi(t,t')$의 값으로 0.8~0.85의 값을 택하는 경우가 많다.

이 재령보정 유효탄성계수법에 의한 건조수축을 포함한 전체 변형률 $\varepsilon_c(t)$는 응력에 의한 변형률인 식 (4.2.9)에 건조수축 $\varepsilon_{sh}(t,t_o)$를 더한 식 (4.2.11)이 기본식이다.

$$\varepsilon_c(t) = \frac{f_c(t')}{E_{eff}} + \frac{\Delta f_c(t)}{E_{e\chi}} + \varepsilon_{sh}(t,t_0) \quad (4.2.11)$$

여기서, E_{eff}는 유효탄성계수(식 (4.2.2) 또는 식 (4.2.4) 참조)이며, $E_{e\chi}$는 재령보정 유효탄성계수이고, $\Delta f_c(t)$는 $f_c(t)-f_c(t')$로서 응력 증분을 나타낸다.

재령보정 유효탄성계수는 ACI 설계기준의 정의를 따르는 경우는 다음 식 (4.2.12)(a)와 같고, 우리나라 또는 유럽 설계기준의 정의를 따르는 경우 식 (4.2.12)(b)와 같다.

$$E_{e\chi} = E_c(t')/[1+\chi(t,t')\phi(t,t')] \quad (4.2.12)(a)$$

$$E_{e\chi} = \frac{1}{\left[\frac{1}{E_{ci}(t')}+\frac{\chi(t,t')\phi(t,t')}{E_{ci}}\right]} \quad (4.2.12)(b)$$

위 식 (4.2.11)에서 $\chi(t,t')=1$이면 식 (4.2.11)은 식 (4.2.5)와 동일하게 된다. 즉 $\chi(t,t')=1$이면 재령보정 유효탄성계수법은 바로 유효탄성계수법과 같게 된다.

4.2.3 크리프율법

크리프율법(RCM; rate of creep method)은 1930년대에 유럽의 Glanville (1930), Whitney (1932)와 Dischinger (1937)에 의해 개발된 기법으로, 따라서 주로 유럽에서 사용된 방법이다[5),6),7)].

이 방법의 기본 가정은 그림 4.5에서 보듯이 응력이 작용할 때의 재령에 관계없이 어느 시점에서 크리프 변화율이 같다는 것이다. 이러한 가정은 크리프함수가 수직으로 평행이동(vertical shift)한다는 것인데, 콘크리트의 재령이 작은 경우 크리프 현상이

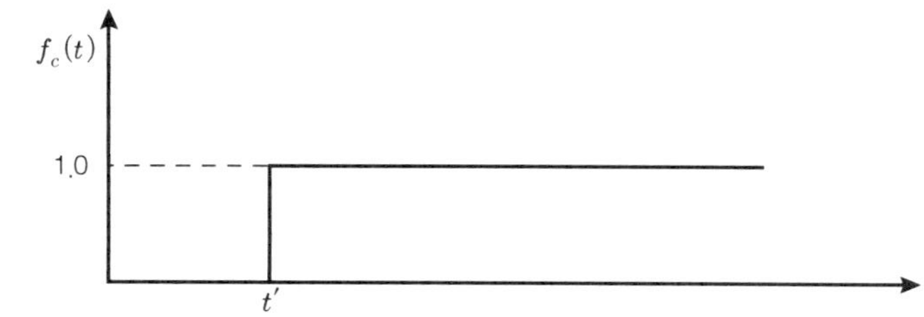

(a) t' 에서 단위응력 작용

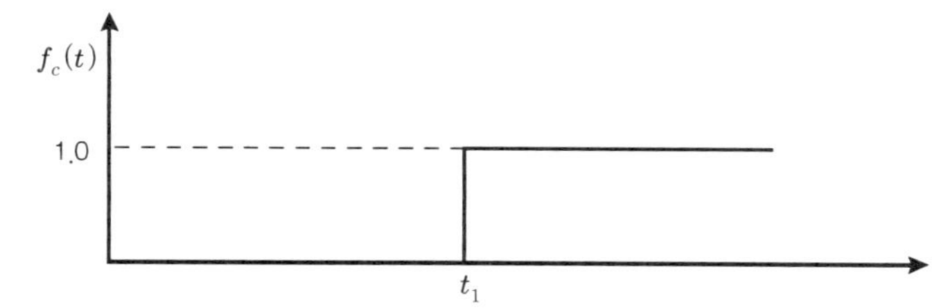

(b) t_1 에서 단위응력 작용

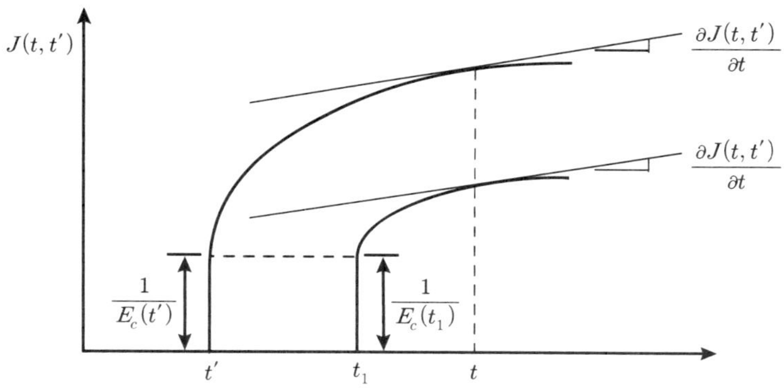

(c) t', t_1 에 작용한 단위응력에 의한 크리프함수

그림 4.5 **크리프율법의 기본 가정**

이와 유사하게 일어나나 콘크리트의 재령이 큰 경우는 그렇지 않고 오히려 수평이동(horizontal shift)이 일어나는 경향을 보인다.

변화하는 응력 $f_c(t)$가 작용할 때 임의시간 t에서 시간에 따른 변형률 변화는 응력변화 $df_c(t)$에 의한 탄성변형률 변화, 크리프 변화 그리고 건조수축 변화 등을 고려한 식 (4.2.13)과 같이 나타낼 수 있다.

$$\frac{d\varepsilon(t)}{dt} = \frac{d\varepsilon^{el}(t)}{dt} + \frac{dC(t,t')}{dt} + \frac{d\varepsilon_{sh}(t,t_0)}{dt} \tag{4.2.13}$$

여기서, 탄성변형률 변화는 식 (4.2.14)와 같이 표현된다.

$$\frac{d\varepsilon^{el}(t)}{dt} = \frac{1}{E_c(t)}\frac{df_c(t)}{dt} - \frac{f_c(t)}{(E_c(t))^2}\frac{dE_c(t)}{dt} \simeq \frac{1}{E_c(t)}\frac{df_c(t)}{dt} \tag{4.2.14}$$

왜냐하면 재령이 28일 이상이 되면 시간에 따른 콘크리트 탄성계수의 변화는 거의 없어 식 (4.2.14)에서 $dE_c(t)/dt = 0$이라고 가정할 수 있기 때문이다.

한편 크리프변형의 시간에 따른 변화는 다음 식 (4.2.15)와 같이 나타난다.

$$\frac{dC(t,t')}{dt} = \frac{f_c(t)}{E_c(t')}\frac{d\phi(t,t')}{dt} \tag{4.2.15}$$

따라서 식 (4.2.13)을 다시 정리하여 쓰면 다음 식 (4.2.16) 또는 식 (4.2.17)과 같이 표현할 수 있다.

$$d\varepsilon_c(t) = \frac{df_c(t)}{E_c(t)} + \frac{f_c(t)}{E_c(t')}d\phi(t,t') + d\varepsilon_{sh}(t,t_0) \tag{4.2.16}$$

$$\frac{d\varepsilon_c(t)}{d\phi(t,t')} = \frac{1}{E_c(t)}\frac{df_c(t)}{d\phi(t,t')} + \frac{f_c(t)}{E_c(t')} + \frac{d\varepsilon_{sh}(t,t_0)}{d\phi(t,t')} \tag{4.2.17}$$

식 (4.2.17)을 Dischinger equation이라고 부르며, 크리프율법의 기본식으로 시간에 따른 변형률 $\varepsilon_c(t)$ 또는 응력 $f_c(t)$를 구하려면 이 미분방정식을 풀어야 한다.

이 방법에 의하면 앞에서 언급한 바와 같이 재하할 때의 재령에 관계없이 크리프 변화율이 일정하다는 가정 때문에, 크리프 회복을 적절히 고려하지 못하여 콘크리트와 같이 재령에 관계없이 크리프함수가 재하기간에만 주로 영향을 받는 경우에는 많은 오차가 생길 수 있다.

먼저 그림 4.6과 같이 시간 t_1에서 응력 f_0가 작용하여 시간 t_2까지 작용하다가 응력을 없앤 경우에 시간 $t(t > t_2)$에서 잔류 변형률을 계산하여 보자.

t_1과 t_2에서 f_0가 가해졌을 때 시간 $t(t > t_2 > t_1)$의 변형률 $\varepsilon_{c\sigma}(t)$는 각각 다음 식 (4.2.18)과 같이 계산된다.

$$\varepsilon_{c\sigma}(t, t_1) = f_0 J(t, t_1) = \frac{f_0}{E_c(t_1)}\left[1 + \phi(t, t_1)\right] \tag{4.2.18(a)}$$

$$\begin{aligned}\varepsilon_{c\sigma}(t, t_2) &= f_0 J(t, t_2) = \frac{f_0}{E_c(t_2)}\left[1 + \phi(t, t_2)\right] \\ &= \frac{f_0}{E_c(t_2)} + \frac{f_0}{E_c(t_1)}\left[\phi(t, t_1) - \phi(t_2, t_1)\right]\end{aligned} \tag{4.2.18(b)}$$

그림 4.6(b)에서 볼 수 있듯이 $f_0\phi(t, t_2)/E_c(t_2) = f_0[\phi(t, t_1) - \phi(t, t_1)]/E_c(t_1)$이기 때문이다. 따라서 그림 4.6(a)의 첫 번째와 같이 t_1에서 f_0가 가해져 t_2에서 완전히 응력이 없어진 경우 시간 t에서 잔류변형은 식 (4.2.18)에 의해 다음 식 (4.2.19)와 같이 구해진다.

$$\varepsilon_{c\sigma}(t) = \varepsilon_{c\sigma}(t, t_1) - \varepsilon_{c\sigma}(t, t_2) = f_0\left[\frac{1}{E_c(t_1)} - \frac{1}{E_c(t_2)}\right] + \frac{\phi(t_2, t_1)}{E_c(t_1)} \tag{4.2.19}$$

식 (4.2.19)를 보면 $\varepsilon_{c\sigma}(t)$는 시간 t의 함수가 아니라 t_1, t_2의 함수로서 일정한 값을 갖는다. 이는 그림 4.6(c)에서와 같이 $t > t_2$인 경우 일정한 변형률을 유지한다는 것을 의미하는데, 실제 실험결과에 의하면 그림의 점선과 같이 일부의 크리프는 회복되므로 잘 맞지 않는다. 특히 이러한 현상은 콘크리트의 재령이 큰 경우 하중을 일시적으로 가했다가 없애면 영구변형이 거의 없어지는 데 반해, 이 방법에 의하면 일어난 크리프는 없어지지 않는 것으로 나타나기 때문에 실제와 차이가 날 수 있다. 따라서 이 방법은 콘크리트의 재령이 큰 경우에 적용하면 잘 맞지 않으며 크리프 회복을 잘 나타내지 못하는 단점을 갖고 있다.

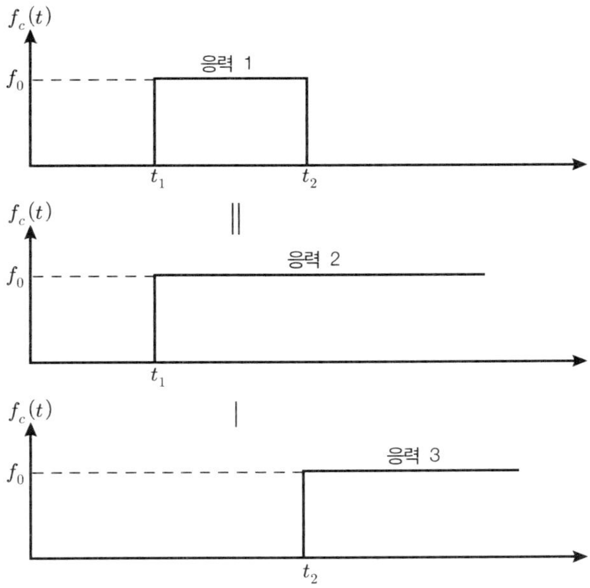

(a) 응력의 중첩

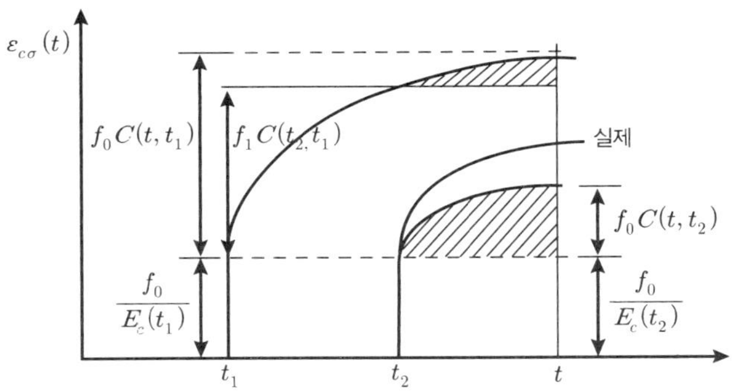

(b) 응력 2, 응력 3에 대한 변형률

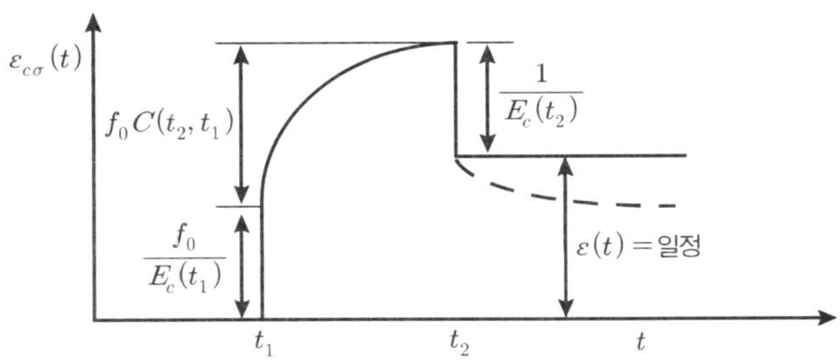

(c) 응력 1에 대한 변형률

그림 4.6 **크리프율법에 의한 크리프 회복**

4.2.4 영구변형률법

England와 Illston (1965)에 의해 크리프율법의 단점을 보완하기 위하여 제시된 방법이 영구변형률법(RFM; rate of flow method)이다[8]. 이름에서 나타나듯이 크리프율법에서는 임의의 시간 t에서 크리프에 의한 변형률의 기울기가 일정하다는 가정에서 개발된 해석방법이나, 이 영구변형률법은 크리프변형 중에서 장시간에 따라 회복되는 탄성변형을 제외한 영구적으로 남는 변형률의 기울기가 같다는 가정에서 개발된 해석방법이다. 이러한 가정을 택하면 크리프 회복을 보일 수 있게 된다. 즉 이 방법의 기본개념은 다음과 같다. 응력이 작용하여 크리프변형이 발생하는데, 이 중에서 회복될 수 있는 부분과 영원히 회복되지 않는 부분으로 나누어진다는 것이다. 또 회복될 수 있는 부분 중에서도 수일 내 단시간에 회복되는 부분과 몇 개월의 상대적으로 장시간에 걸쳐 회복되는 부분으로 나누어진다고 보고 있다. 그러나 대부분의 콘크리트에서 모든 회복은 수개월(약 3개월) 후에는 모두 회복되는 것으로 보고 있다. 그리고 이 방법도 유럽에서 주로 사용되었기 때문에 CEB-FIP (1978) 모델 설계기준식(특히 1978 설계기준 이전 모델식)은 이 방법을 적용할 수 있는 형태로 이루어져 있다[9].

$$J(t,t') = \frac{1}{E_{ci}(t')} + \frac{\phi_d \beta_d (t-t')}{E_{ci}} + \frac{\phi_f [\beta_f(t) - \beta_f(t')]}{E_{ci}} \tag{4.2.20}$$

여기서, 오른쪽 두 번째 항은 지연 탄성변형을 나타내고 세 번째 항은 영구변형을 나타내는 항이다. 그리고 식 (4.2.20)은 간단히 식 (4.2.21)과 같이 나타낼 수 있다.

$$J(t,t') = \frac{1}{E_d(t)} + \frac{\phi_f [\beta_f(t) - \beta_f(t')]}{E_{ci}} \tag{4.2.21}$$

따라서 식 (4.2.16)과 유사한 다음 식 (4.2.22)을 유도할 수 있다.

$$d\varepsilon_c(t) = \frac{df_c(t)}{E_d(t)} + \frac{f_c(t)}{E_{ci}} d[\phi_f \beta_f(t)] + d\varepsilon_{sh}(t,t_0) \tag{4.2.22}$$

위 식 (4.2.20)에서 CEB-FIP 1978 모델 설계기준의 경우 ϕ_d는 일반적으로 0.4로 취하고 $\beta_d(t-t')$는 단기간에 1이 되는 함수이므로, 결국 $E_d(t) \simeq E_{ci}(t)/1.4$ 정도이다.

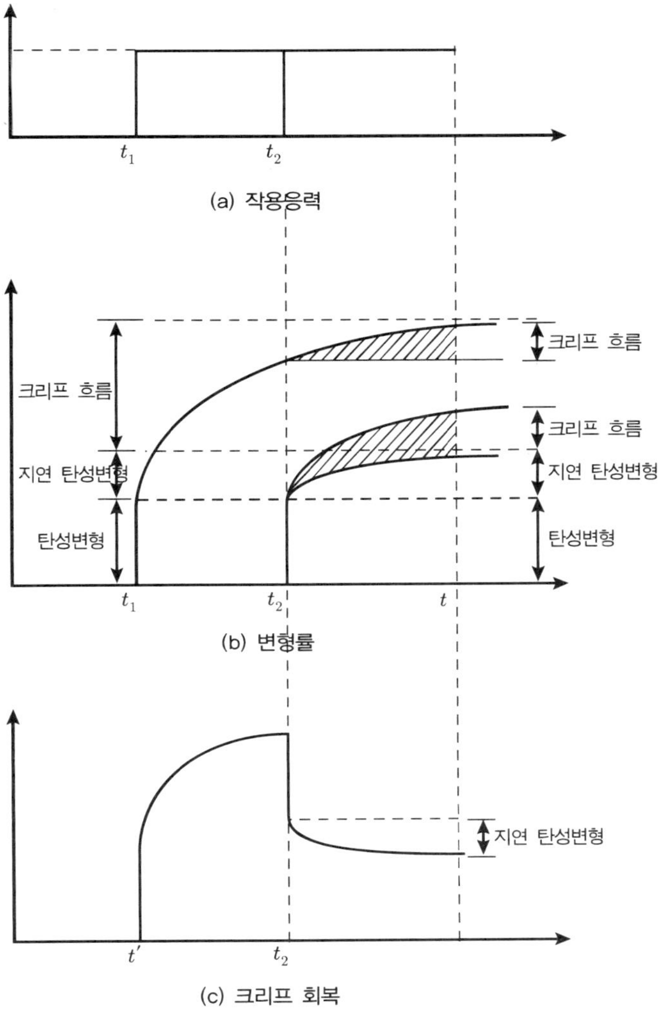

그림 4.7 **영구변형률법의 기본**

4.2.5 단계해석법

앞 절에서 해석적 해석방법에 대하여 설명하였다. 여러 해석방법이 있지만 단면 또는 구조물이 복잡한 경우 해석적 해석방법으로 문제를 해결하는 것은 어려운 일이다. 그래서 구조물이 복잡하거나 단부조건이 다양한 경우 수치해석법을 사용하는 것이 일반적이다. 이러한 수치해석법으로 구조물 또는 부재 단면을 해석할 때 주로 사용하는 방법이 이 단계해석법이며, 이에 대한 방법을 이 절에서 설명한다. 그리고 시간을 합리적으로 나누는 방법에 대하여 설명한다.

철근콘크리트 구조물의 장기거동은 매우 긴 시간에 걸쳐 일어나는 현상으로, 재하 초기에 큰 변화가 있으며 시간의 흐름에 따라 그 변화는 급격히 줄어드는 현상을 보이고 있다. 일반적으로 콘크리트 구조물의 수명이 수십 년에서 수백여 년에 이르므로 몇 단계의 시간 간격을 설정하여 해석하며, 이때 그림 4.8에서 볼 수 있듯이 실제 시간을 등간격으로 나누면 초기에 변화가 많아 이를 적절히 고려할 수 없어 오차가 크게 발생할 수 있다. 따라서 시간 간격을 나눌 때 그림 4.8(c), (d)에 나타낸 바와 같이 log t를 등간격으로 하는 것이 오차를 줄일 수 있는 방법이다.

그러나 계산 시간 등의 이유로 시간 간격을 매우 많은 수를 선택할 수 없으므로, log t로 취하여 등간격으로 하는 경우에도 시간 간격은 초기에는 수주일에서 나중에는 수년이 된다. 따라서 같은 시간단계를 사용하더라도 어느 시점에 하중증분이 작용하는가에 따라 또한 오차가 서로 다르게 발생한다. 여기에서는 하중 시점을 고려하는 몇 가지 단계해석법에 대하여 설명한다.

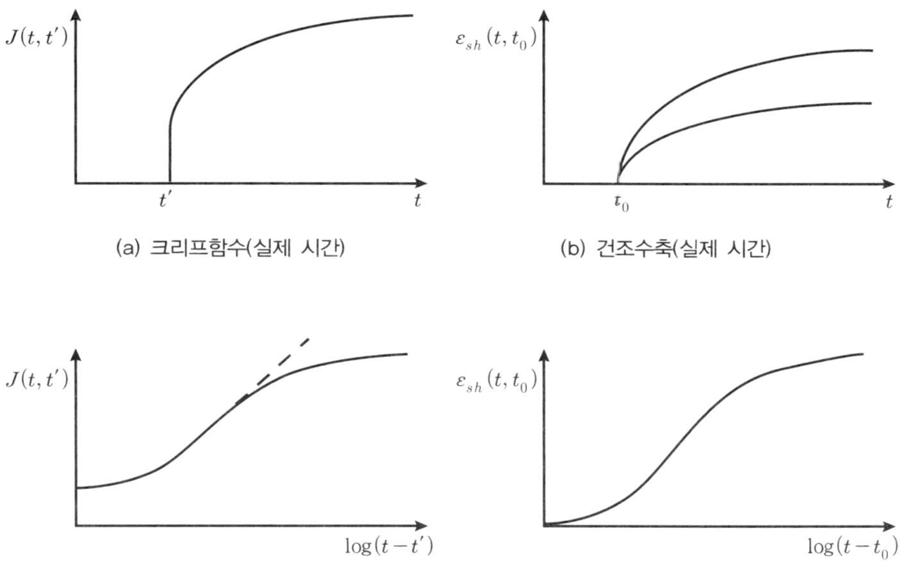

(a) 크리프함수(실제 시간) (b) 건조수축(실제 시간)

(d) 건조수축(log scale) (c) 크리프 함수(log scale)

그림 4.8 **크리프함수와 건조수축의 시간에 따른 변화**

1) 방법 1

이 방법은 가장 간단한 방법으로 그림 4.9(a)에서 볼 수 있듯이 시간 간격 Δt_j 동안 응력 변화량 Δf_j가 시간 t_j에 모두 작용한다고 가정하는 것이다. 이 방법을 사용하면 해당 시간단계 종점인 시간 $t_{j+1/2}$은 식 (4.2.23)과 같다.

$$\Delta\varepsilon_j(t_{j+1/2}) = \frac{\Delta f_j}{E_c(t_j)}\left[1+\phi(t_{j+1/2})\right] \tag{4.2.23}$$

그리고 임의의 시간 t에서 변형률 변화량 $\Delta\varepsilon_j(t)$는 식 (4.2.24)와 같다.

$$\Delta\varepsilon_j(t) = \frac{\Delta f_j}{E_c(t_j)}[1+\phi(t, t_j)] \tag{4.2.24}$$

실제로 응력의 변화는 $t_{j-1/2}$에서 일어나기 때문에 변형률도 이 시각부터 발생하지만, 이 방법을 사용하는 경우 시간 $t_{j-1/2}$부터 t_j까지는 변형률이 발생하지 않는 것으로 가정하는 문제가 있다. 그러나 한 단계에서 기준이 되는 시점이 t_j뿐이므로 계산시간을 줄일 수 있는 장점도 있다.

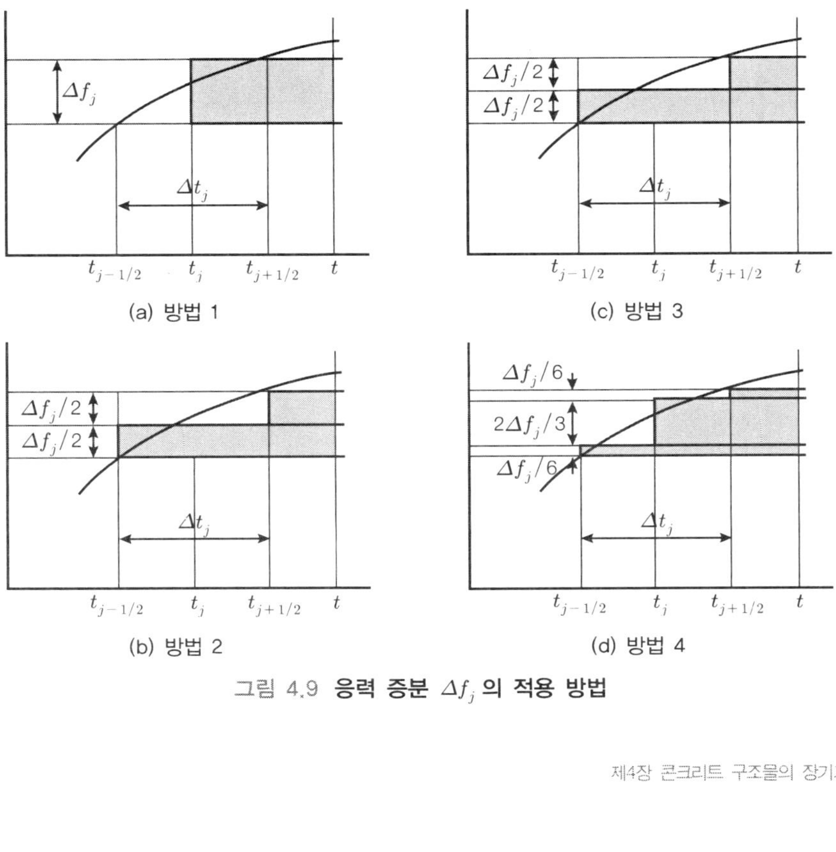

그림 4.9 **응력 증분 Δf_j 의 적용 방법**

2) 방법 2

이 방법도 간단한 방법으로서 그림 4.9(b)에 보인 바와 같이 단계의 시작시각과 끝나는 시각에 각각 응력 증분의 반씩 작용하는 것으로 가정하는 것이다. 이러한 경우 끝나는 시각 $t_{j+1/2}$에서 변형률 변화량 $\Delta\varepsilon_j(t_{j+1/2})$는 식 (4.2.25)와 같이 나타낼 수 있다.

$$\Delta\varepsilon_j(t_{j+1/2}) = \frac{\Delta f_j}{2}\left[J(t_{j+1/2},\, t_{j-1/2}) + J(t_{j+1/2},\, t_{j+1/2})\right] + \frac{\Delta f_j}{2}\left[\frac{1}{E_c(t_{j-1/2})}\{1+\phi(t, t_{j-1/2})\} + \frac{1}{E_c(t_{j+1/2})}\right] \quad (4.2.25)$$

그리고 임의의 시간 t에서 변형률 변화량 $\Delta\varepsilon_j(t)$는 식 (4.2.26)과 같다.

$$\Delta\varepsilon_j(t) = \frac{\Delta f_j}{2}\left[\frac{1}{E_c(t_{j-1/2})}\{1+\phi(t,t_{j-1/2})\} + \frac{1}{E_c(t_{j+1/2})}\{1+\phi(t,t_{j+1/2})\}\right] \quad (4.2.26)$$

이 방법을 사용하는 경우 한 단계에서 탄성계수 E_c, 크리프계수 $\phi(t, t')$을 시작점과 끝점에서 계산해야 하므로 계산시간이 증가되나, 현 단계의 시작점은 앞 단계의 끝점이고 현 단계의 끝점은 다음 단계의 시작점이 되므로 이 탄성계수 값과 크리프계수 값을 저장하여 두면 차이가 없다.

3) 방법 3

이 방법은 앞의 방법 2와 유사한 방법으로 그림 4.9(c)에 나타나 있는데, 탄성변형을 일으키는 시점을 시작 시각인 $t_{j-1/2}$로 하며 장기변형은 방법 2와 같이 각각 반씩 작용하는 것으로 가정한다. 이 경우 단계의 끝나는 시점과 임의의 시간 t에서 각각 변형률 변화량은 다음 식 (4.2.27)과 식 (4.2.28)과 같다.

$$\Delta\varepsilon_j(t_{j+1/2}) = \frac{\Delta f_j}{E_c(t_{j-1/2})} + \frac{\Delta f_j/2}{E_c(t_{j-1/2})}\phi(t_{j+1/2},\, t_{j-1/2}) \quad (4.2.27)$$

$$\Delta\varepsilon_j(t) = \frac{\Delta f_j}{E_c(t_{j-1/2})} + \frac{\Delta f_j}{2}\left[\frac{\phi(t, t_{j-1/2})}{E_c(t_{j-1/2})} + \frac{\phi(t, t_{j+1/2})}{E_c(t_{j+1/2})}\right] \quad (4.2.28)$$

4) 방법 4

또 하나의 방법으로 그림 4.9(d)에 보인 바와 같이 응력의 증분을 심슨의 법칙 (Simpson's Rule)에 따라 분배시키는 것이다. 이렇게 취급하면 응력 증분의 변화가 2차 곡선으로 변할 때에도 정확하게 예측할 수 있다. 그 대신 계산과정은 다른 방법에 비해 좀 더 복잡하다.

이 경우, 현 단계의 끝나는 시각 $t_{j+1/2}$과 임의의 시각 t에서 변형률 변화량은 각각 식 (4.2.29)와 식 (4.2.30)과 같다.

$$\Delta\varepsilon_j(t_{j+1/2}) = \frac{\Delta f_j}{6}\left[\frac{1+\phi(t_{j+1/2}, t_{j-1/2})}{E_c(t_{j-1/2})} + \frac{1+\phi(t_{j+1/2}, t_j)}{E_c(t_j)} + \frac{1}{E_c(t_{j+1/2})}\right] \tag{4.2.29}$$

$$\Delta\varepsilon_j(t) = \frac{\Delta f_j}{6}\left[\frac{1+\phi(t, t_{j-1/2})}{E_c(t_{j-1/2})} + \frac{1+\phi(t, t_j)}{E_c(t_j)} + \frac{1+\phi(t, t_{j+1/2})}{E_c(t_{j+1/2})}\right] \tag{4.2.30}$$

4.3 축력을 받는 철근콘크리트 기둥의 장기거동 해석 예

4.3.1 축력만을 받는 기둥의 해석

임의 시간에서 콘크리트에 작용하는 응력 f_c가 일정한 경우, 콘크리트에 발생하는 총변형률은 탄성변형률, 크리프변형률 및 건조수축변형률에 의해 다음과 같이 표현된다.

$$\begin{aligned}\varepsilon_t(t, t') &= \varepsilon_e(t, t') + \varepsilon_{cr}(t, t') + \varepsilon_{sh}(t, t') \\ &= \frac{f_c}{E_c(t')} + \frac{f_c}{E_c(t')}\phi(t, t') + \varepsilon_{sh}(t)\end{aligned} \tag{4.3.1}$$

위 식에서 크리프계수 $\phi(t, t')$ 및 건조수축변형률 $\varepsilon_{sh}(t)$는 앞 장에서 소개된 규정 및 방법들에 따라서 얻어진다.

1) 유효탄성계수법(EMM; effective modulus method)

위 식을 다시 정리하면, 콘크리트의 재령에 상관없이 콘크리트의 초기 탄성계수에 기초한 유효탄성계수법에 의한 콘크리트의 총변형률은 다음 식과 같이 나타낼 수 있다.

$$\varepsilon_t(t,\tau)=\frac{f_c}{E_c(t')}[1+\phi(t,t')]+\varepsilon_{sh}(t)=\frac{f_c}{E_e(t,t')}+\varepsilon_{sh}(t) \tag{4.3.2}$$

여기서, $E_{eff}(t,t')$는 콘크리트의 유효탄성계수(effective modulus of concrete)로서 다음 식과 같이 정의된다.

$$E_{eff}(t,t')=\frac{E_c(t')}{1+\phi(t,t')} \tag{4.3.3}$$

그림 4.10과 같이 편심을 갖지 않는 일정 축하중 P를 받는 직사각형 대칭 단면의 철근콘크리트 단주 기둥을 고려해 보자.

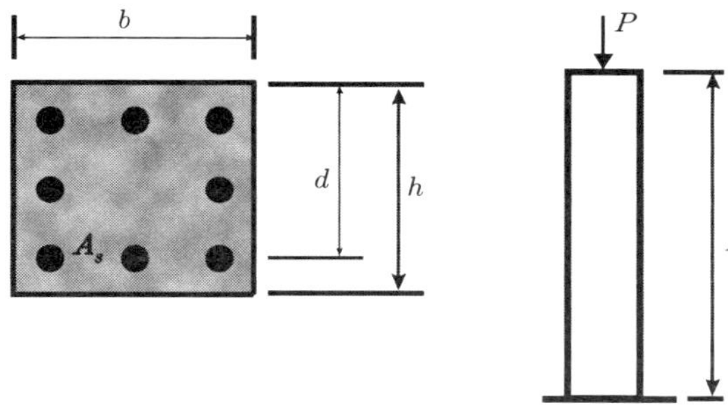

그림 4.10 **축력을 받는 철근콘크리트 기둥**

이 경우 임의 시간 t에서 단면에서의 평형조건은 콘크리트 및 철근이 부담하는 내부 축력을 각각 $N_c(t)$ 및 $N_s(t)$라 할 경우 다음과 같이 정의된다.

$$P=N_c(t)+N_s(t) \tag{4.3.4}$$

콘크리트의 총변형률과 철근의 변형률이 같다는 적합조건, 즉, $\varepsilon(t)=\varepsilon_s(t)$의 관계가 성립된다. 여기서, 유효탄성계수를 고려할 경우 콘크리트의 변형률 및 철근의 변형률은 각각 다음 식과 같이 산정된다.

$$\varepsilon(t) = \frac{f_c(t)}{E_e(t, t')} + \varepsilon_{sh}(t) \tag{4.3.5}$$

$$\varepsilon_s(t) = \frac{f_s(t)}{E_s} \tag{4.3.6}$$

위 식들로부터

$$P = f_c(t)\,A_c + f_s(t)\,A_s \tag{4.3.7}$$

식 (4.3.1)에서 식 (4.3.7)로부터 다시 정리하면, 임의 시간에서의 철근 및 콘크리트의 응력은 각각 다음 식들과 유도된다.

$$f_s(t) = \frac{P - f_c(t)\,A_c}{A_s} \tag{4.3.8}$$

$$f_c(t) = \frac{P}{A_c(1 + n_e\,\rho)} - \frac{\varepsilon_{sh}(t)\,E_s\,\rho}{1 + n_e\,\rho} \tag{4.3.9}$$

여기서, 유효탄성계수비 및 철근비는 각각 다음과 같다.

$$n_e = \frac{E_s}{E_e(t)}, \quad \rho = \frac{A_s}{A_c} \tag{4.4.10}$$

2) 재령보정 유효탄성계수법(AEMM; age-adjusted effective modulus method)

한편 임의 시간 동안 지속적으로 증가하는 응력하에서의 콘크리트의 크리프변형률은 순간적으로 작용하는 응력하에서의 크리프변형률보다 두드러지게 작은 값을 보이는 그 이유는 콘크리트의 재령에 기인한다. 콘크리트에 작용하는 하중이 낮은 재령에서일수록 최종 크리프변형률은 높게 나타난다. 따라서 이를 고려하여 응력이 점진적으로 증가하면서 작용할 경우 크리프변형률을 산정할 경우에는 재령에 따라서 감소된 크리프계수(reduced creep coefficient)를 사용해야만 한다. 이때 감소된 크리프계수를 의미하는 재령계수(aging coefficient) $\chi(t, t_0)$로부터 감소된 크리프계수는 $\chi(t, t_0)\,\phi(t, t_0)$와 같이 정의할 수 있다. 재령계수(aging coefficient) $\chi(t, t_0)$는 대략 0.6~0.9 사이의 값을 갖는다.

재령계수를 고려할 경우 콘크리트의 총변형률은 재령보정 유효탄성계수법에 의해 다음 식과 같이 산정할 수 있다.

$$\varepsilon_t(t,t') = \frac{f_0}{E_c(t')} + \frac{\Delta f_c(t)}{E_{e\chi}(t')} + \varepsilon_{sh}(t) \tag{4.3.11}$$

여기서, 재령보정 유효탄성계수는 다음 식과 같이 정의된다.

$$E_{e\chi}(t,t') = \frac{E_c(t')}{1+\chi(t,t')\,\phi(t,t')} \tag{4.3.12}$$

콘크리트의 재령을 고려하여 그림 4.10과 같이 편심을 갖지 않는 일정 축하중 P를 받는 직사각형 대칭 단면의 철근콘크리트 단주 기둥을 다시 고려해 보자.

식 (4.3.4)의 평형조건 및 적합조건 $\varepsilon(t)=\varepsilon_s(t)$를 다시 고려하면, 식 (4.3.11) 및 식 (4.3.6)으로부터 임의 시간에서의 콘크리트 및 철근의 변형률을 각각 산정할 수 있다.

한편 임의 시간에서의 철근의 응력은 식 (4.3.8)과 같고 콘크리트의 응력은 다음 식과 같이 계산된다.

$$f_c(t) = f_0 + \Delta f_c(t) \tag{4.3.13}$$

식 (4.3.11), 식 (4.3.6) 및 식 (4.3.8)을 적합조건 $\varepsilon(t)=\varepsilon_s(t)$에 대입하면, 위 식에서 크리프 및 건조수축에 의해 발생되는 시간의존효과에 따른 콘크리트의 응력 변화량은 다음과 같이 유도된다.

$$\Delta f_c(t) = \frac{1}{1+n_\chi\,\rho}\left[\frac{P}{A_c} - f_0(1+n_\chi\,\rho) - \varepsilon_{sh}(t)\,E_s\,\rho\right] \tag{4.3.14}$$

여기서,

$$n_\chi = \frac{E_s}{E_{e\chi}(t)} \tag{4.3.15}$$

3) 단계해석법(SSM; step-by-step method)

단계해석법을 고려할 경우, 그림 4.11과 같이 응력 증분 $\Delta f_c(t_i)$가 i번째 시간 증분 구간의 중심에 작용한다고 가정할 경우, 시간 증분 구간 끝에서의 콘크리트의 총변형률은 중첩법에 의해 다음과 같게 된다.

$$\frac{f_s(t_i)}{E_s} = \frac{f_c(t_0)}{E_c(t_0)}[1+\phi_t(t_0)] + \sum_{j=1}^{i}\left[\frac{\Delta f_c(t_j)}{E_c(t_j)}[1+\phi_t(t_j)]\right] + \varepsilon_{sh}(t_{i+}) \tag{4.3.16}$$

이 경우, 임의 시간 증분 끝에서의 평형조건은 다음 식과 같이 표현된다.

$$f_c(t_{i-1})A_c + \Delta f_c(t_i)A_s + f_s(t_{i+})A_s = P \tag{4.3.17}$$

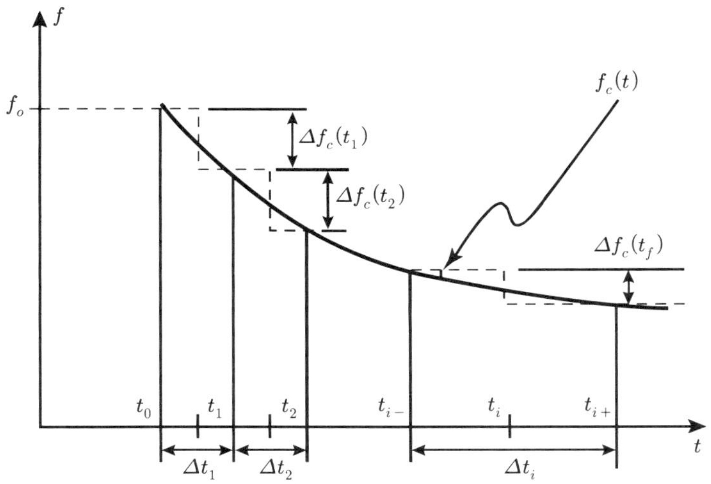

그림 4.11 **시간 증분에 따른 응력 증분(central method)**

4.3.2 축력만을 받는 기둥의 해석 예제

그림 4.12와 같이 길이 3.0m인 $P = 1{,}000$kN의 축력을 받는 300×300mm 정사각형 단면의 철근콘크리트 기둥을 고려해 보자. 주어진 조건하에서 CEB-FIP 모델 1990 코드를 이용하여[11], (1) 유효탄성계수법, (2) 재령보정 유효탄성계수법, 및 (3) 단계해석법에 의해 30년 이후의 기둥 축소량을 예측해 보자. 여기서, 주어진 단면 및 재료 특성값은 다음과 같다.

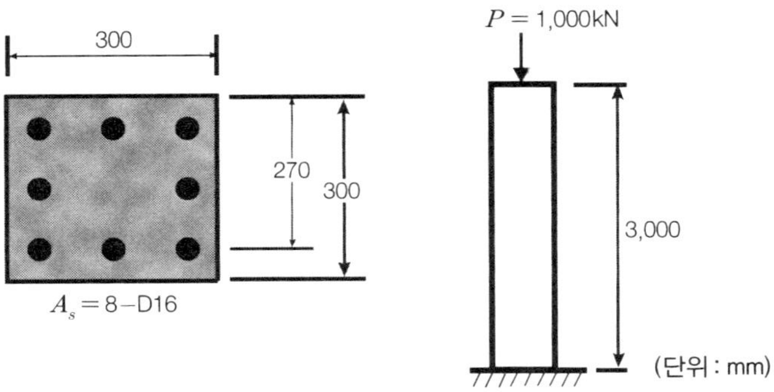

그림 4.12 **축력만을 받는 기둥의 적용 예**

철근콘크리트 기둥 단면의 치수 및 재료 특성값:

$$A_c = bh = 300 \times 300 = 9 \times 10^4 \mathrm{mm}^2,\ d = 270\,\mathrm{mm},\ d' = 30\,\mathrm{mm}$$

주철근: $D16 = 198.6\,\mathrm{mm}^2,\ A_s = 1{,}588\,\mathrm{mm}^2,\ \rho = \dfrac{A_s}{A_c} = 0.018$

$$E_s = 200\,\mathrm{MPa},\ f_y = 400\,\mathrm{MPa},\ f_{ck} = 30\,\mathrm{MPa},\ E_c = 30\,\mathrm{GPa}$$

CEB-FIP Model 1990 Code에 의한 시간의존 파라미터 산정조건:
보통의 굳은 콘크리트로서 설계기준강도 $f_{ck} = 30\mathrm{MPa}$, 슬럼프 75mm, 포아송비 0.18, 물-시멘트비 45.2%, 공기량 4.0%, 상대습도 60%, 온도 22℃, 초기 양생완료 및 재하 시 콘크리트 재령 $t_o = 3\mathrm{days}$, $f_o = 10\mathrm{MPa}$, 자중 $\gamma_{con} = 24.0\mathrm{kN/m^3}$, 작용 압축 응력 11.11MPa ($\because\ P = 1{,}000\mathrm{kN}$) 등

이상의 조건에 의해 추정된 크리프계수, 건조수축변형률, 및 콘크리트 탄성계수는 다음과 같다. 여기서, 재령보정계수는 가정하였다.

표 4.1 **CEB-FIP M90에 의한 시간의존 파라미터**

t (일)	3	28	90	365	3,650	10,950
ϕ	1.0	2.54	3.24	4.19	5.35	5.56
$\varepsilon_{sh} \times 10^{-4}$	0.0	0.3322	0.617	1.235	3.266	4.366
E_c (GPa)	23.927	30.935	32.693	33.861	34.672	34.833
χ_t (assumed)	1.0	0.9	0.85	0.85	0.8	0.8

해석 수행방법;

(1) 유효탄성계수법(EMM)에 의한 풀이

(2) 재령보정 유효탄성계수법(AEMM)에 의한 풀이

(3) 단계해석법(SSM)에 의한 풀이

1) 유효탄성계수법(EMM)에 의한 풀이

유효탄성계수법에 의한 주어진 기둥의 시간에 따른 장기거동 해석 예의 산정과정은 다음과 같다.

$$E_e = \frac{E_c}{1+\phi},\ \ n = \frac{E_s}{E_e},\ \ E_c = 30\,\mathrm{GPa},\ \ E_s = 200\,\mathrm{GPa}$$

$$t=3\ ;\ \ \phi=1,\ \ E_e = \frac{30\,\mathrm{GPa}}{1+1} = 15\,\mathrm{GPa},\ \ n = \frac{200\,\mathrm{GPa}}{15\,\mathrm{GPa}} = 13$$

$$t=28\ ;\ \ \phi=2.54,\ \ E_e = \frac{30\,\mathrm{GPa}}{1+2.54} = 8.475\,\mathrm{GPa},\ \ n = \frac{200\,\mathrm{GPa}}{8.475\,\mathrm{GPa}} = 23$$

$$t=90\ ;\ \ \phi=3.24,\ \ldots$$

표 4.2 **축력에 대한 기둥의 유효탄성계수 및 탄성계수비**

t (일)	3	28	90	365	3,650	10,950
ϕ	1.0	2.54	3.24	4.19	5.35	5.56
E_e (GPa)	15	8.475	7.075	5.78	4.724	4.573
n	13	23	26	34	42	43

시간 $t_0=3$일인 경우: $\phi(t,t_0)=1.0,\ \varepsilon_{sh}(t,t_0)=0,\ n=13$

콘크리트의 응력;

$$f_c(t_0) = \frac{P}{A_c(1+n\rho)} - \frac{\varepsilon_{sh}E_s\,\rho}{1+n\rho}$$

$$= \frac{1{,}000\times10^3}{90{,}000(1+13\times0.018)} - \frac{0\times200\times10^3\times0.018}{1+13\times0.018} = 8.995\,\mathrm{MPa}$$

철근의 응력;

$$f_s(t_0) = \frac{P - f_{c\_t}\, A_c}{A_s} = \frac{1{,}000\times 10^3 - 8.995\times 90{,}000}{1{,}588} = 119.933\,\text{MPa}$$

철근의 변형률;

$$\varepsilon_s(t_0) = \frac{f_s(t_0)}{E_s} = \frac{119.933}{200} = 5.997\times 10^{-4}$$

콘크리트의 총변형률;

$$\varepsilon(t_0) = \varepsilon_s(t_0) = 5.997\times 10^{-4}$$

콘크리트의 탄성변형률;

$$\varepsilon_e(t_0) = \frac{f_c(t_0)}{E_c} = \frac{8.995}{15\times 10^3} = 2.998\times 10^{-4}$$

콘크리트의 크리프변형률;

$$\varepsilon_{cr}(t_0) = \varepsilon(t_0) - \varepsilon_e(t_0) - \varepsilon_{sh}(t_0)$$
$$= (5.997 - 2.998 - 0)\times 10^{-4} = 2.998\times 10^{-4}$$

기둥 축소량;

$$\Delta L(t_0) = \varepsilon(t_0)\times L = (5.997\times 10^{-4})\times 3{,}000 = 1.799\,\text{mm}$$

시간 $t_1 = 28$ 일인 경우: $\phi(t, t_0) = 2.54$, $\varepsilon_{sh}(t, t_0) = 0.3322\times 10^{-4}$, $n = 23$

$$f_c(t_1) = \frac{1{,}000\times 10^3}{90{,}000(1 + 13\times 0.018)} - \frac{0\times 200\times 10^3\times 0.018}{1 + 13\times 0.018} = 7.762\,\text{MPa}$$

$$f_s(t_1) = \frac{1{,}000\times 10^3 - 7.762\times 90{,}000}{1{,}588} = 189.822\,\text{MPa}$$

$$\varepsilon_s(t_1) = \frac{119.933}{200} = 9.491\times 10^{-4}$$

$$\varepsilon(t_1) = \varepsilon_s(t_1) = 9.491\times 10^{-4}$$

$$\varepsilon_e(t_1) = \frac{f_c(t_1)}{E_c} = \frac{7.762}{15\times 10^3} = 2.587\times 10^{-4}$$

$$\varepsilon_{cr}(t_1) = \varepsilon(t_1) - \varepsilon_e(t_1) - \varepsilon_{sh}(t_1)$$
$$= (9.491 - 2.587 - 0.322)\times 10^{-4} = 6.572\times 10^{-4}$$

기둥 축소량;

$$\Delta L(t_1) = \varepsilon(t_1) \times L = (9.491 \times 10^{-4}) \times 3{,}000 = 2.847\ \mathrm{mm}$$

동일한 방법으로, 시간(일)의 경과에 따른 EMM 방법에 의한 기둥의 장기거동 해석에 의한 예측결과를 다음과 같이 산정할 수 있다.

표 4.3 EMM에 의한 기둥의 장기거동 해석 결과

t (일)	3	28	90	365	3,650	10,950
$\varepsilon_{sh} \times 10^{-4}$	0	0.3322	0.617	1.235	3.266	4.366
$\varepsilon_{cr} \times 10^{-3}$	0.299	0.657	0.785	0.926	1.017	1.001
$\varepsilon_{e} \times 10^{-3}$	0.299	0.259	0.242	0.221	0.190	0.180
$\varepsilon \times 10^{-3}$	0.598	0.949	1.089	1.27	1.533	1.618
f_c (MPa)	8.995	7.762	7.268	6.629	5.701	5.402
f_s (MPa)	119.93	189.82	217.79	254.05	306.64	323.57
ΔL (mm)	1.80	2.85	3.27	3.81	4.60	4.85

2) 재령보정 유효탄성계수법(AEMM)에 의한 풀이

재령보정 유효탄성계수법에 의한 주어진 기둥의 시간에 따른 장기거동 해석 예의 산정과정은 다음과 같다.

재령보정 유효탄성계수 및 탄성계수비;

$$E_{e\chi} = \frac{E_c}{1 + \chi_t \phi},\quad n_\chi = \frac{E_s}{E_{e\chi}},\quad E_c = 30\,\mathrm{GPa},\quad E_s = 200\,\mathrm{GPa}$$

$$t = 3\,;\ \phi = 1,\ \chi_t = 1,\ E_{e\chi} = \frac{30\,\mathrm{GPa}}{1 + 1 \times 1} = 15\,\mathrm{GPa},\ n_\chi = \frac{200}{15} = 13$$

$$t = 28\,;\ \phi = 2.54,\ \chi_t = 0.9,\ E_{e\chi} = \frac{30\,\mathrm{GPa}}{1 + 0.9 \times 2.54} = 9.13\,\mathrm{GPa},\ n_\chi = \frac{200}{9.13} = 21$$

$$t = 90\,;\ \phi = 3.24,\ \chi_t = 0.85,\ \ldots$$

표 4.4 임의 시간에 따른 추정된 재령보정 유효탄성계수 및 탄성계수비

t (일)	3	28	90	365	3,650	10,950
χ_t	1.0	0.9	0.85	0.85	0.8	0.8
ϕ	1.0	2.54	3.24	4.19	5.35	5.56
$E_{e\chi}$ (GPa)	15.0	9.13	8.0	6.58	5.68	5.51
n_χ	13	21	25	30	35	36

콘크리트 및 철근의 초기 응력:

$$f_o = f_c(t_0) = 8.995\,\mathrm{MPa},\ \ f_{so} = f_s(t_0) = 119.93\,\mathrm{MPa}$$

시간 $t_0 = 3$일인 경우: $\phi(t, t_0) = 1.0,\ \varepsilon_{sh}(t, t_0) = 0,\ n = 13,\ \chi_t = 1.0$

콘크리트의 응력;

$$\Delta f_c(t_0) = \frac{1}{(1+n_x\rho)}\left[\frac{P}{A_c} - f_o(1+n_x\rho) - \varepsilon_{sh}E_s\rho\right]$$

$$= \frac{1}{(1+13\times0.018)}\ [\frac{1{,}000\times10^3}{90{,}000} - 8.995(1+13\times0.018)$$
$$0.0\times200\times10^3\times0.018\ ] = 0.0$$

$$f_{c\chi}(t_0) = f_o + \Delta f_c(t_0) = 8.995 + 0.0 = 8.995\,\mathrm{MPa}$$

철근의 응력;

$$f_{s\chi}(t_0) = \frac{P - f_{c\chi}(t_0)A_c}{A_s} = \frac{1000\times10^3 - 8.995\times90{,}000}{1{,}588} = 119.93\,\mathrm{MPa}$$

$$\varepsilon_{sx}(t_0) = \frac{f_{s\chi}(t_0)}{E_s} = \frac{119.93}{200\times10^3} = 5.997\times10^{-4}$$

콘크리트의 총변형률;

$$\varepsilon_\chi(t_0) = \varepsilon_{s\chi}(t_0) = 5.997\times10^{-4}$$

콘크리트의 탄성변형률;

$$\varepsilon_{e\chi}(t_0) = \frac{f_{c\chi}(t_0)}{E_c} = \frac{8.995}{15\times10^3} = 2.998\times10^{-4}$$

콘크리트의 크리프변형률;

$$\varepsilon_{cr\chi}(t_0) = \varepsilon_{\chi}(t_0) - \varepsilon_{e\chi}(t_0) - \varepsilon_{sh}(t_0)$$
$$= (5.997 - 2.998 - 0) \times 10^{-4} = 2.998 \times 10^{-4}$$

기둥 축소량;

$$\Delta L_{\chi}(t_0) = \varepsilon_{\chi}(t_0) \times L = (5.997 \times 10^{-4}) \times 3{,}000 = 1.799\,\mathrm{mm}$$

시간 $t_1 = 28$일인 경우: $\phi = 2.54$, $\varepsilon_{sh} = 3.322 \times 10^{-5}$, $n = 21$, $\chi_t = 0.9$

콘크리트의 응력;

$$\Delta f_c(t_1) = \frac{1}{(1 + n_x\rho)}\left[\frac{P}{A_c} - f_o(1 + n_x\rho) - \varepsilon_{sh}E_s\rho\right]$$
$$= \frac{1}{(1 + 21 \times 0.018)}\left[\frac{1{,}000 \times 10^3}{90{,}000} - 8.995(1 + 21 \times 0.018) - 3.322 \times 10^{-5} \times 200 \times 10^3 \times 0.018\right]$$
$$= -1.26\,\mathrm{MPa}$$

$$f_{c\chi}(t_1) = f_o + \Delta f_c(t_1) = 8.995 - 1.26 = 7.735\,\mathrm{MPa}$$

철근의 응력 및 변형률;

$$f_{s\chi}(t_1) = \frac{P - f_{c\chi}(t_1)A_c}{A_s} = \frac{1000 \times 10^3 - 7.735 \times 90{,}000}{1{,}588} = 191.33\,\mathrm{MPa}$$

$$\varepsilon_{sx}(t_1) = \frac{f_{s\chi}(t_1)}{E_s} = \frac{191.33}{200 \times 10^3} = 9.566 \times 10^{-4}$$

콘크리트의 총변형률;

$$\varepsilon_{\chi}(t_1) = \varepsilon_{s\chi}(t_1) = 9.566 \times 10^{-4}$$

콘크리트의 탄성변형률;

$$\varepsilon_{e\chi}(t_1) = \frac{f_{c\chi}(t_1)}{E_c} = \frac{7.735}{15 \times 10^3} = 2.578 \times 10^{-4}$$

콘크리트의 크리프변형률;

$$\varepsilon_{cr\chi}(t_1) = \varepsilon_{\chi}(t_1) - \varepsilon_{e\chi}(t_1) - \varepsilon_{sh}(t_1)$$
$$= (9.566 - 2.578 - 0.3322) \times 10^{-4} = 6.656 \times 10^{-4}$$

기둥 축소량;

$$\Delta L_{\chi}(t_1) = \varepsilon_{\chi}(t_1) \times L = (9.566 \times 10^{-4}) \times 3{,}000 = 2.870\,\mathrm{mm}$$

동일한 방법으로, 시간(일)의 경과에 따른 AEMM 방법에 의한 기둥의 장기거동 해석에 의한 예측결과를 다음과 같이 산정할 수 있다.

표 4.5 **AEMM에 의한 기둥의 장기거동 해석 결과**

t (일)	3	28	90	365	3,650	10,950
χ_t	1.0	0.9	0.85	0.85	0.8	0.8
$\varepsilon_{sh} \times 10^{-4}$	0	0.3322	0.617	1.235	3.266	4.366
$\varepsilon_{cr\chi} \times 10^{-3}$	0.299	0.656	0.807	0.962	1.098	1.092
$\varepsilon_{e\chi} \times 10^{-3}$	0.299	0.278	0.240	0.217	0.182	0.171
$\varepsilon_{\chi} \times 10^{-3}$	0.598	0.957	1.108	1.303	1.606	1.699
$f_{c\chi}$ (MPa)	8.995	7.735	7.20	6.515	5.445	5.116
$f_{s\chi}$ (MPa)	119.93	191.33	221.67	260.50	321.14	339.80
ΔL_{χ} (mm)	1.80	2.87	3.33	3.91	4.82	5.10

3) 단계해석법(SSM)에 의한 풀이

단계해석법에 의해 기둥의 시간에 따른 장기거동 해석 예제의 산정과정은 다음과 같다.

$i-$ 번째 시간 증분 끝에서의 콘크리트의 총변형률의 구성 관계 및 평형조건;

$$\varepsilon(t_{i+}) = \frac{f_o}{E_c(t_0)}\left[1+\phi_{t_0}\right] + \sum_{j=1}^{i}\left[\frac{\Delta f_c(t_j)}{E_c(t_j)}\left(1+\phi_{t_j}\right)\right] + \varepsilon_{sh}(t_{i+})$$

$$f_c(t_{i-1})A_c + \Delta f_c(t_i)A_c + f_s(t_{i+})A_s = P$$

콘크리트 및 철근의 초기 응력 및 변형률;

$$f_o = f_c(t_0) = 8.995\,\mathrm{MPa},\quad f_{so} = f_s(t_0) = 119.93\,\mathrm{MPa}$$

$$\varepsilon_s(t_0) = 5.995 \times 10^{-4}$$

CEB-FIP Model 1990 Code에 의한 시간단계법 해석에 필요한 시간의존 파라미터의 산정값들은 다음과 같다.

표 4.6 CEB-FIP M90에 의한 SSM용 시간의존 파라미터 $t_0 = 3$일

	0	1	2	3	4	5
t_i (일)	3	23	31	137.5	1642.5	3,655
t_{i+} (일)	3	28	90	365	3,650	10,950
$t_{i+} - t_0$	0	25	87	362	3,647	10,947
$E_c(t_i)$ GPa	23.93	30.54	31.13	33.14	34.49	34.67
$\varepsilon_{sh}(t_{i+}) \times 10^{-4}$	0.0	0.332	0.617	1.235	3.266	4.366
$\phi(t_{i+})$	1.0	2.54	3.24	4.19	5.35	5.56

표 4.7 각 시간간격의 크리프 계수 ϕ_t

$\phi_t(t_{i+}, t_0)$	0.0	2.54	3.24	4.19	5.35	5.56
$\phi_t(t_{i+}, t_1)$	–	1.54	2.24	3.19	4.35	4.56
$\phi_t(t_{i+}, t_2)$	–	–	0.70	1.65	2.81	3.02
$\phi_t(t_{i+}, t_3)$	–	–	–	0.95	2.11	2.32
$\phi_t(t_{i+}, t_4)$	–	–	–	–	1.16	1.37
$\phi_t(t_{i+}, t_5)$	–	–	–	–	–	0.21
Δt (일)	0	25	62	275	3,285	7,300

시간 $t_{1+} = 28$일 경과인 경우;

$$\varepsilon(t_{1+}) = \frac{f_o}{E_c(t_0)}\left[1 + \phi_{t_0}\right] + \frac{\Delta f_c(t_1)}{E_c(t_1)}\left(1 + \phi_{t_1}\right) + \varepsilon_{sh}(t_{1+})$$

$$= \frac{8.995}{23.93 \times 10^3}[1 + 2.54] + \frac{\Delta f_c(t_1)}{30.54 \times 10^3}(1 + 1.54) + 0.322 \times 10^{-4}$$

$$= \varepsilon_s(t_{1+}) = \frac{f_s(t_{1+})}{E_s} = \frac{f_s(t_1)}{200 \times 1000^3}$$

$$f_c(t_0)A_c + \Delta f_c(t_1)A_c + f_s(t_{1+})A_s = P$$

$$8.995 \times 90{,}000 + \Delta f_c(t_1) \times 90{,}000 + f_s(t_1) \times 1{,}588 = 1{,}000 \times 10^3$$

위 두 식으로부터 두 개의 미지 값을 구하면

$$\Delta f_c(t_1) = -2.09\text{MPa},\ f_s(t_1) = 238.14\text{MPa}$$

콘크리트의 응력;

$$f_c(t_1) = f_c(t_0) + \Delta f_c(t_1) = 8.995 - 2.09 = 6.905\text{MPa}$$

철근 및 콘크리트의 변형률;

$$\varepsilon_s(t_1) = \frac{f_s(t_1)}{E_s} = \frac{238.14}{200{,}000} = 1.21 \times 10^{-3}$$

$$\varepsilon(t_1) = \varepsilon_s(t_1) = 1.21 \times 10^{-3}$$

$$\varepsilon_e(t_1) = \frac{f_c(t_0)}{E_c(t_0)} + \frac{\Delta f_c(t_1)}{E_c(t_1)} = \frac{8.995}{23{,}930} + \frac{-2.09}{30{,}540} = 3.062 \times 10^{-4}$$

$$\varepsilon_{sh}(t_1) = 3.322 \times 10^{-5}$$

기둥 축소량;

$$\Delta L(t_1) = \varepsilon(t_1) \times L = (1.21 \times 10^{-3}) \times 3{,}000 = 3.572\text{mm}$$

시간 $t_{2+}=90$일 경과인 경우;

$$\varepsilon(t_{2+}) = \frac{f_o}{E_c(t_0)}\left[1+\phi_{t_0}\right] + \frac{\Delta f_c(t_1)}{E_c(t_1)}\left(1+\phi_{t_1}\right) + \frac{\Delta f_c(t_2)}{E_c(t_2)}\left(1+\phi_{t_2}\right) + \varepsilon_{sh}(t_{2+})$$

$$= \frac{8.995}{23.93 \times 10^3}[1+3.24] + \frac{-2.09}{30.54 \times 10^3}(1+2.24)$$

$$+ \frac{\Delta f_c(t_2)}{31.13 \times 10^3}(1+0.70) + 0.617 \times 10^{-4}$$

$$= \varepsilon_s(t_{2+}) = \frac{f_s(t_{2+})}{E_s} = \frac{f_s(t_2)}{200 \times 1{,}000^3}$$

$$f_c(t_0)A_c + \Delta f_c(t_1)A_c + \Delta f_c(t_2)A_c + f_s(t_{2+})A_s = P$$

$$\Delta f_c(t_2)A_c + f_s(t_{2+})\rho = \frac{P - [f_c(t_0) + \Delta f_c(t_1)]A_c}{A_c}$$

$$\Delta f_c(t_2)90{,}000 + f_s(t_2)0.018 = \frac{1{,}000 \times 10^3 - [8.995 - 2.09]90{,}000}{90{,}000}$$

위 두 식으로부터 두 개의 미지 값을 구하면

$$\Delta f_c(t_2) = -0.109\,\text{MPa}, \quad f_s(t_2) = 244.32\,\text{MPa}$$

콘크리트의 응력;

$$f_c(t_2) = f_c(t_1) + \Delta f_c(t_2) = 6.905 - 0.109 = 6.796\text{MPa}$$

철근 및 콘크리트의 변형률;

$$\varepsilon_s(t_2) = \frac{f_s(t_2)}{E_s} = \frac{244.32}{200{,}000} = 1.222 \times 10^{-3}$$

$$\varepsilon(t_2) = \varepsilon_s(t_2) = 1.222 \times 10^{-3}$$

$$\varepsilon_e(t_2) = \varepsilon_e(t_1) + \frac{\Delta f_c(t_2)}{E_c(t_2)} = 3.062 \times 10^{-4} + \frac{-0.109}{31{,}130} = 3.041 \times 10^{-4}$$

$$\varepsilon_{sh}(t_2) = 6.17 \times 10^{-5}$$

기둥 축소량;

$$\Delta L(t_2) = \varepsilon(t_2) \times L = (1.222 \times 10^{-3}) \times 3{,}000 = 3.665\,\text{mm}$$

시간 $t_{3+} = 365$일 (1년) 경과인 경우;

$$\varepsilon(t_{3+}) = \frac{f_o}{E_c(t_0)}\left[1 + \phi_{t_0}\right] + \sum_{j=1}^{3}\left[\frac{\Delta f_c(t_j)}{E_c(t_j)}\left(1 + \phi_{t_j}\right)\right] + \varepsilon_{sh}(t_{3+})$$

$$= \frac{8.995}{23.93 \times 10^3}[1 + 4.19] + \frac{-2.09}{30.54 \times 10^3}(1 + 3.19)$$

$$+ \frac{-0.109}{31.13 \times 10^3}(1 + 1.65) + \frac{\Delta f_c(t_3)}{33.14 \times 10^3}(1 + 0.95) + 1.235 \times 10^{-4}$$

$$= \varepsilon_s(t_{3+}) = \frac{f_s(t_{3+})}{E_s} = \frac{f_s(t_3)}{200 \times 1000^3}$$

$$f_c(t_1)A_c + \Delta f_c(t_2)A_c + \Delta f_c(t_3)A_c + f_s(t_{3+})A_s = P$$

$$\Delta f_c(t_3)A_c + f_s(t_{3+})\rho = \frac{P - [f_c(t_1) + \Delta f_c(t_2)]A_c}{A_c}$$

$$\Delta f_c(t_3)90{,}000 + f_s(t_3)0.018 = \frac{1{,}000 \times 10^3 - [6.909 - 0.109]90{,}000}{90{,}000}$$

위 두 식으로부터 두 개의 미지 값을 구하면

$\Delta f_c(t_3) = -0.153\,\text{MPa}$, $f_s(t_3) = 253.02\,\text{MPa}$

콘크리트의 응력;

$$f_c(t_3) = f_c(t_2) + \Delta f_c(t_3) = 6.796 - 0.153 = 6.647\,\text{MPa}$$

철근 및 콘크리트의 변형률;

$$\varepsilon_s(t_3) = \frac{f_s(t_3)}{E_s} = \frac{253.02}{200{,}000} = 1.265 \times 10^{-3}$$

$$\varepsilon(t_3) = \varepsilon_s(t_3) = 1.265 \times 10^{-3}$$

$$\varepsilon_e(t_3) = \varepsilon_e(t_2) + \frac{\Delta f_c(t_3)}{E_c(t_3)} = 3.041 \times 10^{-4} + \frac{-0.153}{33{,}140} = 2.995 \times 10^{-4}$$

$$\varepsilon_{sh}(t_3) = 1.235 \times 10^{-4}$$

기둥 축소량;

$$\Delta L(t_3) = \varepsilon(t_3) \times L = (1.265 \times 10^{-3}) \times 3{,}000 = 3.795\,\text{mm}$$

동일한 방법으로

시간 t_{4+} =3,650일 (10년) 경과인 경우;

$$\varepsilon(t_{4+}) = \frac{f_o}{E_c(t_0)}\left[1+\phi_{t_0}\right] + \sum_{j=1}^{4}\left[\frac{\Delta f_c(t_j)}{E_c(t_j)}\left(1+\phi_{t_j}\right)\right] + \varepsilon_{sh}(t_{4+})$$

$$\Delta f_c(t_4)A_c + f_s(t_{4+})\rho = \frac{P - \left[f_c(t_2)+\Delta f_c(t_3)\right]A_c}{A_c}$$

두 개의 미지 값을 산정하면,

$$\Delta f_c(t_4) = -3.051\,\mathrm{MPa}\,,\ \ f_s(t_4) = 425.94\,\mathrm{MPa}$$

또한 같은 방법으로 콘크리트 및 철근의 응력 및 변형률을 산정할 수 있다.

기둥 축소량;

$$\Delta L(t_4) = \varepsilon(t_4)\times L = (2.13\times 10^{-3})\times 3{,}000 = 6.389\,\mathrm{mm}$$

시간 $t_{5+} = 10{,}950$일 (30년) 경과인 경우;

$$\varepsilon(t_{5+}) = \frac{f_o}{E_c(t_0)}\left[1+\phi_{t_0}\right] + \sum_{j=1}^{5}\left[\frac{\Delta f_c(t_j)}{E_c(t_j)}\left(1+\phi_{t_j}\right)\right] + \varepsilon_{sh}(t_{5+})$$

$$\Delta f_c(t_5)A_c + f_s(t_{5+})\rho = \frac{P - \left[f_c(t_3)+\Delta f_c(t_4)\right]A_c}{A_c}$$

두 개의 미지 값을 산정하면,

$$\Delta f_c(t_5) = -0.225\,\mathrm{MPa},\ \ f_s(t_5) = 438.72\,\mathrm{MPa}$$

또한 같은 방법으로 콘크리트 및 철근의 응력 및 변형률을 산정할 수 있다.

기둥 축소량;

$$\Delta L(t_5) = \varepsilon(t_5)\times L = (2.194\times 10^{-3})\times 3{,}000 = 6.581\,\mathrm{mm}$$

이상과 같은 계산과정에 따라서 시간(일)의 경과에 따른 SSM 방법에 의한 기둥의 장기거동 해석에 의한 예측결과를 다음과 같이 산정할 수 있다.

표 4.8 **SSM에 의한 기둥의 장기거동 해석 결과**

t (일)	3	28	90	365	3,650	10,950
χ_t	1.0	0.9	0.85	0.85	0.8	0.8
$\varepsilon_{sh} \times 10^{-4}$	0	0.3322	0.617	1.235	3.266	4.366
$\varepsilon_{cr} \times 10^{-3}$	0	0.850	0.856	0.842	1.592	1.552
$\varepsilon_e \times 10^{-3}$	0.2998	0.308	0.304	0.2995	0.211	0.205
$\varepsilon \times 10^{-3}$	0.2998	1.191	1.222	1.265	2.130	2.194
f_c (MPa)	8.995	6.909	6.80	6.647	3.596	3.370
f_s (MPa)	119.93	238.14	244.32	253.12	425.94	438.72
$\triangle L$ (mm)	0.899	3.572	3.665	3.795	6.389	6.581

4) 해석방법에 따른 장기거동 예측결과의 비교

기둥 예제에 대한 해석을 각각의 방법에 따라 수행한 결과를 비교하여 그래프로 나타내었다. CEB-FIP Model 90 Code 및 B3 Model (Bazant 및 Murphy, 1995)에 의한 장기거동 파라미터 값을 고려하여 (1) 유효탄성계수법(EMM), (2) 재령보정 유효탄성계수법(AEMM), (3) 단계해석법(SSM)의 시간구간을 3구간, 4구간, 6구간으로 분할하여 해석한 결과를 비교하여 다음 그래프들에 나타내었다.

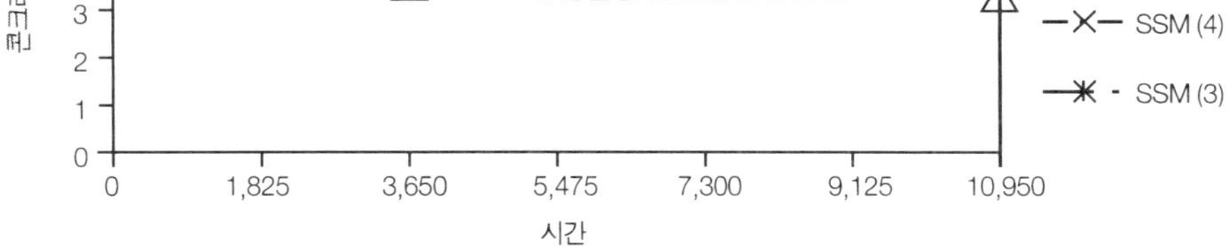

그림 4.13 **시간(일)에 따른 콘크리트의 응력(CEB-FIP M90 모델)**

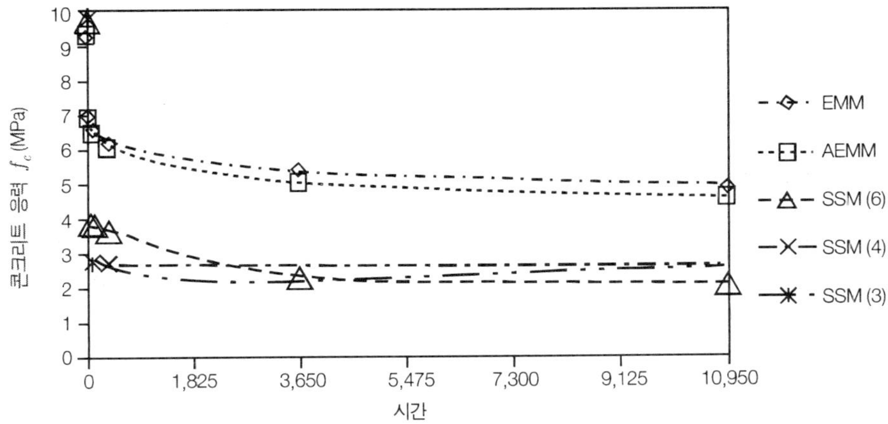

그림 4.14 **시간(일)에 따른 콘크리트의 응력(B3 모델)**

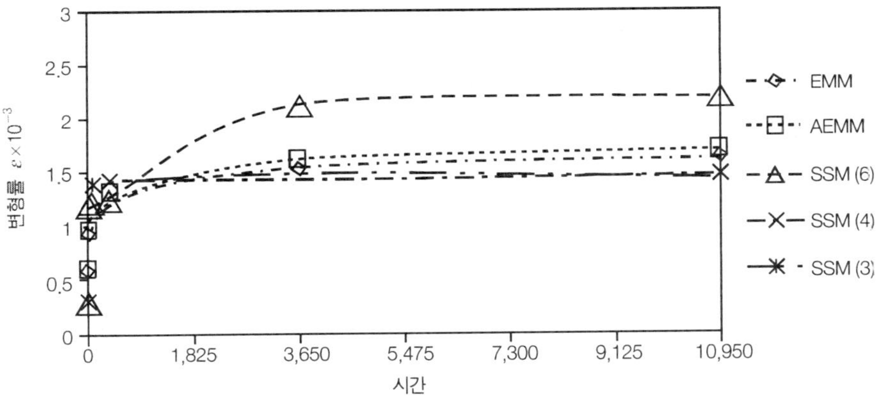

그림 4.15 **시간(일)에 따른 콘크리트의 총변형률(CEB-FIP M90 모델)**

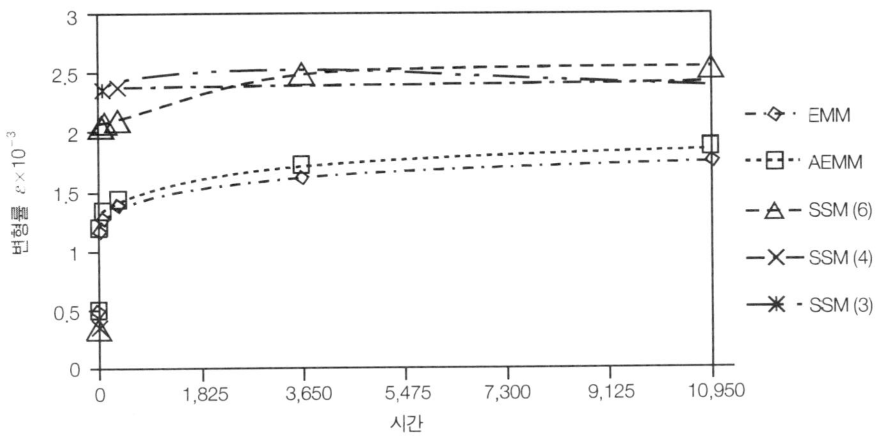

그림 4.16 **시간(일)에 따른 콘크리트의 총변형률(B3 모델)**

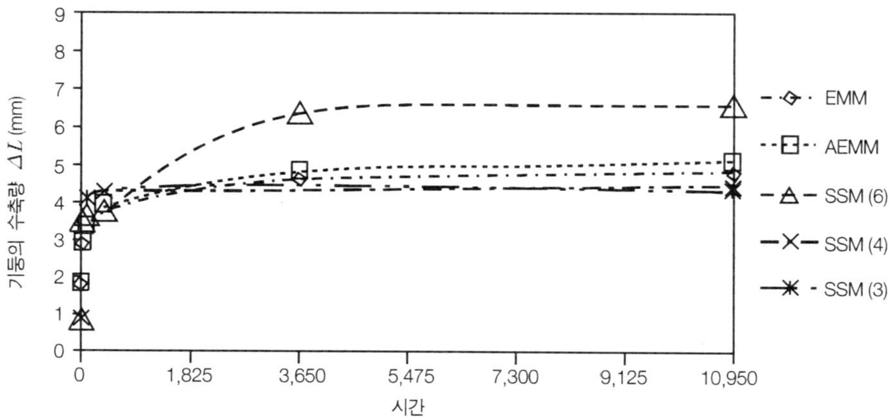

그림 4.17 **시간(일)에 따른 기둥 축소량 (CEB-FIP M90 모델)**

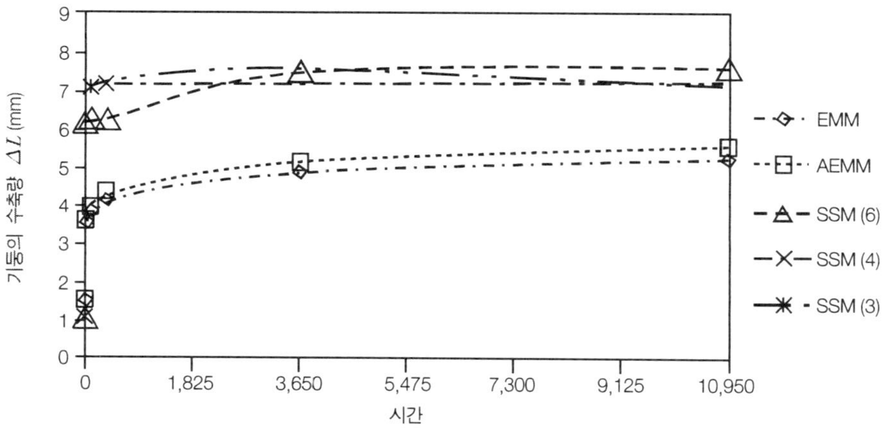

그림 4.18 **시간(일)에 따른 기둥 축소량** (B3 **모델)**

4.4 휨을 받는 비균열 단면의 장기거동 해석 예

그림 4.19와 같이 일정한 휨모멘트 M_s를 받는 균열이 발생하지 않은 단철근 또는 프리스트레스 콘크리트 보 및 슬래브의 장기거동 해석을 위한 적용 예를 고려해 보자.

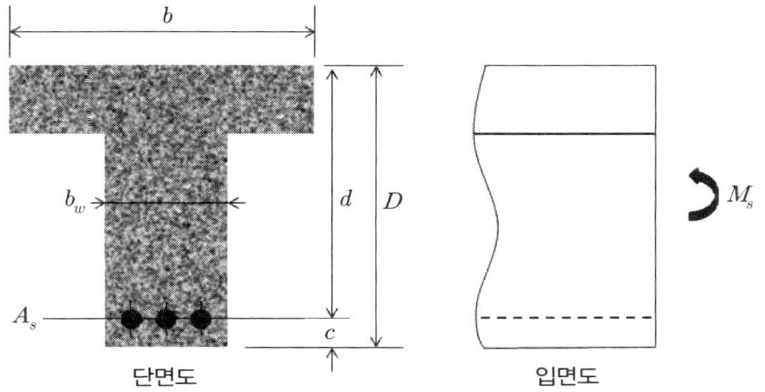

그림 4.19 **휨을 받는 균열이 발생하지 않는 보**

4.4.1 단기거동 해석

휨모멘트 M_s를 받는 경우 균열이 발생하지 않는 보의 환산단면을 다음 그림 4.20과 같이 고려할 수 있다.

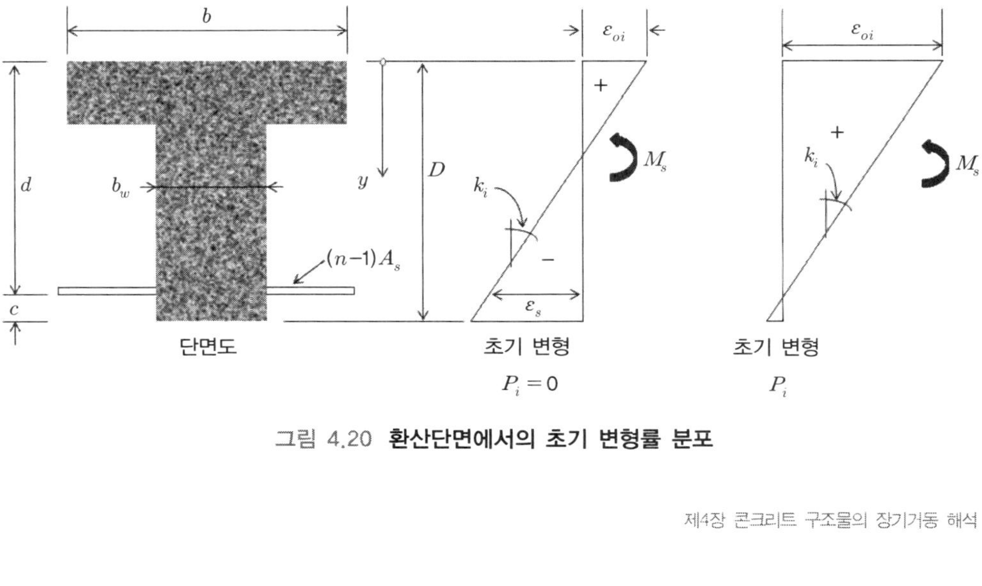

그림 4.20 **환산단면에서의 초기 변형률 분포**

콘크리트의 상연을 보 높이의 기준높이($y = y_o = 0$)로 고려할 경우, 단면의 임의 위치 y에서의 콘크리트 변형률은 상연에서의 변형률 ε_{oi}와 초기 휨곡률 κ_i에 의해 다음과 같이 정의된다.

$$\varepsilon_i = \varepsilon_{oi} - y\kappa_i \tag{4.4.1}$$

선형 탄성범위 내에서 단기하중에 의한 콘크리트의 초기 응력분포는 다음과 같게 된다.

$$f_i = E_c \varepsilon_i = E_c(\varepsilon_{oi} - y\kappa_i) \tag{4.4.2}$$

단면의 부재 축방향 평형 관계로부터 프리스트레스 힘 P_i가 작용하는 경우 축방향 내력은 다음과 같다.

$$\begin{aligned} N_i &= \int f_i\, dA = E_c \varepsilon_{oi} \int dA - E_c \kappa_i \int y\, dA \\ &= -E_c \varepsilon_{oi} A + E_c \kappa_i B \end{aligned} \tag{4.4.3}$$

여기서, 환산단면의 단면적 및 상연($y = y_o = 0$)에서의 단면1차 모멘트는 다음과 같다.

$$A = \int dA, \quad B = \int y\, dA$$

순수 휨을 받는 철근콘크리트 단면인 경우 초기 휨모멘트 $M_i = M_s$, 또는 프리스트레스 힘을 받는 경우 초기 휨모멘트 $M_i = M_s - P_i d$를 고려하면 초기 휨모멘트는 다음과 같다.

$$\begin{aligned} M_i &= -\int f_i\, y\, dA = -E_c \varepsilon_{oi} \int y\, dA + E_c \kappa_i \int y^2\, dA \\ &= -E_c \varepsilon_{oi} B + E_c \kappa_i I \end{aligned} \tag{4.4.4}$$

여기서, 환산단면의 상연($y = y_o = 0$)에서의 단면2차 모멘트는 아래의 식과 같다.

$$I = \int y^2\, dA$$

위 식들로부터 축력 N_i 및 휨모멘트 M_i를 받는 경우 단면의 상연($y = y_o = 0$)에서의 초기 콘크리트 변형률 및 초기 휨곡률은 다음과 같다.

$$\varepsilon_{oi} = \frac{BM_i + IN_i}{E_c(AI - B^2)} \tag{4.4.5}$$

$$\kappa_i = \frac{AM_i + BN_i}{E_c(AI - B^2)} \tag{4.4.6}$$

위 식들과 식 (4.4.2)로부터 콘크리트 상연에서 y만큼 떨어진 임의 위치에서의 초기 콘크리트 응력은 다음과 같다.

$$f_i = \frac{(B - yA)M_i + (I - yB)N_i}{AI - B^2} \tag{4.4.7}$$

4.4.2 AEMM에 의한 장기거동 해석(접근법-1)

재령보정 유효탄성계수를 이용한 첫 번째 접근법을 소개한다. 초기 하중재하 이후, 임의 시간 구간에서(크리프 및 건조수축에 의한) 철근 또는 텐던 위치에서의 변형률 증분은 부착된 철근 또는 텐던에서의 응력 증분에 의해 기인된다. 이때 크리프 및 건조수축에 의한 철근 또는 텐던에서의 응력 증분 ΔT에 의한 단면의 상연($y = y_o = 0$) 위치에서의 시간의존에 따른 콘크리트의 변형률 증분 및 휨곡률 증분은 각각 다음과 같다.

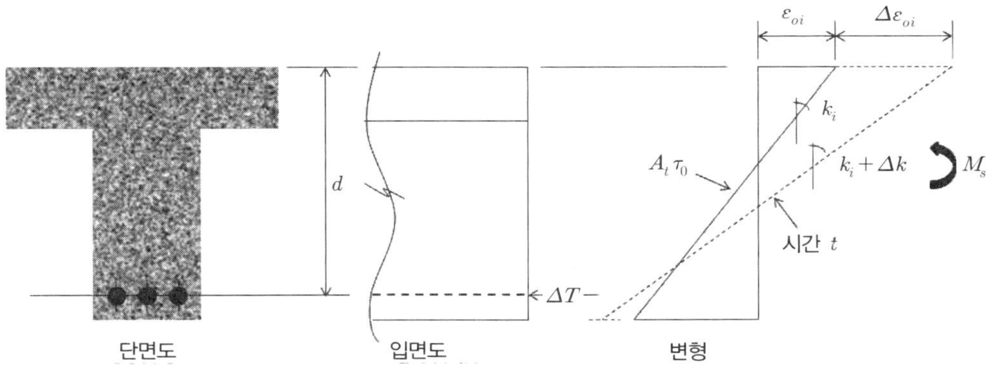

그림 4.21 **시간의존 거동에 따른 변형**

$$\Delta\varepsilon_o = \varepsilon_{sh} + \varepsilon_{oi}\phi + \frac{-B_c d\Delta T + I_c \Delta T}{E_{e\chi}\left(A_c I_c - B_c^2\right)} \tag{4.4.8}$$

$$\Delta\kappa = \kappa_i \phi + \frac{-A_c d\Delta T + B_c \Delta T}{E_{e\chi}\left(A_c I_c - B_c^2\right)} \tag{4.4.9}$$

여기서, A_c, B_c 및 I_c는 각각 (철근 제외) 콘크리트의 단면적, 상연($y = y_o = 0$)에서의 단면1차 모멘트 및 단면2차 모멘트, 그리고 $E_{e\chi}$는 재령보정 유효탄성계수이다.

철근 또는 부착된 프리스트레스 텐던에서의 긴장력 증분은 각각 다음과 같다.

$$-\Delta T = E_s A_s \Delta\varepsilon_s = E_s A_s \left(\Delta\varepsilon_o - d\Delta\kappa\right) \tag{4.4.10}$$

$$-\Delta T = E_p A_p \Delta\varepsilon_p = E_p A_p \left(\Delta\varepsilon_o - d\Delta\kappa\right) + kR \tag{4.4.11}$$

여기서, kR은 텐던의 릴랙세이션 힘이다.

따라서 임의시간에서의 콘크리트 단면 상연($y = y_o = 0$) 위치에서의 총변형률 및 휨곡률은 다음 식과 같다.

$$\varepsilon_o(t) = \varepsilon_{oi} + \Delta\varepsilon_o, \quad \kappa(t) = \kappa_i + \Delta\kappa \tag{4.4.12}$$

콘크리트 단면에서 ΔT의 점진적 증분에 따른 콘크리트 응력 증분은 식 (4.4.7)과 유사하게 다음과 같이 산정된다.

$$\Delta f = \frac{-\left(B_c - yA_c\right)d\Delta T + \left(I_c - yB_c\right)\Delta T}{A_c I_c - B_c^2} \tag{4.4.13}$$

4.4.3 AEMM에 의한 장기거동 해석(접근법-2)

재령보정 유효탄성계수를 이용한 두 번째 접근법을 소개한다. 휨을 받는 단면의 장기거동 해석을 위한 보다 유용한 방법은 릴랙세이션 과정을 도입한 방법이다.

임의 시간 구간 동안 총변형률은 일정한 반면에 크리프와 건조수축이 달라진다면, 순간변형률 성분은 크기가 같고 방향이 반대인 양만큼 변하게 되고 이때의 순간응력

역시 마찬가지가 된다. 따라서 단면에서의 응력은 릴랙세이션에 의해 자유롭게 달라진다. 이 경우 평형조건이 성립되기 위해 축력 증분 ΔN 및 휨모멘트 증분 ΔM이 작용되게 된다.

축력 증분 ΔN 및 휨모멘트 증분 ΔM에 따라 발생하는 상연($y = y_o = 0$)에서의 콘크리트 변형률 증분 및 휨곡률 증분은 앞의 식들과 유사하게 각각 다음과 같게 된다.

$$\Delta \varepsilon_o = \frac{B_{e\chi} \Delta M + I_{e\chi} \Delta N}{E_{e\chi}\left(A_{e\chi} I_{e\chi} - B_{e\chi}^2\right)} \tag{4.4.14}$$

$$\Delta \kappa = \frac{A_{e\chi} \Delta M + B_{e\chi} \Delta N}{E_{e\chi}\left(A_{e\chi} I_{e\chi} - B_{e\chi}^2\right)} \tag{4.4.15}$$

여기서, $E_{e\chi}$는 재령보정 유효탄성계수, $A_{e\chi}$, $B_{e\chi}$ 및 $I_{e\chi}$는 재령보정 환산단면에서의 단면적, 단면1차 모멘트 및 단면2차 모멘트이다.

콘크리트의 크리프 영향에 의해 발생하는 축력 및 모멘트의 구속 증분은 각각 다음 식들과 같다.

$$-\Delta N_{crp} = -E_{e\chi}\phi\left(A_c\,\varepsilon_{oi} - B_c\,\kappa_i\right) \tag{4.4.16}$$

$$-\Delta M_{crp} = -E_{e\chi}\phi\left(-B_c\,\varepsilon_{oi} + I_c\,\kappa_i\right) \tag{4.4.17}$$

콘크리트의 건조수축변형률이 단면에 균등하게 일어난다면, 식 (4.4.3) 및 식 (4.4.4)로부터 건조수축에 의한 축력 및 모멘트 구속 증분은 각각 다음 식들과 같다.

$$-\Delta N_{shrinkage} = -E_{e\chi}\,\varepsilon_{sh}\,A_c \tag{4.4.18}$$

$$-\Delta M_{shrinkage} = +E_{e\chi}\,\varepsilon_{sh}\,B_c \tag{4.4.19}$$

프리스트레스 힘이 작용하는 단면인 경우, 텐던의 릴랙세이션 kR에 의한 축력 및 모멘트 구속 증분은 각각 다음 식들과 같다.

$$-\Delta N_{relaxation} = kR \tag{4.4.20}$$

$$-\Delta M_{relaxation} = -kR\,d \tag{4.4.21}$$

따라서 크리프, 건조수축 및 텐던의 릴랙세이션에 의해 발생하는 총축력 및 모멘트 구속력의 증분은 이를 모두 합하면 각각 다음 식들과 같다.

$$-\Delta N = -E_{e\chi}\left[\phi\left(A_c\,\varepsilon_{oi} - B_c\kappa_i\right) + \varepsilon_{sh}\,A_c\right] + kR \tag{4.4.22}$$

$$-\Delta M = -E_{e\chi}\left[\phi\left(-B_c\,\varepsilon_{oi} - I_c\kappa_i\right) - \varepsilon_{sh}\,B_c\right] - kR\,d \tag{4.4.23}$$

철근콘크리트 단면인 경우 위 식의 우측 마지막 항을 무시하면 된다 ($kR=0$). 위 두 식에 의해 식 (4.4.14) 및 식 (4.4.15)의 변형률 및 휨곡률 증분을 산정할 수 있다.

단면의 상연에서 임의 위치 y만큼 떨어진 곳에서의 릴랙세이션에 의한 콘크리트의 응력손실은 다음과 같게 산정된다.

$$\Delta f_{relax} = -E_{e\chi}\left[\phi\left(\varepsilon_{oi} - y\,\kappa_i\right) + \varepsilon_{sh}\right] \tag{4.4.24}$$

또한 ΔN 및 ΔM이 단면에 작용 평형조건의 회복에 의해 발생되는 콘크리트 응력 변화량은 다음과 같다.

$$\Delta f_{restore} = E_{e\chi}\left[\Delta\varepsilon_o - y\,\Delta\kappa\right] \tag{4.4.25}$$

위 두 식의 합으로부터 크리프와 건조수축 영향에 의해서 임의 시간 구간 동안 발생하는 실제 콘크리트의 응력 변화량은 다음 식과 같게 된다.

$$\Delta f = \Delta f_{relax} + \Delta f_{restore} \tag{4.4.26}$$

철근 또는 프리스트레스가 작용하는 텐던의 응력 변화량은 각각 다음 식과 같다.

$$\Delta f_s = E_s\left(\Delta\varepsilon_o - d\,\Delta\kappa\right) \tag{4.4.27}$$

$$\Delta f_p = E_p\left(\Delta\varepsilon_o - d\,\Delta\kappa\right) + \frac{kR}{A_p} \tag{4.4.28}$$

4.4.4 프리스트레스 콘크리트 슬래브의 장기거동 해석 예제

휨을 받는 비균열의 단면의 장기거동 해석에 관한 예로, 그림 4.22와 같이 4.0m 지간의 1,000×100mm 단면을 갖는 프리텐션 콘크리트 단순 슬래브를 고려해보자. 텐던 1개 가닥당 작용하는 프리스트레스 및 릴랙세이션 힘은 각각 145kN 및 3kN이다.

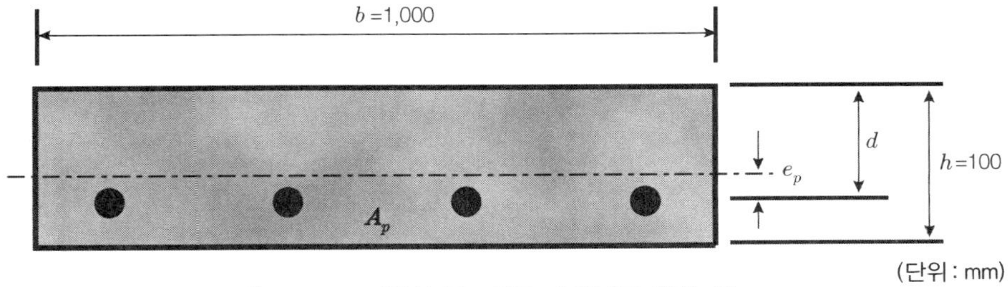

그림 4.22 **프리텐션 콘크리트 슬래브의 적용 예**

주어진 조건하에서 CEB-FIP Model 1990 Code를 이용하여 (1) 단기거동 해석, (2) AEMM에 의한 장기거동 해석(접근법-1), (3) AEMM에 의한 장기거동 해석(접근법-2) 및 (4) 크리프율법(CRM)에 의한 장기거동 해석 각 방법에 의해 30년 이후의 장기거동을 예측해 보자. 여기서, 주어진 단면 및 재료 특성값은 다음과 같다.

프리텐션 슬래브 단면의 치수 및 재료 특성 값;

$$A_c = bh = 1.0\times10^5\,\text{mm}^2,\ \ A_p = 400\,\text{mm}^2,\ \ \rho = \frac{A_s}{A_p} = 4.0\times10^{-3}$$

$$d = 65\,\text{mm},\ \ d' = 35\,\text{mm},\ \ e_p = 15\,\text{mm},\ \ \rho = \frac{A_s}{A_p} = 4.0\times10^{-3}$$

$$E_p = 200\,\text{MPa},\ \ P_i = 4\times145 = 580\,\text{kN},\ \ f_{pi} = -P_i/A_p = -1{,}450\,\text{MPa}$$

$$f_{ck} = 30\,\text{MPa},\ \ E_{c0} = 30\,\text{GPa},\ \ n = E_p/E_c = 200/30 = 6$$

슬래브 자중 ; $\gamma_{slab} = 24.0\,\text{kN/m}^3$

CEB-FIP 모델 1990 Code에 의한 시간의존 파라미터 산정조건;

보통의 굳은 콘크리트로서 기준강도 f_{ck}=30MPa, 슬럼프 75mm, 포아송비 0.18, 물-시멘트비 45.2%, 공기량 4.0%, 상대습도 60%, 온도 22℃, 초기 양생완료 및 재하

시 콘크리트 재령 $t_o = 3$days, f_o=10MPa, 작용압축응력 5.8MPa ($\because P_i$=580kN) 등

이상의 조건에 의해 추정된 크리프계수 및 건조수축변형률은 다음과 같다. 여기서, 재령보정계수는 가정하였다.

표 4.9 **CEB-FIP M90에 의한 파라미터**

t (일)	3	28	90	365	3,650	10,950
ϕ	1.0	3.243	4.248	5.436	6.471	6.611
$\varepsilon_{sh} \times 10^{-4}$	0.0	1.447	2.50	3.995	5.352	5.515
χ_t (가정)	1.0	0.9	0.85	0.85	0.8	0.8

해석 수행방법;

(1) 단기거동 해석

(2) AEMM에 의한 장기거동 해석(접근법-1)

(3) AEMM에 의한 장기거동 해석(접근법-2)

(4) 크리프율법(CRM)에 의한 장기거동 해석(결과만 제시)

1) 단기거동 해석의 풀이

환산단면의 단면적, 단면 상연 $y=0$ 위치의 환산단면 1차 및 2차 모멘트;

$$A = A_c + (n-1)A_p, \qquad A = 1.028 \times 10^5\,\mathrm{mm}^2$$

$$B = A_c \cdot \frac{h}{2} + (n-1)A_p \cdot d, \qquad B = 5.182 \times 10^6\,\mathrm{mm}^3$$

$$I = \frac{b \cdot h^3}{12} + A_c \cdot \left(\frac{h}{2}\right)^2 + (n-1) \cdot A_p \cdot d^2, \qquad I = 3.452 \times 10^8\,\mathrm{mm}^4$$

콘크리트만의 단면적, 단면 상연 $y=0$ 위치의 단면 1차 및 2차 모멘트;

$$A_c = 1 \times 10^5\,\mathrm{mm}^2$$

$$B_c = A_c \cdot \frac{h}{2} - A_p \cdot d, \qquad B_c = 4.974 \times 10^6\,\mathrm{mm}^3$$

$$I_c = \frac{b \cdot h^3}{12} + A_c \cdot \left(\frac{h}{2}\right)^2, \qquad I_c = 3.333 \times 10^8\,\mathrm{mm}^4$$

자중에 의한 등분포 하중 및 슬래브 단면의 최대 휨모멘트

$$w_{slab} = \gamma_{slab}\, b\, h = 2.4\,\text{kN/m},\quad M_s = w_{slab} L^2/8 = 4.8\,\text{kN/m}$$

단면 상연에 작용하는 초기 축력 및 휨모멘트

$$N_i = P_i = 580\,\text{kN}$$

$$M_i = M_s - P_i d = -3.29 \times 10^4\,\text{kN/mm}$$

단면 상연 $y=0$ 위치에서의 초기 콘크리트 변형률 및 휨곡률

$$\varepsilon_{oi} = \frac{B\,M_i + I\,N_i}{E_c\,(A\,I - B^2)},\qquad \varepsilon_{oi} = 1.149 \times 10^{-4}$$

$$\kappa_i = \frac{A\,M_i + I\,N_i}{E_c\,(A\,I - B^2)},\qquad \kappa_i = -1.484 \times 10^{-6}\,\text{mm}^{-1}$$

상연($y=0$) 및 하연($y=100$mm) 위치에서의 초기 콘크리트 응력;

$$f_{oi} = E_c \cdot (\varepsilon_{oi} - y_o \cdot \kappa_{oi}),\quad f_{oi} = 3.447\,\text{MPa}$$

$$f_{bi} = E_c \cdot (\varepsilon_{oi} - y_o \cdot \kappa_{oi}),\quad f_{bi} = 7.899\,\text{MPa}$$

프리스트레스 텐던의 초기 응력;

$$\triangle f_{po} = E_s \cdot (\varepsilon_{oi} - d \cdot \kappa_{oi}),\quad \triangle f_{po} = 42.273\,\text{MPa}$$

$$f_{po} = f_{pi} + \triangle f_{po},\quad f_{po} = -1.408 \times 10^3\,\text{MPa}$$

2) 재령보정 유효탄성계수법(AEMM) 접근법-1에 의한 장기거동 해석의 풀이

재령보정 유효탄성계수법에 의한 주어진 기둥의 시간에 따른 장기거동 해석 예의 산정과정은 다음과 같다.

$$E_{e\chi} = \frac{E_c}{1 + \chi_t \phi},\quad n_\chi = \frac{E_s}{E_{e\chi}},\quad E_c = 30\,\text{GPa},\quad E_s = 200\,\text{GPa}$$

$$t = 3\,;\ \phi = 1.0,\quad E_{e\chi} = \frac{30\,\text{GPa}}{1 + 1.0 \times 1.0} = 15\,\text{GPa},\quad n_\chi = \frac{200\,\text{GPa}}{15\,\text{GPa}} = 13$$

$$t = 28\ ;\ \phi = 3.243,\ \ E_{e\chi} = \frac{30\,\mathrm{GPa}}{1+0.9\times 3.243} = 7.656\,\mathrm{GPa},\ \ n_{\chi} = \frac{200}{7.656} = 26$$

$$t = 90\ ;\ \phi = 4.248,\ \ldots$$

표 4.10 **AEMM 접근법-1용 파라미터**

t (일)	3	28	90	365	3,650	10,950
ϕ	1.0	3.243	4.248	5.436	6.471	6.611
$\varepsilon_{sh}\times10^{-4}$	0.0	1.447	2.50	3.995	5.352	5.515
χ_t	1.0	0.9	0.85	0.85	0.8	0.8
$E_{e\chi}$ (GPa)	15	7.656	6.506	5.338	4.857	4.770
n_{χ}	13	26	30	37	41	41

$t_0 = 3$일 경과인 경우;

$$\phi = 1.0,\ \ \varepsilon_{sh} = 0.0\times10^{-4},\ \ E_{e\chi} = 15\,\mathrm{GPa}$$

$$A_c = 1\times10^5\,\mathrm{mm}^2,\ \ B_c = 4.974\times10^6\,\mathrm{mm}^3,\ \ I_c = 3.333\times10^8\,\mathrm{mm}^4$$

$$A_p = 400\,\mathrm{mm}^2,\ \ d = 65\,\mathrm{mm},\ \ E_p = 200\,\mathrm{MPa},\ \ kR = 4(kR) = 12\,\mathrm{kN}\ (4\text{가닥})$$

$$\varepsilon_{oi} = 1.149\times10^{-4},\ \ \kappa_i = -1.484\times10^{-6}\,\mathrm{mm}^{-1}$$

텐던의 증분력 $\Delta T(t_0)$ 및 이로 인한 상연 $y=0$에서 콘크리트의 변형률 증분 및 휨곡률 증분

$$\Delta\varepsilon_o = \varepsilon_{sh} + \varepsilon_{oi}\phi + \frac{-B_c d\,\Delta T + I_c\,\Delta T}{E_{e\chi}\left(A_c I_c - B_c^2\right)}$$

$$\Delta\kappa = \kappa_i\phi + \frac{-A_c\,d\,\Delta T + B_c\,\Delta T}{E_{e\chi}\left(A_c I_c - B_c^2\right)}$$

$$-\Delta T = E_p A_p\left(\Delta\varepsilon_o - d\,\Delta\kappa\right) + kR$$

세 방정식으로부터 세 개의 미지수에 관한 연립방정식을 풀면

$$\Delta\varepsilon_o(t_0) = 1.128\times10^{-4},\ \ \Delta\kappa(t_0) = -1.163\times10^{-6}\,\mathrm{mm}^{-1}$$

$$\Delta T(t_0) = -27.074\,\mathrm{kN}$$

$t_0 = 3$일 경과, 상연 $y = 0$에서 콘크리트의 총변형률 및 휨곡률

$$\varepsilon_o(t_0) = \varepsilon_{oi} + \Delta\varepsilon_o(t_0),\quad \varepsilon_o(t_0) = 2.277\times10^{-4}$$

$$\kappa(t_0) = \kappa_i + \Delta\kappa(t_0),\quad \kappa(t_0) = -2.647\times10^{-6}\,\mathrm{mm}^{-1}$$

$\Delta T(t_0)$ 증분에 따른 상연($y_o = 0$) 및 하연($y_b = 100$mm) 콘크리트 응력

$$\Delta f_o(t_0) = \frac{-(B_c - y_o A_c)\, d\,\Delta T + (I_c - y_o B_c)\Delta T}{A_c I_c - B_c^2} = -0.032\,\mathrm{MPa}$$

$$\Delta f_b(t_0) = \frac{-(B_c - y_b A_c)\, d\,\Delta T + (I_c - y_b B_c)\Delta T}{A_c I_c - B_c^2} = -0.512\,\mathrm{MPa}$$

따라서 $t_0 = 3$일 경과, 최종 콘크리트의 단면 상하연 및 텐던의 응력

$$f_o(t_0) = f_{oi} + \Delta f_o(t_0) = 3.416\,\mathrm{MPa}$$

$$f_b(t_0) = f_{bi} + \Delta f_b(t_0) = 7.387\,\mathrm{MPa}$$

$$f_p(t_0) = f_{po} + \frac{-\Delta T(t_0)}{A_p} = -1{,}340\,\mathrm{MPa}$$

$t_1 = 28$일 경과인 경우;

$$\phi = 3.243,\quad \varepsilon_{sh} = 1.447\times10^{-4},\quad E_{e\chi} = 7.656\,\mathrm{GPa}$$

$$\varepsilon_{oi} = 1.149\times10^{-4},\quad \kappa_i = -1.484\times10^{-6}\,\mathrm{mm}^{-1}$$

텐던의 증분력 $\Delta T(t_1)$ 및 이로 인한 상연 $y = 0$에서 콘크리트의 변형률 증분 및 휨곡률 증분

$$\Delta\varepsilon_o = \varepsilon_{sh} + \varepsilon_{oi}\phi + \frac{-B_c d\,\Delta T + I_c\,\Delta T}{E_{e\chi}(A_c I_c - B_c^2)}$$

$$\Delta\kappa = \kappa_i\phi + \frac{-A_c\, d\,\Delta T + B_c\,\Delta T}{E_{e\chi}(A_c I_c - B_c^2)}$$

$$-\Delta T = E_p A_p(\Delta\varepsilon_o - d\,\Delta\kappa) + kR$$

세 방정식으로부터 세 개의 미지수에 관한 연립방정식을 풀면

$$\Delta \varepsilon_o(t_1) = 5.068 \times 10^{-4}, \quad \Delta \kappa(t_1) = -3.207 \times 10^{-6}\,\mathrm{mm}^{-1}$$

$$\Delta T(t_1) = -69.219\,\mathrm{kN}$$

$t_1 = 28$일 경과, 상연 $y = 0$에서 콘크리트의 총변형률 및 휨곡률

$$\varepsilon_o(t_1) = \varepsilon_{oi} + \Delta \varepsilon_o(t_1), \quad \varepsilon_o(t_1) = 6.217 \times 10^{-4}$$

$$\kappa(t_1) = \kappa_i + \Delta \kappa(t_1), \quad \kappa(t_1) = -4.690 \times 10^{-6}\,\mathrm{mm}^{-1}$$

$\Delta T(t_1)$ 증분에 따른 상연($y_0 = 0$) 및 하연($y_b = 100\mathrm{mm}$)에서 콘크리트 응력

$$\Delta f_o(t_1) = \frac{-(B_c - y_o A_c)\, d\, \Delta T + (I_c - y_o B_c)\Delta T}{A_c I_c - B_c^2} = -0.081\,\mathrm{MPa}$$

$$\Delta f_b(t_1) = \frac{-(B_c - y_b A_c)\, d\, \Delta T + (I_c - y_b B_c)\Delta T}{A_c I_c - B_c^2} = -1.310\,\mathrm{MPa}$$

따라서 $t_1 = 28$일 경과, 최종 콘크리트의 단면 상하연 및 텐던의 응력

$$f_o(t_1) = f_{oi} + \Delta f_o(t_1) = 3.367\,\mathrm{MPa}$$

$$f_b(t_1) = f_{bi} + \Delta f_b(t_1) = 6.589\,\mathrm{MPa}$$

$$f_p(t_1) = f_{po} + \frac{-\Delta T(t_1)}{A_p} = -1,235\,\mathrm{MPa}$$

$t_2 = 90$일 경과인 경우;

$$\phi = 4.248, \quad \varepsilon_{sh} = 2.50 \times 10^{-4}, \quad E_{e\chi} = 6.506\,\mathrm{GPa}$$

$$\varepsilon_{oi} = 1.149 \times 10^{-4}, \quad \kappa_i = -1.484 \times 10^{-6}\,\mathrm{mm}^{-1}$$

텐던 증분력 $\Delta T(t_2)$ 및 이로 인한 상연 $y = 0$에서 콘크리트의 변형률 증분 및 휨곡률 증분

$$\Delta \varepsilon_o = \varepsilon_{sh} + \varepsilon_{oi}\phi + \frac{-B_c d \Delta T + I_c \Delta T}{E_{e\chi}(A_c I_c - B_c^2)}$$

$$\Delta\kappa = \kappa_i\phi + \frac{-A_c\, d\,\Delta T + B_c\,\Delta T}{E_{e\chi}\left(A_c\, I_c - B_c^2\right)}$$

$$-\Delta T = E_p\, A_p\left(\Delta\varepsilon_o - d\,\Delta\kappa\right) + kR$$

세 방정식으로부터 세 개의 미지수에 관한 연립방정식을 풀면

$$\Delta\varepsilon_o(t_2) = 7.220\times10^{-4},\quad \Delta\kappa(t_2) = -3.853\times10^{-6}\,\mathrm{mm}^{-1}$$

$$\Delta T(t_2) = -89.797\,\mathrm{kN}$$

$t_2 = 90$일 경과, 상연 $y=0$에서 콘크리트의 총변형률 및 휨곡률

$$\varepsilon_o(t_2) = \varepsilon_{oi} + \Delta\varepsilon_o(t_2),\quad \varepsilon_o(t_2) = 8.370\times10^{-4}$$

$$\kappa(t_2) = \kappa_i + \Delta\kappa(t_2),\quad \kappa(t_2) = -5.337\times10^{-6}\,\mathrm{mm}^{-1}$$

$\Delta T(t_2)$ 증분에 따른 상연($y_0 = 0$) 및 하연($y_b = 100\mathrm{mm}$)에서 콘크리트 응력

$$\Delta f_o(t_2) = \frac{-\left(B_c - y_o A_c\right) d\,\Delta T + \left(I_c - y_o B_c\right)\Delta T}{A_c\, I_c - B_c^2} = -0.105\,\mathrm{MPa}$$

$$\Delta f_b(t_2) = \frac{-\left(B_c - y_b A_c\right) d\,\Delta T + \left(I_c - y_b B_c\right)\Delta T}{A_c\, I_c - B_c^2} = -1.699\,\mathrm{MPa}$$

따라서 $t_2 = 90$일 경과, 최종 콘크리트의 단면 상하연 및 텐던의 응력

$$f_o(t_2) = f_{oi} + \Delta f_o(t_2) = 3.343\,\mathrm{MPa}$$

$$f_b(t_2) = f_{bi} + \Delta f_b(t_2) = 6.20\,\mathrm{MPa}$$

$$f_p(t_2) = f_{po} + \frac{-\Delta T(t_2)}{A_p} = -1{,}183\,\mathrm{MPa}$$

동일한 방법에 의해 AEMM 접근법-1에 의한 30년 경과 이후까지의 장기거동 해석 예를 수행하면 최종적으로 다음과 같은 결과를 얻을 수 있다.

표 4.11 **CEB-FIP M90에 의한 AEMM 접근법-1의 해석 결과**

t (일)	3	28	90	365	3,650	10,950
ϕ	1.0	3.243	4.248	5.436	6.471	6.611
$\varepsilon_{sh}\times10^{-4}$	0.0	1.447	2.50	3.995	5.352	5.515
χ_t	1.0	0.9	0.85	0.85	0.8	0.8
$E_{e\chi}$ (GPa)	15	7.656	6.506	5.338	4.857	4.770
n_χ	13	26	30	37	41	41
ΔT (kN)	−27.1	−69.2	−89.8	−114.1	−135.8	−138.4
$\varepsilon_o\times10^{-4}$	2.277	6.217	8.370	11.14	13.61	13.92
$\kappa\times10^{-6}$ (mm^{-1})	−2.647	−4.690	−5.337	−5.753	−6.121	−6.141
f_o (MPa)	3.416	3.367	3.343	3.314	3.289	3.286
f_b (MPa)	7.39	6.59	6.20	5.74	5.33	5.28
f_p (MPa)	1,340	1,235	1,183	1,122	1,068	1,062

3) 재령보정 유효탄성계수법(AEMM) 접근법-2에 의한 장기거동 해석의 풀이

재령보정 유효탄성계수법에 의한 주어진 기둥의 시간에 따른 장기거동 해석 예의 산정 과정은 다음과 같다.

$$E_{e\chi}=\frac{E_c}{1+\chi_t\phi},\quad n_\chi=\frac{E_s}{E_{e\chi}},\quad E_c=30\,\mathrm{GPa},\quad E_s=200\,\mathrm{GPa}$$

$$t=3\,;\quad \phi=1.0,\quad E_{e\chi}=\frac{30\,\mathrm{GPa}}{1+1.0\times1.0}=15\,\mathrm{GPa},\quad n_\chi=\frac{200\,\mathrm{GPa}}{15\,\mathrm{GPa}}=13$$

$$t=28\,;\quad \phi=3.243,\quad E_{e\chi}=\frac{30\,\mathrm{GPa}}{1+0.9\times3.243}=7.656\,\mathrm{GPa},\quad n_\chi=\frac{200}{7.656}=26$$

$$t=90\,;\quad \phi=4.248,\ \ldots$$

표 4.12 **AEMM 접근법-2용 파라미터**

t (일)	3	28	90	365	3,650	10,950
ϕ	1.0	3.243	4.248	5.436	6.471	6.611
$\varepsilon_{sh}\times10^{-4}$	0.0	1.447	2.50	3.995	5.352	5.515
χ_t	1.0	0.9	0.85	0.85	0.8	0.8
$E_{e\chi}$ (GPa)	15	7.656	6.506	5.338	4.857	4.770
n_χ	13	26	30	37	41	41

$t_0=3$일 경과인 경우;

$$\phi = 1.0,\ \varepsilon_{sh} = 0.0\times 10^{-4},\ E_{e\chi}=15\,\text{GPa}$$

$$A_c = 1\times 10^5\,\text{mm}^2,\ B_c = 4.974\times 10^6\,\text{mm}^3,\ I_c = 3.333\times 10^8\,\text{mm}^4$$

$$A_p = 400\,\text{mm}^2,\ d=65\,\text{mm},\ E_p = 200\,\text{MPa},\ kR = 4(kR) = 12\,\text{kN}\ (4\text{가닥})$$

$$\varepsilon_{oi} = 1.149\times 10^{-4},\ \kappa_i = -1.484\times 10^{-6}\,\text{mm}^{-1}$$

크리프, 건조수축 및 릴랙세이션에 의한 구속력 변화량

$$\Delta N(t_0) = E_{e\chi}[\phi(A_c\,\varepsilon_{oi} - B_c\kappa_i) + \varepsilon_{sh}A_c] - kR = 271.1\,\text{kN}$$

$$\Delta M(t_0) = E_{e\chi}[\phi(-B_c\,\varepsilon_{oi} - I_c\kappa_i) - \varepsilon_{sh}B_c] - kR\,d = -15.213\,\text{kN}-\text{m}$$

$n_\chi=13$일 때 재령보정환산 단면적, 상연 $y=0$ 위치 단면 1차 및 2차 모멘트;

$$A_{e\chi} = A_c + (n_\chi - 1)A_p, \qquad A_{e\chi} = 1.049\times 10^5\,\text{mm}^2$$

$$B_{e\chi} = A_c\cdot\frac{h}{2} + (n_\chi - 1)A_p\cdot d, \qquad B_{e\chi} = 5.321\times 10^6\,\text{mm}^3$$

$$I_{e\chi} = \frac{b\cdot h^3}{12} + A_c\cdot\left(\frac{h}{2}\right)^2 + (n_\chi - 1)\cdot A_p\cdot d^2, \qquad I_{e\chi} = 3.542\times 10^8\,\text{mm}^4$$

상연 $y_o=0$에서 콘크리트 변형률 증분 및 휨곡률 증분

$$\Delta\varepsilon_o(t_0) = \frac{B_{e\chi}\Delta M(t_0) + I_{e\chi}\Delta N(t_0)}{E_{e\chi}(A_{e\chi}I_{e\chi} - B_{e\chi}^2)} = 0.113\times 10^{-3}$$

$$\Delta\kappa(t_0) = \frac{A_{e\chi}\Delta M(t_0) + B_{e\chi}\Delta N(t_0)}{E_{e\chi}(A_{e\chi}I_{e\chi} - B_{e\chi}^2)} = -1.160\times 10^{-6}$$

$t_0=3$일 경과, 상연 $y_o=0$에서 콘크리트의 총변형률 및 휨곡률

$$\varepsilon_o(t_0) = \varepsilon_{oi} + \Delta\varepsilon_o(t_0),\quad \varepsilon_o(t_0) = 2.283\times 10^{-4}$$

$$\kappa(t_0) = \kappa_i + \Delta\kappa(t_0),\quad \kappa(t_0) = -2.643\times 10^{-6}\,\text{mm}^{-1}$$

상연 $y_o=0$에서 콘크리트의 크리프와 건조수축 영향에 의한 응력 변화량

$$\Delta f_{relax_o}(t_0) = -E_{e\chi}(t_0)[\phi(t_0)(\varepsilon_{oi} - y_o\,\kappa_i) + \varepsilon_{sh}(t_0)] = -1.724\,\text{MPa}$$

$$\Delta f_{restore_o}(t_0) = E_{e\chi}(t_0)\left[\Delta\varepsilon_o(t_0) - y_o\,\Delta\kappa(t_0)\right] = 1.701\,\text{MPa}$$

$$\Delta f_o(t_0) = \Delta f_{relax_o}(t_0) + \Delta f_{restore_o}(t_0) = -0.022\,\text{MPa}$$

하연 $y_b = 100$mm에서 콘크리트의 응력 변화량

$$\Delta f_{relax_b}(t_0) = -E_{e\chi}(t_0)\left[\phi(t_0)(\varepsilon_{oi} - y_b\,\kappa_i) + \varepsilon_{sh}(t_0)\right] = -3.950\,\text{MPa}$$

$$\Delta f_{restore_b}(t_0) = E_{e\chi}(t_0)\left[\Delta\varepsilon_o(t_0) - y_b\,\Delta\kappa(t_0)\right] = 3.441\,\text{MPa}$$

$$\Delta f_b(t_0) = \Delta f_{relax_b}(t_0) + \Delta f_{restore_b}(t_0) = -0.509\,\text{MPa}$$

$t_0 = 3$일 경과, 프리스트레스 텐던의 응력 및 힘의 변화량

$$\Delta f_p(t_0) = E_p(\Delta\varepsilon_o(t_0) - d\,\Delta\kappa(t_0)) + \frac{kR}{A_p} = 67.76\,\text{MPa}$$

$$\Delta T(t_0) = \Delta f_p(t_0)\,A_p = -27.104\,\text{kN}$$

따라서 $t_0 = 3$일 경과, 최종 콘크리트의 단면 상하연 및 텐던의 응력

$$f_o(t_0) = f_{oi} + \Delta f_o(t_0) = 3.425\,\text{MPa}$$

$$f_b(t_0) = f_{bi} + \Delta f_b(t_0) = 7.390\,\text{MPa}$$

$$f_p(t_0) = f_{po} + \frac{-\Delta T(t_0)}{A_p} = -1{,}340\,\text{MPa}$$

$t_1 = 28$일 경과인 경우;

$$\phi = 3.243,\quad \varepsilon_{sh} = 1.447\times10^{-4},\quad E_{e\chi} = 7.656\,\text{GPa}$$

$$\varepsilon_{oi} = 1.149\times10^{-4},\quad \kappa_i = -1.484\times10^{-6}\,\text{mm}^{-1}$$

크리프, 건조수축 및 릴랙세이션에 의한 구속력 변화량

$$\Delta N(t_1) = E_{e\chi}\left[\phi(A_c\,\varepsilon_{oi} - B_c\kappa_i) + \varepsilon_{sh}\,A_c\right] - kR = 567.3\,\text{kN}$$

$$\Delta M(t_1) = E_{e\chi}\left[\phi(-B_c\,\varepsilon_{oi} - I_c\kappa_i) - \varepsilon_{sh}\,B_c\right] - kR\,d = -31.201\,\text{kN-m}$$

$n_\chi = 26$일 때 재령보정환산 단면적, 상연 $y = 0$ 위치 단면 1차 및 2차 모멘트;

$$A_{e\chi} = A_c + (n_\chi - 1)A_p, \qquad A_{e\chi} = 1.10\times10^5\,\text{mm}^2$$

$$B_{e\chi} = A_c \cdot \frac{h}{2} + (n_\chi - 1)A_p \cdot d, \qquad B_{e\chi} = 5.653 \times 10^6\,\mathrm{mm}^3$$

$$I_{e\chi} = \frac{b \cdot h^3}{12} + A_c \cdot \left(\frac{h}{2}\right)^2 + (n_\chi - 1) \cdot A_p \cdot d^2, \qquad I_{e\chi} = 3.758 \times 10^8\,\mathrm{mm}^4$$

상연 $y_o = 0$에서 콘크리트 변형률 증분 및 휨곡률 증분

$$\Delta\varepsilon_o(t_1) = \frac{B_{e\chi}\Delta M(t_1) + I_{e\chi}\Delta N(t_1)}{E_{e\chi}\left(A_{e\chi}I_{e\chi} - B_{e\chi}^2\right)} = 0.512 \times 10^{-3}$$

$$\Delta\kappa(t_1) = \frac{A_{e\chi}\Delta M(t_1) + B_{e\chi}\Delta N(t_1)}{E_{e\chi}\left(A_{e\chi}I_{e\chi} - B_{e\chi}^2\right)} = -3.148 \times 10^{-6}$$

$t_1 = 28$일 경과, 상연 $y_o = 0$에서 콘크리트의 총변형률 및 휨곡률

$$\varepsilon_o(t_1) = \varepsilon_{oi} + \Delta\varepsilon_o(t_1), \quad \varepsilon_o(t_1) = 6.266 \times 10^{-4}$$

$$\kappa(t_1) = \kappa_i + \Delta\kappa(t_1), \quad \kappa(t_1) = -4.632 \times 10^{-6}\,\mathrm{mm}^{-1}$$

상연 $y_o = 0$에서 콘크리트의 크리프와 건조수축 영향에 의한 응력 변화량

$$\Delta f_{relax_o}(t_1) = -E_{e\chi}(t_1)\left[\phi(t_1)(\varepsilon_{oi} - y_o\kappa_i) + \varepsilon_{sh}(t_1)\right] = -3.961\,\mathrm{MPa}$$

$$\Delta f_{restore_o}(t_1) = E_{e\chi}(t_1)\left[\Delta\varepsilon_o(t_1) - y_o\Delta\kappa(t_1)\right] = 3.917\,\mathrm{MPa}$$

$$\Delta f_o(t_1) = \Delta f_{relax_o}(t_1) + \Delta f_{restore_o}(t_1) = -0.044\,\mathrm{MPa}$$

하연 $y_b = 100\mathrm{mm}$에서 콘크리트의 응력 변화량

$$\Delta f_{relax_b}(t_1) = -E_{e\chi}(t_1)\left[\phi(t_1)(\varepsilon_{oi} - y_b\kappa_i) + \varepsilon_{sh}(t_1)\right] = -7.645\,\mathrm{MPa}$$

$$\Delta f_{restore_b}(t_1) = E_{e\chi}(t_1)\left[\Delta\varepsilon_o(t_1) - y_b\Delta\kappa(t_1)\right] = 6.327\,\mathrm{MPa}$$

$$\Delta f_b(t_1) = \Delta f_{relax_b}(t_1) + \Delta f_{restore_b}(t_1) = -1.318\,\mathrm{MPa}$$

$t_1 = 28$일 경과, 프리스트레스 텐던의 응력 및 힘의 변화량

$$\Delta f_p(t_1) = E_p\left(\Delta\varepsilon_o(t_1) - d\,\Delta\kappa(t_1)\right) + \frac{kR}{A_p} = 173.26\,\mathrm{MPa}$$

$$\Delta T(t_1) = \Delta f_p(t_1) A_p = -69.30\,\text{kN}$$

따라서 $t_1 = 28$일 경과, 최종 콘크리트의 단면 상하연 및 텐던의 응력

$$f_o(t_1) = f_{oi} + \Delta f_o(t_1) = 3.404\,\text{MPa}$$

$$f_b(t_1) = f_{bi} + \Delta f_b(t_1) = 6.581\,\text{MPa}$$

$$f_p(t_1) = f_{po} + \frac{-\Delta T(t_1)}{A_p} = -1{,}234\,\text{MPa}$$

$t_2 = 90$일 경과인 경우;

$$\phi = 4.248,\ \ \varepsilon_{sh} = 2.50 \times 10^{-4},\ \ E_{e\chi} = 6.506\,\text{GPa}$$

$$\varepsilon_{oi} = 1.149 \times 10^{-4},\ \ \kappa_i = -1.484 \times 10^{-6}\,\text{mm}^{-1}$$

크리프, 건조수축 및 릴랙세이션에 의한 구속력 변화량

$$\Delta N(t_2) = E_{e\chi}\left[\phi(A_c\,\varepsilon_{oi} - B_c\kappa_i) + \varepsilon_{sh}\,A_c\right] - kR = 672.3\,\text{kN}$$

$$\Delta M(t_2) = E_{e\chi}\left[\phi(-B_c\,\varepsilon_{oi} - I_c\kappa_i) - \varepsilon_{sh}\,B_c\right] - kR\,d = -36.780\,\text{kN}-\text{m}$$

$n_\chi = 30$일 때 재령보정환산 단면적, 상연 $y = 0$ 위치 단면 1차 및 2차 모멘트;

$$A_{e\chi} = A_c + (n_\chi - 1)A_p, \qquad A_{e\chi} = 1.119 \times 10^5\,\text{mm}^2$$

$$B_{e\chi} = A_c \cdot \frac{h}{2} + (n_\chi - 1)A_p \cdot d, \qquad B_{e\chi} = 5.773 \times 10^6\,\text{mm}^3$$

$$I_{e\chi} = \frac{b \cdot h^3}{12} + A_c \cdot \left(\frac{h}{2}\right)^2 + (n_\chi - 1) \cdot A_p \cdot d^2, \qquad I_{e\chi} = 3.836 \times 10^8\,\text{mm}^4$$

상연 $y_o = 0$에서 콘크리트 변형률 증분 및 휨곡률 증분

$$\Delta\varepsilon_o(t_2) = \frac{B_{e\chi}\,\Delta M(t_2) + I_{e\chi}\,\Delta N(t_2)}{E_{e\chi}\left(A_{e\chi}I_{e\chi} - B_{e\chi}^2\right)} = 0.730 \times 10^{-3}$$

$$\Delta\kappa(t_2) = \frac{A_{e\chi}\,\Delta M(t_2) + B_{e\chi}\,\Delta N(t_2)}{E_{e\chi}\left(A_{e\chi}\,I_{e\chi} - B_{e\chi}^2\right)} = -3.755 \times 10^{-6}$$

$t_2 = 90$일 경과, 상연 $y_o = 0$에서 콘크리트의 총변형률 및 휨곡률

$$\varepsilon_o(t_2) = \varepsilon_{oi} + \Delta\varepsilon_o(t_2), \quad \varepsilon_o(t_2) = 8.446 \times 10^{-4}$$

$$\kappa(t_2) = \kappa_i + \Delta\kappa(t_2), \quad \kappa(t_2) = -5.239 \times 10^{-6}\,\mathrm{mm}^{-1}$$

상연 $y_o = 0$에서 콘크리트의 크리프와 건조수축 영향에 의한 응력 변화량

$$\Delta f_{relax_o}(t_2) = -E_{e\chi}(t_2)\left[\phi(t_2)(\varepsilon_{oi} - y_o\,\kappa_i) + \varepsilon_{sh}(t_2)\right] = -4.803\,\mathrm{MPa}$$

$$\Delta f_{restore_o}(t_2) = E_{e\chi}(t_2)\left[\Delta\varepsilon_o(t_2) - y_o\,\Delta\kappa(t_2)\right] = 4.748\,\mathrm{MPa}$$

$$\Delta f_o(t_2) = \Delta f_{relax_o}(t_2) + \Delta f_{restore_o}(t_2) = -0.055\,\mathrm{MPa}$$

하연 $y_b = 100\mathrm{mm}$에서 콘크리트의 응력 변화량

$$\Delta f_{relax_b}(t_2) = -E_{e\chi}(t_2)\left[\phi(t_2)(\varepsilon_{oi} - y_b\,\kappa_i) + \varepsilon_{sh}(t_2)\right] = -8.904\,\mathrm{MPa}$$

$$\Delta f_{restore_b}(t_2) = E_{e\chi}(t_2)\left[\Delta\varepsilon_o(t_2) - y_b\,\Delta\kappa(t_2)\right] = 7.191\,\mathrm{MPa}$$

$$\Delta f_b(t_2) = \Delta f_{relax_b}(t_2) + \Delta f_{restore_b}(t_2) = -1.714\,\mathrm{MPa}$$

$t_2 = 90$일 경과, 프리스트레스 텐던의 응력 및 힘의 변화량

$$\Delta f_p(t_2) = E_p(\Delta\varepsilon_o(t_2) - d\,\Delta\kappa(t_2)) + \frac{kR}{A_p} = 224.75\,\mathrm{MPa}$$

$$\triangle T(t_2) = \triangle f_p(t_2)\,A_p = -89.90\,\mathrm{kN}$$

따라서 $t_2 = 90$일 경과, 최종 콘크리트의 단면 상하연 및 텐던의 응력

$$f_o(t_2) = f_{oi} + \Delta f_o(t_2) = 3.392\,\mathrm{MPa}$$

$$f_b(t_2) = f_{bi} + \Delta f_b(t_2) = 6.186\,\mathrm{MPa}$$

$$f_p(t_2) = f_{po} + \frac{-\Delta T(t_2)}{A_p} = -1{,}183\,\mathrm{MPa}$$

동일한 방법에 의해 AEMM 접근법-2에 의한 30년 경과 이후까지의 장기거동 해석 예를 수행하면 최종적으로 다음과 같은 결과를 얻을 수 있다.

표 4.13 **CEB-FIP M90에 의한 AEMM 접근법-2의 해석 결과**

t (일)	3	28	90	365	3,650	10,950
ϕ	1.0	3.243	4.248	5.436	6.471	6.611
$\varepsilon_{sh}\times10^{-4}$	0.0	1.447	2.50	3.995	5.352	5.515
χ_t	1.0	0.9	0.85	0.85	0.8	0.8
$E_{e\chi}$ (GPa)	15	7.656	6.506	5.338	4.857	4.770
n_χ	13	26	30	37	41	41
ΔT (kN)	−27.1	−69.3	−89.9	−114.3	−135.9	−138.5
$\varepsilon_o\times10^{-4}$	2.283	6.266	8.446	11.26	13.76	14.08
$\kappa\times10^{-6}$ (mm^{-1})	−2.643	−4.632	−5.239	−5.596	−5.911	−5.925
f_o (MPa)	3.425	3.404	3.392	3.376	3.363	3.361
f_b (MPa)	7.39	6.58	6.19	5.72	5.30	5.25
f_p (MPa)	1,340	1,234	1,183	1,122	1,068	1,061

4) 해석방법에 따른 장기거동 예측결과의 비교

프리텐션 슬래브 예제에 대한 해석을 각각의 방법에 따라 수행한 결과를 비교하여 그래프로 나타내었다. CEB-FIP 모델 1990 코드[11] 및 B3 모델[10]에 의한 장기거동 파라미터 값을 고려하여, 재령보정 유효탄성계수법의 접근법-1 및 접근법-2, 그리고 크리프율법의 세 가지 해석방법에 의한 결과를 비교하여 다음 그래프에 나타내었다.

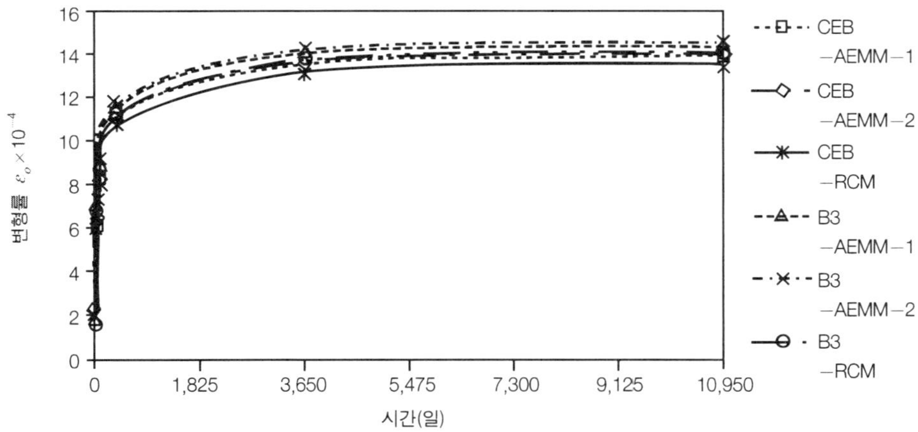

그림 4.23 **시간(일)에 따른 단면 상연($y=0$) 콘크리트 변형률**

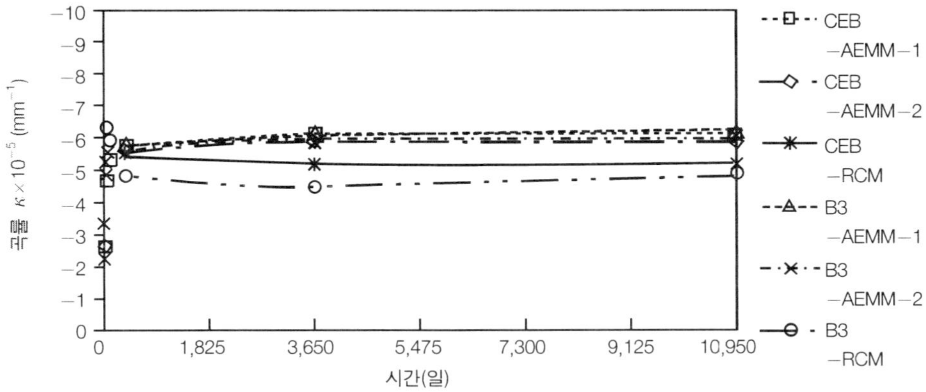

그림 4.24 **시간(일)에 따른 단면의 곡률**

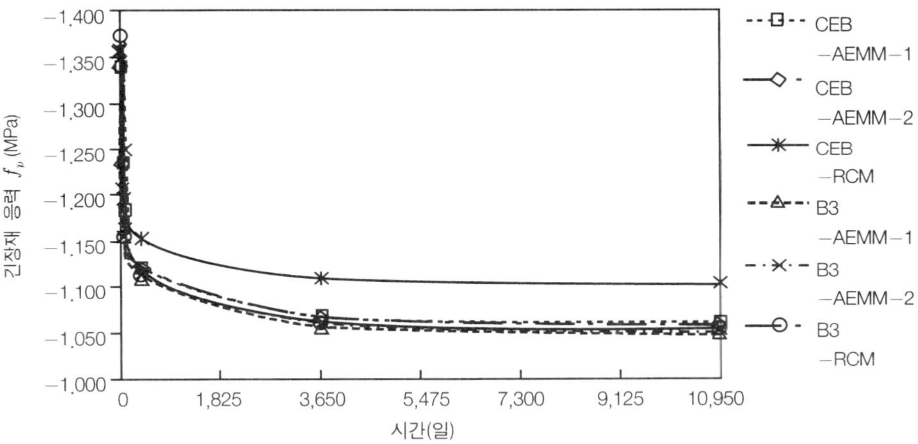

그림 4.25 **시간(일)에 따른 프리스트레스 텐던의 응력**

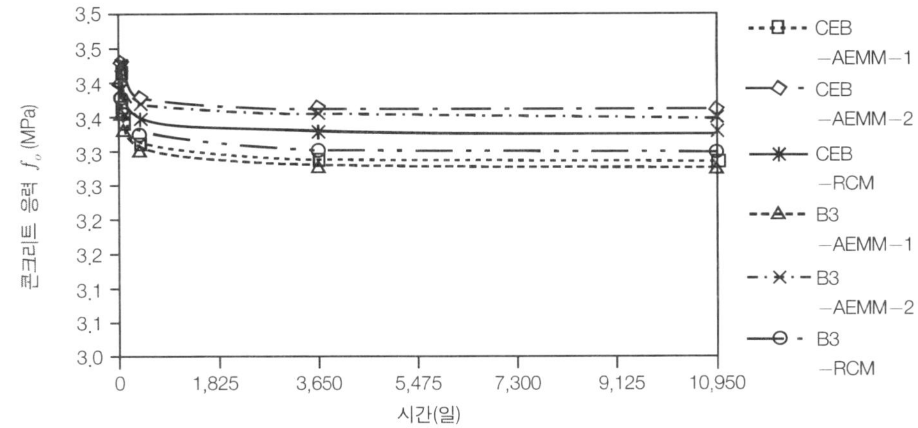

그림 4.26 **시간(일)에 따른 단면 상연($y=0$) 콘크리트 응력**

참/고/문/헌

1) Faber, O., "Plastic yield, shrinkage and other problems of concrete and their effects on design," Minutes of Proc. of the Inst. of Civil Engineers, 225, Part I, London, 1927, pp27-73.

2) Trost, H., "Auswirkungen des superpositionsprinzips auf kriech-und relaxations-probleme bei beton und spannbeton," Beton-und Stahlbetonbau, 62, No.10, 1967, pp.230-238, No.11, 1967, pp.261-269.

3) Bazant, Z. P., "Prediction of concrete creep effects using age-adjusted effective modulus method," ACI Journal, 69, 1972, pp.212-217.

4) ACI Committee 209, "Guide for modeling and calculating shrinkage and creep in hardened concrete (ACI 209.2R-08)," American Concrete Institute, Farmington Hills, MI, 2008.

5) Glanville, W. H., "Studies in reinforced concrete-III, the creep or flow of concrete under load," Building Research Technical Paper No 12, Dept. of Scientific and Industrial Research,London 1930.

6) Whitney, C. S., "Plain and reinforced concrete arches," ACI Journal, 28, 1932, pp.479-519.

7) Dischinger, F., "Untersuchungen uber die Knicksicherheit, die elastische Verformung und das Kriechen des Betons bei Bogenbrucken", Der Baulingenleur, 18, No.33/34, 1937, pp.487-520, No.35/36, 1937, pp.539-552, No.39/40, 1937, pp.595-621.

8) England, G. L. and Illston, J. M., "Methods of computing stress in concrete from a history of measured strain," Civil Engineering and Public Works Review, 60, 1965, No.705, pp.513-517, No.706, pp.692-694, No.707, pp.846-847.

9) CEB-FIP, Model code for concrete structures, Comite Euro-International du Beton-Federation Internationale de la Preconstrainte : Paris, 1978, 348.

10) Bazant, Z. P., and Murphy, W. P, "Creep and shrinkage prediction model for analysis and design of concrete structures-model B3," Materials and Structures, Vol.28, 1995, pp.357-365.

11) CEB-FIP, Model code for concrete structures, Comite Euro-International du Beton-Federation Internationale de la Preconstrainte : Paris, 1990.

제 5 장 장기거동을 고려한 실제 적용 사례

5.1 초고층건물

5.1.1 개요

철근콘크리트 건물의 각 부재들은 하중 및 장기거동에 의해 시공 중에 이미 변형이 발생하기 시작하며, 이 변형은 건물을 잘못 시공하여 발생하는 시공 중 오차와는 별도로 다루어져야 한다. 부재의 변형은 결국 건물의 움직임을 가져오는데, 이러한 현상은 모든 구조물에 예외 없이 발생하지만 대부분 그 크기가 작기 때문에 무시될 수 있다. 그러나 초고층건물의 경우, 상층부로 갈수록 누적된 변형량의 크기가 커지고 부등변형이 발생할 가능성이 크기 때문에 특별한 주의가 요구된다.

수직(축소량), 수평(수직도 이탈)의 모든 방향으로 발생 가능한 건물의 움직임은 그 주된 원인이 하중의 누적, 콘크리트의 장기거동(크리프 및 건조수축), 그리고 건물의 시공순서이며, 건물의 구조와 비구조재에 모두 문제를 발생시킬 수 있기 때문에 건물의 설계단계부터 고려되어야 한다. 그러나 이러한 문제들이 설계가 끝나고 시공이 시작되기 전에 파악되는 경우가 많은데, 이때 설계변경이라는 근본적인 해결책을 취하지 않는다면 오히려 시공만 더 어렵게 하는 결과를 가져올 수도 있다. 그러므로 초고층건물은 설계단계에서 콘크리트의 장기거동과 건물의 시공순서를 고려한 해석을 통해 발생 가능한 문제점들을 사전에 파악하는 것이 중요하다.

이 절에서는 철근콘크리트 초고층건물의 골조에 예상되는 변형(움직임)에 대해 기술한다. 이 절의 내용은 건물의 움직임에 대응하기 위해 설계를 수정하거나 구조-비구조재 사이의 접합 상세를 조정하는 경우에 도움이 될 수 있다. 또한 건물주에게 건물의 준공 시 변위 중 어느 정도가 건물의 움직임에 의한 것이고, 어느 정도가 시공오차에 의한 것인지 알려줄 수도 있을 것이다.

이 절에서 사용하는 용어에 대한 정의는 다음과 같다.

1) 축소량

건물의 각 층 기둥 및 벽체에 발생한 축방향 변형이 누적되어 건물의 높이가 줄어드는 현상을 축소량이라고 한다. 축소량 중 순수하게 하중의 증가에 의해 부재의 변형이 누적되어 발생한 축소량을 탄성축소량이라 하며, 시간의 경과에 따른 크리프와 건조수축에 의해 축소량의 크기는 더욱 증가하게 된다. 철근콘크리트 건물의 경우, 크리프와 건조수축에 의한 축소량이 탄성축소량보다 일반적으로 더 크게 발생한다.

부등축소량은 인접한 수직부재 사이에 발생하는 축소량의 차이를 뜻하는데, 주로 코어와 기둥 사이에서 크게 발생할 수 있다. 초고층건물의 코어 단면적은 연직하중에 의해 발생하는 응력조건을 만족시키기보다는 횡하중에 저항하기 위한 강성을 확보하기 위해 설계되기 때문에 비교적 낮은 응력비를 가진다. 이와는 반대로 연직하중만을 위해 설계되는 기둥은 그 단면적이 되도록 작게 유지되기 때문에 코어에 비해 높은 응력비를 가진다. 결국 시공이 진행되어 하중이 쌓여갈수록 기둥은 코어에 비해 더 큰 축소량을 가지게 된다. 부등축소량은 코어와 기둥 사이뿐만 아니라 인접한 기둥 사이에서도 기둥의 위치에 따른 응력비가 다른 경우에(내부기둥, 외부기둥, 모서리기둥) 크게 발생할 수 있다. 여기서, 한 가지 주목해야 할 점은 부등축소량이 건물의 최상층에서 발생하는 것이 아니라, 일반적으로 건물 높이의 2/3~3/4 지점에서 발생한다는 것이다. 이는 부등축소량이 '시공 후 움직임'을 기반으로 계산되기 때문이다(자세한 설명은 5.1.1의 4) 참조)

다음은 축소량에 영향을 미치는 요인을 재료, 설계, 시공 분야로 나누어 나열한 것으로 정확한 축소량 계산을 위해서 반드시 고려되어야 한다.

(1) 콘크리트의 특성(초기값, 극한값, 시간이력)

- 압축강도 및 탄성계수
- 특정 크리프
- 극한건조수축

(2) 기둥과 벽의 설계 가정

- 단면적
- 주철근비
- 강재의 면적(합성부재인 경우)
- 부피/표면적비

(3) 하중 가정

- 시공순서
- 입주순서
- 주변환경(상대습도)

2) 수직도 이탈

초고층건물의 평면이 대칭이 아니거나 비정형인 경우 또는 입면상에 형태의 변화가 심한 경우에는 부등축소량이 크게 발생할 수 있으며, 이 때문에 건물의 일부 또는 전체가 한 방향으로 휘어지는 수직도 이탈이 발생한다. 대칭적인 평면을 가지는 건물의 경우에도 시공순서가 비대칭적으로 이루어짐에 따라 수직도 이탈이 발생할 수 있다. 수직도 이탈은 부등축소가 극단적으로 발생한 경우이므로 건물에 더욱 안 좋은 영향을 줄 수 있으며, 반드시 시공 전에 그 대응책이 마련되어야 한다. 초고층건물의 수직도 이탈에 영향을 미치는 요인들은 축소량에 영향을 미치는 요인들과 동일하다.

3) 목적일

건물의 움직임은 시간이 진행됨에 따라 발생하기 때문에, 움직임을 예상하려면 관심의 대상이 되는 '목적일'을 먼저 정의해야 한다. 건물의 움직임은 대부분 시공 중에 발생하는 누적된 하중, 콘크리트의 크리프 및 건조수축에 기인하지만, 건물이 준공 된 후의 잔여 크리프와 건조수축도 무시할 수 없다. 따라서 최종 목적일은 건물 준공 후 일정 기간이 경과한 후로 설정하는 것이 일반적이다. 압축을 받는 콘크리트의 크리프 및 건조수축 거동에 근거하면(그림 5.1 참조), 건물 준공 후 약 3년이 경과한 시점을 최종 목적일로 두어 수직 부재에 발생 가능한 크리프와 건조수축의 약 90% 이상이 모두 발현된 것으로 가정할 수 있다. 그러나 특정한 시점에서의 건물 움직임을 파악하고자 하는 경우에 최종 목적일 외에 별도의 목적일을 둘 필요도 있다. 예를 들어, 엘리베이터 코어의 수직도가 중대한 관심사일 경우 엘리베이터 시공 시점이 바로 목적일이 되어야 한다.

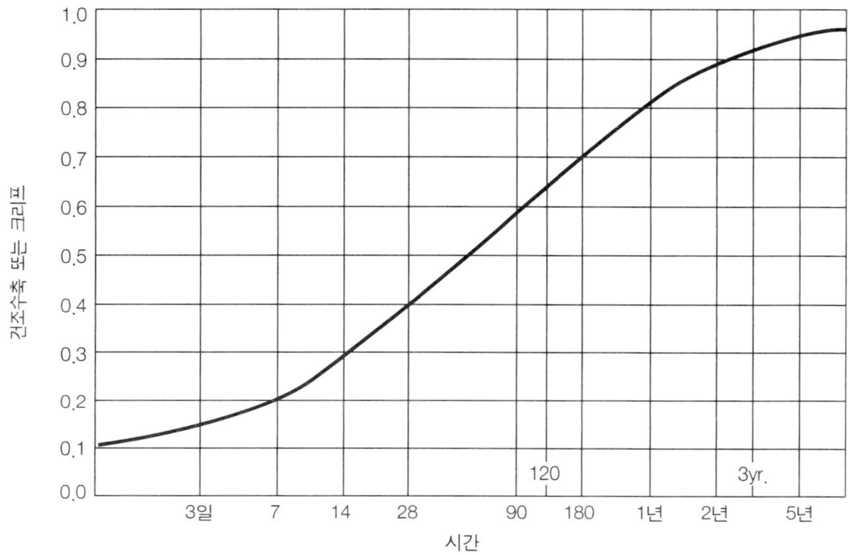

그림 5.1 **시간에 따른 건조수축과 크리프의 발생 형태**[1)]

4) 시공 전 · 후 움직임

전술한 바와 같이 건물의 움직임(변형)은 건물을 구성하고 있는 각 구조 부재들의 변형의 총합이다. 당연한 말이지만, 구조 부재의 변형은 그 부재가 시공된 후에 비로소 발생하기 시작하며 시공은 일반적으로 층별로 이루어진다. 그러므로 구조 부재가 아닌 건물의 관점에서 보았을 때 전체 변형은 특정 층의 '시공 전 움직임'과 '시공 후 움직임'으로 구분할 수 있다.

특정 층의 '시공 전 움직임'은 건물의 골조 시공이 시작된 후 해당 층이 시공된 시점까지 발생한 모든 부재의 총변형을 합한 것이다. 그러므로 건물의 각 층을 시공할 때 매번 그 높이와 평면상에서의 위치를 설계좌표대로 시공한다면 '시공 전 움직임'은 항상 0으로 유지된다. 철근콘크리트 건물의 경우 각 층의 콘크리트를 타설할 때 수평을 맞추어 시공하는 것이 관례이므로 '시공 전' 부등축소량은 항상 0이라고 할 수 있다.

반대로 특정 층의 '시공 후 움직임'은 해당 층이 시공된 후 목적일까지 누적된 그 해당 층의 움직임이다. 건물의 움직임은 건물의 최하층부터 점차적으로 증가하여 최상층에서 최대가 되지만, '시공 후 움직임'은 해당 층 시공 후 잔여 시공분과 목적일까지의 잔여기간이 건물의 상층부로 갈수록 점점 줄어들기 때문에, 일반적으로 건물의 2/3~3/4 지점에서 최대가 되었다가 다시 줄어든다. '시공 후 움직임'은 구조 부재 사이의 부등 움직임 및 구조 부재와 비구조재 사이의 변형 불일치를 유발시키는 원인이기 때문에 '시공 전 움직임' 보다 더 중요하다고 할 수 있다.

5.1.2 구조물에 미치는 영향

1) 슬래브 응력 및 처짐

건물을 구성하는 수직부재 간의 부등축소는 이에 연결된 슬래브에 변형을 가져와 균열을 발생시키고 슬래브 내부 모멘트를 재분배시킨다. 이러한 현상은 건물 중심부에 코어가 있고 건물 외곽에 기둥이 있는 경우, 이를 연결하는 슬래브에서 흔히 발생한다. 코어가 기둥에 비해 더 작은 응력을 받고 있는데다가 공기단축 등의 이유로 선행되는 경우가 많아, 특히 '시공 후 축소량'이 기둥보다 더 작아져 부등축소량을 증가시키게 된다.

구조해석적 관점에서 보았을 때, 수직 부재의 부등축소는 슬래브 지지점이 부등침하하는 것과 동일하므로 이로 인해 슬래브 내부의 모멘트와 전단력 분포가 달라지며, 따라서 슬래브 설계에 필요한 철근량도 조정되어야 한다. 슬래브 지지점의 부등침하는 바닥의 평활도에도 영향을 미치므로 설계 시에 고려되지 않거나 시공 중에 보정되지 않는다면 시공오차와 맞물려 바닥마감 또는 외장재 시공에 불리한 결과를 초래할 수도 있다.

실무에서는 강성이 매우 큰 전이보, 아웃리거, 벨트월 등을 제외하고는 부등축소에 의해 슬래브에 발생하는 부가응력을 고려하지 않는데, 그 이유는 각 시공단계별로 발생하는 부가응력이 크지 않은데다가 발생한 부가응력도 시공이 진행되면서 재분배되기 때문이다[2]. 이러한 사실은 다음 절에서 설명하는 초고층건물의 3차원 시공단계해석을 통해서도 확인할 수 있다.

2) 보, 아웃리거, 벨트트러스의 부가응력

부등축소량의 크기가 최대가 되는 건물 높이의 2/3~3/4 지점에서 수직 부재와 연결된 보에 부등축소량에 의한 부가 모멘트와 전단력이 발생할 수 있다. 이 위치에 만약 아웃리거나 벨트트러스와 같은 횡력저항시스템이 있다면 부가응력이 매우 크게 발생하여 설계문제를 유발하게 된다. 횡력저항시스템은 일반적으로 강성이 크기 때문에 작은 변위에도 큰 응력이 발생하여 이를 구성하는 개별 부재의 설계강도를 넘어설 가능성이 크므로 설계변경을 통해 문제를 해결하거나 특별한 시공법이 요구될 수 있다(5.1.5절 참조).

3) 변위 불일치

초고층건물의 움직임이 유발하는 가장 주된 문제점으로 건물 골조와 비구조재 사이의 변위 불일치에 의한 시공성 및 성능 저하를 들 수 있다.

건물 골조의 축소는 하중을 받을 수 없는 비구조재인 칸막이벽, 외장, 파이프, 엘리베이터 레일 등이 골조와 접하는 부위에서 압축력을 유발할 수 있다(그림 5.2 참조). 부등축소나 수직도 이탈에 의해 기울어진 슬래브 사이에 설치된 칸막이벽은 움직임을 위한 적절한 접합 상세가 없는 경우 면외방향으로 휘어지거나 균열이 발생할 수도 있다.

그림 5.2 **축소량 발생에 의한 수직배관과 바닥 슬래브의 접합부 탈락(왼쪽), 엘리베이터 가이드레일 스크래치**[3]

초고층건물의 수직도 이탈은 엘리베이터의 시공과 유지관리에 악영향을 끼친다. 건물이 시공 중 기울어지기 시작하면 엘리베이터 코어도 함께 기울어지며 엘리베이터 설치를 위한 공간이 축소될 수밖에 없다(그림 5.3 참조). 만약 이러한 기울어짐이 엘리베이터 시공 중에 발견된다면 엘리베이터 코어의 일부분을 허물어야 하는 경우도 발생할 수 있다. 엘리베이터의 시공이 완료된 후에 발생하는 건물의 기울어짐은 또 다른 문제를 유발한다. 바로 엘리베이터의 내구성 감소와 성능 저하이다. 기울어진 건물에 설치된 엘리베이터는 기울어진 가이드레일을 따라 작동하게 되며, 이는 엘리베이터의 최고속도에도 영향을 줄 수 있을 뿐 아니라 엘리베이터를 구성하는 기계부품인 클립, 롤러 등의 내구성을 감소시킬 것이다.

변위 불일치에 의한 문제점들은 부등변형이 최대인 초고층건물의 상층부에서 주로 발생하지만, 전 시공시간을 통틀어 개별 부재의 변형량이 최대로 발생하는 건물의 최하층에서 발생하는 경우도 있다.

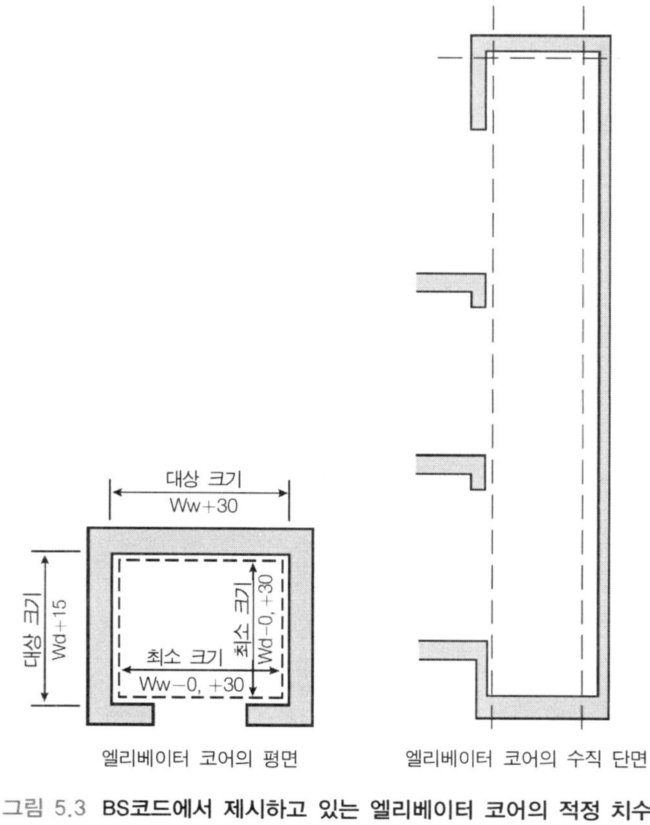

그림 5.3 **BS코드에서 제시하고 있는 엘리베이터 코어의 적정 치수**[4)]

변위 불일치에 의해 발생하는 문제점들을 해결하기 위해서는 골조의 변형이 비구조재에 응력을 유발하지 않도록 사전에 계획되어야 한다. 이에 추가적으로, 시각적인 불쾌감, 거주의 편안함, 구조물의 안정성 등을 모두 고려한 허용 변위의 적정성이 시공 전부터 논의되는 것이 바람직하다.

5.1.3 변위 예측 및 실측

1) 변위 해석

(1) 단일 기둥 축소량 해석

초고층건물의 계획설계단계에서 축소량을 개략적으로 계산하여 그 영향을 평가하고 설계에 반영할 수 있다. 축소량 계산은 시공순서에 따라 건물의 수직 부재에 유발되는 탄성, 크리프, 건조수축변형량을 합하는 과정에 불과하다[5)]. 단일 기둥 축소량 해석은 이러한 취지에 부합하기 위하여 다양한 입력변수를 기반으로 반복적인 스프레드시트 계산을 통해 수행될 수 있다. 여기서, 언급된 입력변수와 그 출처는 다음과 같다.

(a) 부재 치수, 철근비 : 도면
(b) 콘크리트 강도, 탄성계수, 특정 크리프, 극한건조수축 : 기준 또는 연구논문
(c) 하중 : 도면 및 구조계산서로부터 계산된 분담면적
(d) 주변환경(상대습도) : 과거의 기록
(e) 계산단계 : 공정표(그림 5.4 참조)

단일 기둥 축소량 해석은 1960년대부터 꾸준히 사용되어 오면서 여러 초고층건물의 축소량을 성공적으로 예측하였지만, 이 방법으로는 단지 축소량만을 계산할 수밖에 없다. 결국 최근에 널리 지어지고 있는 비정형 초고층건물의 수직도 이탈을 포함한 좀 더 포괄적인 시공 중 움직임을 예측할 수 없다.

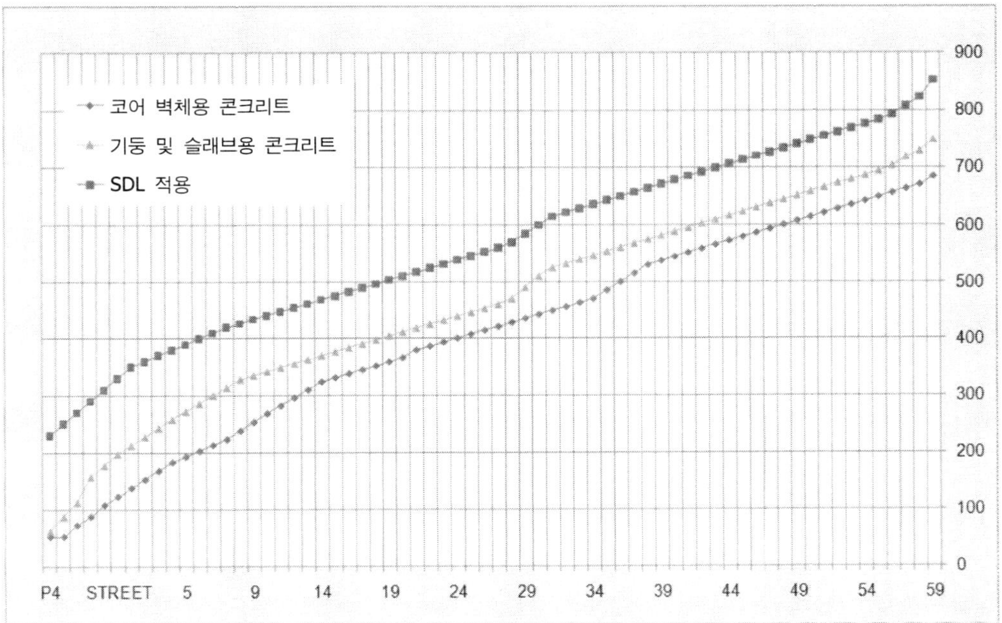

그림 5.4 **초고층건물의 공정표 예시(가로축은 건물의 층, 세로축은 경과일)**

(2) 시공단계해석

건물의 3차원 모델을 기반으로 한 시공단계해석을 통해 단일 기둥 축소량 해석과 비교해 더욱 정확한 건물의 움직임과 부가응력을 파악할 수 있다. 이 해석은 실제 시공순서를 반영할 수 있을 뿐만 아니라 보와 슬래브가 수직부재의 변형을 구속하는 효과도 고려할 수 있다. 시공단계해석의 주된 목적은 시공순서에 따라 증가하는 연직하중과 콘크리트의 장기거동 특성에 의한 건물의 움직임을 예측하는 것이며, 여기에는 모든 시공단계에서의 수직·수평변위가 포함된다. 해석 결과의 후처리 역시 기존의 단일 기둥 축소량 해석에 비해 용이하며 그래픽 사용자 환경을 이용하여 해석 결과를 곧바로 확인할 수도 있다(그림 5.5 참조). 시공단계해석 프로그램을 이용하면 3차원 구조해석 프로그램의 원래 기능을 이용하여 전이보, 아웃리거, 벨트트러스/벨트월 등에 발생하는 부가응력의 계산이 가능하며, 골조의 변위가 비구조재에 미치는 영향 또한 움직임의 시간 성분을 구분하여 파악할 수 있다.

그림 5.5 **시공단계해석의 그래픽 결과물 사례**

일반적인 시공단계해석은 정해진 목적일에서의 건물의 움직임을 계산하지만, 필요에 따라 일정한 기간 동안의 건물 움직임 및 내력의 변화를 파악하기 위해 활용될 수 있으며 그 결과를 현장계측 및 측량결과와 비교해볼 수도 있다. 비교 결과를 반영하여 시공단계해석 결과를 수정하면 향후 좀 더 정확한 움직임을 예측할 수 있다.

다음은 시공단계해석이 가능한 상용 구조해석 프로그램의 목록이다. 다만, 대부분의 프로그램들이 초고층건물의 시공단계해석이 아닌 교량의 시공단계해석을 위해 개발되었다.

- SAP 2000 (http://www.csiberkeley.com/sap2000/analysis#sc)
- GSA Building (http://www.oasys-software.com/gsa-building.html)
- MIDAS/GEN (http://en.midasuser.com/products/products.asp?nCat=353&idx=29235)
- S-FRAME (http://www.s-frame.com/index_files/SFRAME.htm)
- LUSAS (http://www.lusas.com/products/information/staged_construction_analysis.html)
- SOFiSTiK (http://www.sofistik.com/no_cache/loesungen/fem/hochbau-stahlbau/)
- Scia Engineer (http://www.scia-online.com/en/scia-engineer.html)

건물의 기초는 상부 구조물의 시공과 더불어 침하가 진행되므로, 건물의 상부 구조물에 대한 시공단계해석은 지반-구조물 상호작용 해석의 결과를 이용하여 지점조건을 변화시키는 도구로 활용 가능하다. 시공단계해석은 그 자체로서 반복적인 계산을 수반하기 때문에 매번 계산을 수행할 때마다 지반-구조물의 상호작용 결과를 반영할 수 있으며, 각 시공단계에서의 지점반력에 따른 지반의 부등침하 현상은 다음번 시공단계의 해석 시에 반영될 수 있다.

2) 재료 시험

건물의 움직임을 해석하는 데에 필요한 콘크리트의 특성은 시험결과가 없는 경우에 대부분 설계도서, 기준, 또는 문헌에 제시된 값을 사용하게 된다[5)~11)]. 그러나 해석의 정확도를 향상시키기 위해서는 실제 시공에 사용된 콘크리트의 탄성계수, 특정 크리프, 극한건조수축 값을 시험을 통해 확인할 필요가 있다(그림 5.6 참조).

그림 5.6 **크리프 시험체의 변형률 측정 모습 (미국 시카고 CTL사의 항온항습실)**

재료 시험에 사용되는 공시체는 현장 타설된 콘크리트로부터 제작될 수도 있지만, 시공 전에 정확한 재료 특성을 파악하기 위해서 배합설계가 완료된 상태에서 공시체를 제작하여 시험을 수행하는 것이 좋다. 공시체의 크기는 크리프의 경우 직경 150mm, 높이 300mm의 원주형이며, 건조수축은 400mm의 높이를 가진 단면 100mm 정사각형의 각주형이다. 그러나 동일한 체적-표면적비를 유지하기 위해 건조수축 시험체를 크리프 시험체와 같은 형상으로 제작하여 시험할 수도 있다. 특정 크리프와 극한건조수축을 파악하기 위해서는 표준상태(ACI209R-2에 따르면 온도 23.2℃, 상대습도 40%)를 유지한 상태에서 최소 6개월 이상 시험이 지속되어야 하므로 항온항습실과 지속하중을 유지할 수 있는 크리프 시험기가 필요하다. 시험기간 동안 주기적으로 데이터를 취득하여 변형 발생 경향을 지속적으로 관찰하면 시험이 정상적으로 진행되고 있는지의 여부를 판단할 수 있다.

3) 현장실측

초고층건물의 움직임을 실측하여 예측값을 검증하고 정확도를 향상시킬 수 있다. 건물 움직임에 대한 시공 중 보정이 실시되었다면 그 효과에 대한 실측 역시 필수적이다. 만약 실측된 건물의 움직임이 예측된 값과 차이를 보이는 경우에는 실측결과를 바탕으로 보정의 대상 또는 보정값을 조정할 필요가 있다.

두 종류의 실측방법이 현장에서 수행될 수 있는데 그중 하나가 센서 기반의 개별 부재 변형률 계측이다. 이는 부재 내부 또는 표면에 센서를 설치하여 시공 중 부재가 변형되는 값을 기록하는 것으로서, 실제 하중조건과 주변 환경조건에서 수행되는 시험이라고 할 수 있다. 또 하나의 현장실측 방법은 시공 중 건물의 형상을 측량하여 그 움직임을 파악하는 것이다. 이 측량은 매 층의 시공을 위해 일반적으로 수행되는 시공측량과는 다른 것으로서 3차원 공간에서 시간의 경과에 따른 건물의 위치 변화를 기록할 수 있어야 한다.

초고층건물의 축소량 변화를 실측하기 위해 진동현식 변형률 게이지를 이용하여 기둥이나 벽체의 축방향 압축변형량을 계측할 수 있다. 철근콘크리트 구조물인 경우 콘크리트가 타설되기 전 부재 내부에 매립형 게이지를 설치한 후 콘크리트를 타설하거나 거푸집을 제거한 후 부착형 게이지를 부재 표면에 고정시킬 수 있다. 만약 변형도 게이지를 건물의 최하층부터 최상층까지 모든 수직 부재에 설치할 수 있다면 계측값을 합산하는 것만으로 건물의 총축소량을 구할 수 있다. 그러나 건물 전체에 존재하는 기둥 및 벽체의 수와 이들 모두를 오랜 기간 동안 계측해야 한다는 사실을 감안하면 사실상 불가능하다고 할 수 있다.

일반적으로 건물의 특정 층에서 기둥과 벽체를 최대한 많이 선택하여 계측을 수행하는데, 시공 초기부터 하중을 받기 시작하여 시공이 진행되는 전 기간 동안 가장 큰 하중을 받는 건물의 최하층을 선택하는 것이 바람직하다. 건물의 평면이나 사용재료가 급작스럽게 변경되는 층에서도 추가로 계측을 실시하는 것이 좋다. 계측 작업은 이동식 데이터로거를 이용하여 주기적으로 수동계측하거나 고정식 데이터로거와 센서를 선으로 연결시킨 후 자동계측이 이루어질 수 있도록 설치할 수 있다. 최근의 데이터로거는 무선통신이 가능한 모듈을 장착하고 있거나 추가할 수 있으므로, 이를 활용하면 현장에서 계측된 데이터를 현장 내에서 뿐만 아니라 전 세계 어디에서도 실시간으로 확인할 수 있다.

센서로부터 측정된 부재의 변형률은 해석의 결과와 주기적으로 비교되어야 한다(그림 5.7 참조). 재료 시험에서와 비슷하게 변형의 경향을 파악하고 이를 해석값과 비교하기 위해서는 일정 기간이 필요하다. 해석값이 계측결과와 비교되기 위해서는 입력 데이터로 쓰인 재료 특성과 시공순서가 실제 현장의 상황을 최대한 반영하고 있어야 한다.

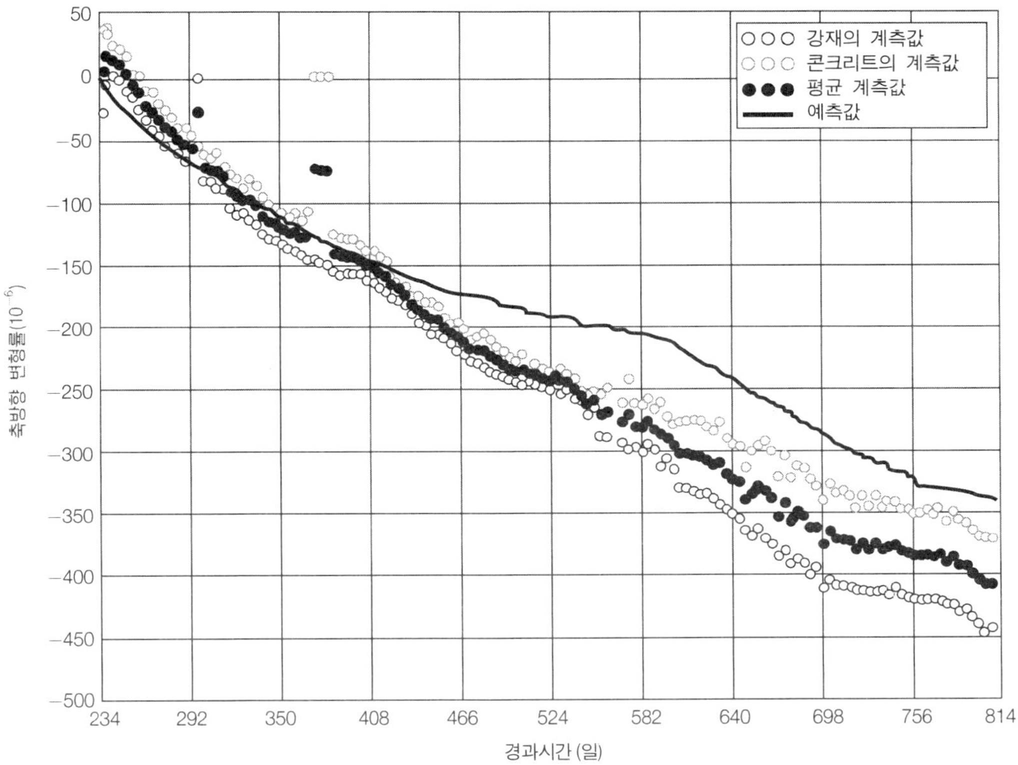

그림 5.7 **초고층 SRC 기둥의 시공 중 축소량 계측값과 예측값의 비교 사례**

센서 기반 현장계측의 단점 중 하나는 전술한 바와 같이 선택된 층의 부재들에 대해서만 계측이 수행되고 나머지 층 부재들의 변형은 계측된 결과로부터 유추할 수밖에 없다는 것이다. 측량을 이용하면 이와는 달리 건물이 지어지고 있는 동안 건물 전체의 변형 발생 양상을 파악할 수 있다. 측량은 주로 광학장비를 활용한 육안측량이 보편화되어 있으며, 특정 주기로 측량을 수행하여 건물의 특정 부위의 위치 변화를 준공 시까지 기록할 수 있다. 측량을 이용하여 건물의 움직임을 실측하는 데에 있어서 가장 큰 걸림돌은 건물의 시공오차이다. 매 층 시공 시 건물의 움직임은 아무리 커도 1~2mm를 넘기 힘든 반면 시방서에서 허용하고 있는 시공오차는 대부분 10~20mm 정도이다. 즉, 측량으로 기록된 건물의 위치가 건물의 움직임 때문인지, 아니면 시공오차 때문인지를 별도로 판별해야 하는 번거로움이 존재한다. 또한 측량장비의 기계적 한계와 측량 수행자의 작업오차가 항상 존재하기 때문에 센서로부터 계측된 결과보다 정확한 값을 얻기는 힘들지만, 시공기간 동안 건물 움직임의 경향 변화를 수mm 이내로 파악할 수는 있다. 최근에는 3차원 레이저 스캔(그림 5.8 참조)이나 GPS와 같은 첨단기술을 이용한 측량법이 점차 도입되어 광학측량의 단점을 극복해나가고 있다.

그림 5.8 **3차원 레이저 스캐너를 이용한 엘리베이터 코어의 포인트-클라우드 스캔 이미지**

5.1.4 시공오차

건물의 각 부재에는 제작 및 시공오차에 기인한 변형 외에도 설계, 재료, 주변환경 때문에 시공 후 부가적인 움직임이 발생한다. 각국의 건설 관련 기준들과 기타 산업 표준에서 종종 이러한 시공 중 움직임을 포함한 시공오차를 제시하고 있는 경우가 있지만, 현재까지는 어느 문헌에도 시공 중 움직임과 시공오차를 구분하여 시공 중 움직임에 대한 기준을 제시하고 있지 못하는 실정이다. 실제로 시공 중 움직임은 그 누적된 크기가 문제가 될 뿐, 건물의 한 층에서의 변형량은 시공오차에 비하면 아무리 초고층건물이라 할지라도 상대적으로 작기 때문에 시공오차를 다루는 시방서에서 다루기에는 무리가 있는 것이 사실이다.

기존 문헌에 나타난 시공오차는 전형적으로 건물의 설계 위치를 기준선으로 산정되며, 특히 후속 공정 및 건물주로의 인도 상태와 연계가 되는 부분을 집중적으로 다루고 있다. 이러한 관점에서 시공오차에는 다음의 항목이 필수적으로 포함된다.

(a) 파일의 평면상 위치 및 절단 부위
(b) 옹벽의 위치
(c) 벽체, 기둥, 개구부의 평면상 위치
(d) 기둥과 벽체의 수직도
(e) 사전 캠버 위치
(f) 평면상에서의 바닥 평활도
(g) 수직 외장재의 시공오차
(h) 평면상의 단차
(i) 매립철물 또는 인서트의 위치와 높이

골조시공을 뒤따르는 외장, 건식바닥, 천장 등을 정밀하게 시공하기 위해서는 각각의 시공오차와 더불어 준공 후의 건물 움직임을 함께 고려할 필요가 있다.

ACI와 BS 등 기존의 시공 관련 지침조차도 초고층건물의 시공오차 및 시공 중 움직임에 대한 적절한 자료를 제공하지 못하고 있다[4),12)]. 시공오차는 대부분 부재의 거푸집 탈형 이전의 치수를 말하고 있으며, 거푸집과 쇼어링이 제거된 후 및 중장기 움직임은 포함하고 있지 않다. BS 5606:1990에서는 건물의 시공 중 움직임을 구조 형상, 하중, 재료 특성, 시공순서에 기인한 'inherent deviation', 즉 '내재적 편차'로 분류하고 있다. 그러므로 이를 해소하기 위해서는 설계 개념, 접합부 상세, 사용된 재료의 거동을 올바로 파악하는 것이 필요하다고 결론짓고 있다[4]. 결국, 건물의 시공 중 움직임은 설계자, 엔지니어, 시공자, 그리고 전문업체가 함께 그 문제점을 논의하고 이해하여 최선의 결론을 도출할 수 있도록 노력할 때 성공적으로 해결할 수 있다.

5.1.5 조치방안

초고층건물의 움직임에 따른 문제점들을 해결하기 위한 조치방안은 설계단계와 시공단계에서 다르게 적용될 수 있다. 되도록 설계단계에서 문제점들이 파악되고 해결되는 것이 바람직하지만, 설계변경이 불가능한 경우 시공단계에서 다루어져야 한다. 이때 염두에 두어야 할 것은 단순히 건물의 움직임을 보정하는 데에 목적을 둘 것이 아니라 움직임에 의한 문제점을 어떠한 방식으로 해결할 것이냐에 목적을 두어야 할 것이다. 5.1.2절에서 언급된 대부분의 문제점들이 재료의 변경, 접합부 상세, 시공순서 조정 등을 통해 해결될 수 있으므로 시공 중 보정은 최대한 마지막 문제해결 수단으로 남겨두는 것이 바람직하다. 이 절에서는 설계단계 및 시공단계에서의 고려사항 및 시공 중 보정법에 대해 설명한다.

1) 설계할 때 검토사항

계획설계단계에서 제안된 구조시스템과 부재 크기 및 형상에 대해 개략적으로 시공단계해석을 실시하면 건물의 움직임을 예상해볼 수 있다. 건물의 움직임에 의한 문제를 원천적으로 차단하려면 수직 부재의 거동과 변형이 비슷한 크기 및 비율로 발생해야만 한다. 이는 선택된 구조시스템에 대해 재료, 부재 형상, 위치 등을 조정해가며 반복적인 사전 시공단계해석을 실시하면 가능하다[13].

(1) 평면 및 부재 형상 최적화

부등축소량을 줄이기 위해서는 비록 어려운 방법이긴 하지만 인접한 수직 부재가 비슷한 응력비를 가지도록 하는 것이다. 횡력에 저항하기 위해 설계된 코어와 연직하중을 받도록 설계된 기둥이 비슷한 응력비를 가지는 것은 거의 불가능하지만, 최소한 인접한 기둥 사이에서는 응력비의 차이가 크게 발생해서는 안 된다. 특히 평면의 형태가 변화하는 경우에 이러한 현상이 두드러지게 발생한다.

크리프와 건조수축을 줄이기 위해서는 철근비를 증가시키거나 적절한 초기 양생이 이루어질 수 있도록 하고, 건조수축이 크게 발생할 가능성이 있는 배합을 지양해야 한다. 향후 시공을 위해 콘크리트 재료, 양생방법, 시공방법 등을 포괄할 수 있는 시방서를 설계단계에서 미리 마련하는 것이 바람직하다.

(2) 재료 선택

재료적인 측면에서는 콘크리트의 탄성계수를 증가시킬 수 있는 배합이 건물의 움직임을 감소시킬 수 있는 최선의 선택이다. 또한 시멘트 페이스트의 양을 줄이고 골재의 강성을 증가시켜 크리프와 건조수축을 감소시킬 수 있다[13].

(3) 설계 상세

칸막이벽, 커튼월, 엘리베이터, 배관 등은 건물 전체의 움직임뿐만 아니라 층간변형에 의해서도 영향을 받을 수 있으므로 움직임을 감안한 설계 상세가 필요하다. 이때 균열 발생, 처짐, 방음 및 진동성능에 미치는 영향 또한 고려되어야 한다. 특히 슬래브 가장자리의 외장재 접합지점에서 시공오차를 고려한 바닥판 처짐에 주의해야 한다.

2) 시공방법

초고층건물의 움직임과 관련한 대비책은 시공이 시작되기 전에 마련되어야 실제 시공과정에 반영시킬 수 있다. 예를 들어, 코어와 기둥 사이의 부등축소량이 과다한 경우, 코어 선행공법은 부등축소량의 크기를 더 크게 만들 수 있다. 이러한 차이는 일반적인 구조해석을 통해서는 확인하기 힘들지만 5.1.3절에서 설명한 시공단계해석이나 단일 기둥 축소량 해석을 이용하여 계산이 가능하다.

시공 중 품질보증(QA)과 품질관리(QC) 절차를 반드시 도입하여 설계 요구조건대로 시공이 이루어지고 있는지를 검증하는 것도 필요하다[13]. 특히 골조와 비구조재 사이의 시공 간격을 고려한 접합부 마련에 세심한 주의를 기울여야 하는데, 움직임과 시공오차를 동시에 고려한 특기 시방서를 사전에 준비되는 것이 바람직하다.

(1) 커튼월

초고층건물의 움직임은 수직, 수평방향 모두 커튼월의 연결부에 영향을 미칠 수 있는데, 구조적 전이층 또는 아웃리거나 벨트트러스가 설치된 피난층에서 특히 주의해야 한다. 축소량에 따른 건물의 층간변위는 커튼월의 스택 조인트(stack joint)에 여유분을 두어 흡수될 수 있도록 해야 한다. 또한 건물의 외부 벽체 또는 패널의 하중은 내민보 또는 슬래브 가장자리를 따라 건물의 외측에 전달되는데, 이때 다음 사항에 유의해야 한다.

- 외장 패널의 수직, 수평 접합부 치수 및 허용 시공오차
- 건물의 평면 및 입면상에서 슬래브 가장자리의 허용 시공오차
- 수평 인서트 또는 매립 브래킷의 허용 시공오차
- 외장 패널의 시공순서

(2) 엘리베이터

엘리베이터 전문 시공업체는 엘리베이터 코어와 피트의 허용 치수에 관해 건축가 및 엔지니어와 함께 논의해야 하며, 이 과정 중에 건물의 수직, 수평 움직임의 영향을 고려하여 엘리베이터 카와 무게추를 충분히 설치할 수 있는 공간 및 작업공간을 사전에 확보해야 한다.

(3) 마감

해당 전문업체의 엔지니어는 건물 골조의 움직임이 과도한 경우 칸막이벽의 상·하부가 손상되지 않도록 여유공간을 두거나 특별한 장치를 설치해야 한다.

3) 시공 중 보정

건물의 움직임은 시공이 시작되면서부터 필연적으로 발생하기 시작하는데, 해석, 시험, 실측을 통해 초고층건물의 움직임을 파악하고자 하는 이유는 움직임을 발생하지 못하도록 하는 것이 아니라 적절한 조치방법을 이용하여 움직임에 의해 발생하는 문제를 미연에 방지하고자 하는 것이고 시공 중 보정도 이러한 조치방법 중 하나이다.

실무적인 관점에서 보정은 그 효과를 달성하기 힘들뿐 아니라 시공과정을 복잡하게 만드는 요소이기 때문에 그리 권장할만한 방법은 아니다. 또한 보정을 통해 특정 시점에 원하는 높이나 수평을 확보할 수는 있지만, 건물 각 부분의 상대적인 움직임은 보정 여부와 관계없이 발생할 뿐 아니라 부등변형에 따른 부가응력도 여전히 존재한다. 그러므로 아웃리거와 같은 횡력저항시스템의 부가응력을 해소하기 위한 방법으로 시공 중 보정이 시도된다면 이는 잘못된 접근방법이라고 할 수 있다.

건물의 움직임에 대한 시공 중 보정이란 건물의 각 층 또는 선택된 층을 시공할 때 시공의 기준이 되는 위치를 평면상 또는 입면상에서 조정하는 것을 말한다. 축소량을 보정하기 위해서는 높이 조정용 각재를 기둥 거푸집의 상부 또는 하부에 덧대어 기둥을 설계높이보다 더 높게 시공하거나(그림 5.9 참조) 시스템 거푸집이 사용된 경우에는 양중 높이를 설계 층고보다 더 높게 올려서 설치한다. 수직·수평 부재가 분리 시공되는 경우에는 그림 5.10에서와 같이 높이 조정용 각재를 보나 슬래브 거푸집의 바로 아래에 덧대어 시공할 수 있다. 보정 높이는 개별 부재의 총축소량을 보정하여 건물의 설계 높이를 확보하느냐, 아니면 부등축소량만을 보정하여 보나 슬래브의 수평도를 확보하느냐에 따라 다르게 된다.

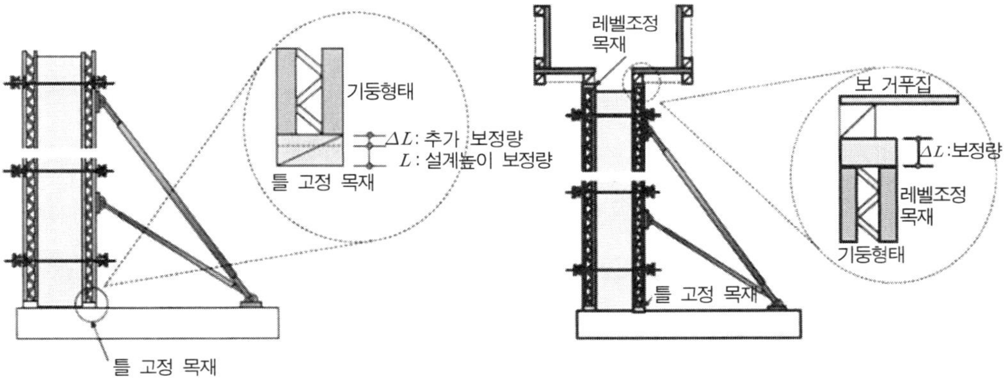

그림 5.9 **기둥 거푸집 하부(좌측) 및 상부(우측) 높이 보정**

시공 중 보정을 계획하는 단계에서는 반드시 시공자와 구조 엔지니어가 함께 보정 방법 및 효과에 대해 논의할 필요가 있다. 보정은 단순한 계산에서 끝나는 것이 아니라 실제 시공으로 이어져야 하므로, 시공단계해석 결과뿐만 아니라 보정작업의 순서,

시공하중, 후속조치 등에 관해 엔지니어와 시공자간의 상호 이해가 선행되어야 한다. 보정된 건물 부위는 당초 위치에서 벗어나 있으므로 이 부위가 최종적으로 원하는 위치에 자리 잡기까지 후속 공정들은 보정된 골조 위치에 맞추어 시공되어야 하며, 정확한 위치 조정을 위해 반드시 현장실측을 수행하여 주기적으로 기록하고 엔지니어와 시공자 사이에 공유되어야 한다.

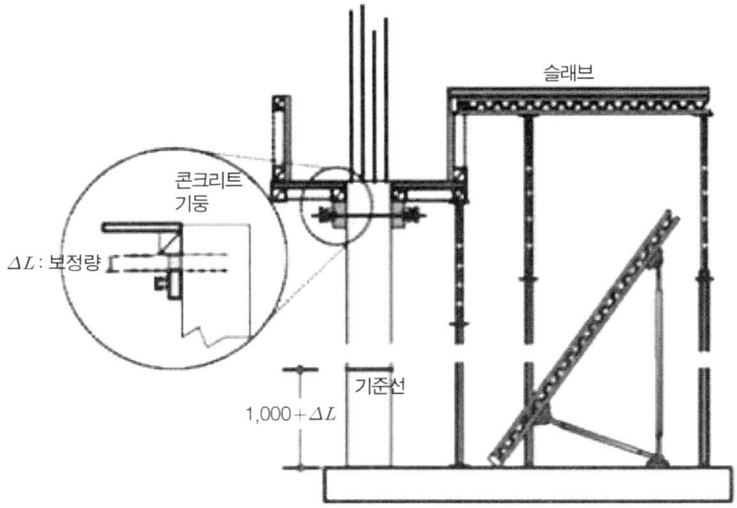

그림 5.10 **수직-수평 분리 시공 시 슬래브 거푸집 하부 레벨 보정**

5.2 교량

5.2.1 개요

토목 구조물에서 장기거동의 영향을 많이 받는 콘크리트 구조물의 경우 일반적인 범위에서는 콘크리트구조기준의 적용을 받지만, 통과 하중의 특성에 따라 도로교설계기준, 철도교설계기준 등과 같은 전문설계기준을 우선 만족시켜야 한다.

교량 구조물의 경우, 압축력을 크게 받는 PSC 교량이 장기거동의 영향을 가장 크게 받으며, 설계 및 해석을 할 때 다음과 같은 항목들을 신중하게 검토해야 한다.

(a) 시간경과에 따른 크리프계수 및 건조수축변형률의 변화

(b) 크리프와 건조수축변형에 따른 선형관리 및 신축이음관리

(c) 내적 및 외적 부정정구조에서 장기변형에 의한 부정정력과 재분배

(d) PC 강재의 긴장력 손실 및 그로 인한 부정정력과 재분배

(e) Aging에 따른 탄성계수의 변화와 변형 및 단면력 재분배

5.2.2 설계기준 분석

1) 크리프계수 및 건조수축변형률

콘크리트구조기준의 경우, 콘크리트의 크리프와 건조수축변형률을 CEB-FIP90 모델에서 계산하도록 제시하고 있으며, 28일 평균 압축강도 f_{cu}, 콘크리트의 접선탄성계수 E_{ci}와 같은 콘크리트 물성값도 동일한 모델에서 추출하고 있어 전체적인 일관성을 유지하고 있지만, 구체적인 방법을 제시하고 있지 않아 여기서는 도로교설계기준을 중심으로 장기거동의 예측방법을 검토하기로 한다.

도로교설계기준(2010년 개정판 기준)의 경우, 콘크리트 재료로서 크리프계수와 건조수축변형률을 표의 형태로 특정 시간별로 제시했으며 해당 규정을 따르기 힘든 경우에는 CEB-FIP90 모델을 적용할 수 있도록 하고 있다.

(2) 프리스트레스의 감소량 및 부정정력을 계산할 경우 콘크리트의 크리프계수는 표 4.2.2의 값을 표준으로 한다.

표 4.2.2 **콘크리트의 크리프계수**

지속하중을 재하할 때의 콘크리트의 재령(일)		4~7	14	28	90	365
크리프계수	조강 시멘트 사용	3.8	3.2	2.8	2.0	1.1
	보통 시멘트 사용	4.0	3.4	3.0	2.2	1.3

(3) (2)항에 따르기 어려운 경우는 다음의 규정에 따라야 한다.

(...이하 CEB-FIP90 모델에 대한 설명...)

(1) 프리스트레스의 감소량을 계산할 경우 콘크리트의 건조수축률은 표 4.2.3의 값을 표준으로 한다.

표 4.2.3 **콘크리트의 건조수축률**

프리스트레스를 도입할 때의 콘크리트 재령(일)	4~7	28	90	365
건조수축률	27×10^{-5}	20×10^{-5}	14×10^{-5}	7×10^{-5}

(2) (1)항에 따르기 어려운 경우는 다음의 규정에 따라야 한다.

(...이하 CEB-FIP90 모델에 대한 설명...)

위 표에서 제시된 값들은 설계자들의 편의를 위해서 상대습도 70~75%, 증기양생, 등가 부재 두께 130mm 등의 표준조건에 해당되는 정도의 옥외 구조물에 대한 것이지만 실제 교량구조에는 적합하지 않아 실제 적용에는 어려움이 있다.

예를 들어, 실제 교량에서 많이 적용하고 있는 2차로 PSC 합성거더 단면의 경우를 살펴보면 등가 두께는 235mm로 표준조건 130mm와는 차이가 많다.

$$h = \frac{2A_c}{u} = \frac{2\times10.75\times0.24}{2(10.75+0.24)} = 0.235\text{m}$$

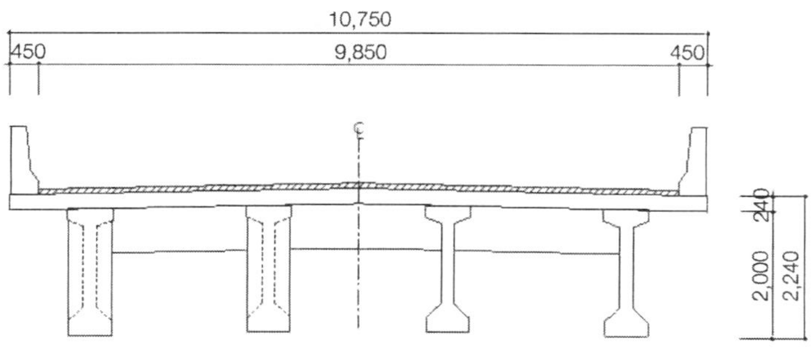

따라서 많은 경우 CEB-FIP Model을 적용할 경우에는 외기 접촉조건이 다를 것으로 보이는 단면에 대해서는 별도로 크리프계수와 건조수축률을 계산해야 한다.

2) 콘크리트의 탄성계수

도로교 설계기준에서는 콘크리트의 탄성계수를 사용 콘크리트의 단위질량과 28일

설계기준 압축강도의 함수로 정의하고 있다.

> ① 콘크리트의 탄성계수는 다음의 규정에 따른다.
>
> (가) 콘크리트의 할선탄성계수는 콘크리트의 단위질량 m_c의 값이 1,450~2,500kg/m^{3}인 콘크리트의 경우 식 (2.3.1)에 따라 계산하여야 한다.
>
> $$E_c = 0.0773\, m_c^{1.5} \sqrt[3]{f_{cu}}\ (\mathrm{MPa}) \qquad (2.3.1)$$
>
> 다만, 보통골재를 사용한 콘크리트(m_c=2,300kg/m^3)의 경우는 식 (2.3.2)를 이용할 수 있다.
>
> $$E_c = 8{,}500 \sqrt[3]{f_{cu}}\ (\mathrm{MPa}) \qquad (2.3.2)$$
>
> 여기서,
>
> $$f_{cu} = f_{ck} + 8\,(\mathrm{MPa})$$

그러나 위 식은 상수값인 28일 설계기준압축강도로 표현된 것이기 때문에 Aging 효과를 반영하기 위해서는 CEB-FIP90 모델의 시간변화식을 적용해야 한다.

> 초기접선 탄성계수 $E_{ci}(t)$의 시간에 따른 변화는 다음과 같이 구해야 하며 $\beta_{cc}(t)$는 식 (4.2.20)과 같다.
>
> $$E_{ci}(t) = \sqrt{\beta_{cc}(t)}\, E_{ci} \qquad (4.2.22)$$
>
> 여기서,
>
> $$E_{ci} = 10{,}000 \sqrt[3]{f_{cu}} \qquad (4.2.21)$$
>
> $$\beta_{cc}(t) = \exp\left[\beta_{sc}\left(1 - \sqrt{\frac{28}{t}}\right)\right] \qquad (4.2.20)$$

3) 프리스트레스의 손실

프리스트레스트 구조물의 경우, 프리스트레싱력은 크리프를 발생시키는 가장 큰 요인이면서 동시에 프리스트레싱력은 크리프변형과 건조수축변형으로 인해 장기적으로 감소되므로 이에 대한 영향을 파악하는 것은 중요하다. 도로교설계기준에서는 Eurocode에 따라 프리스트레싱 후 시간에 따라 발생하는 손실의 계산방법을 간단한 식으로 제시하고 있다.

① 콘크리트의 크리프에 의한 손실량

프리텐션과 포스트텐션 부재

$$\Delta f_{pcr} = 12f_{cir} - 7f_{cds} \quad (4.6.4)$$

② 콘크리트의 건조수축에 의한 손실량

(가) 프리텐션 부재

$$\Delta f_{psh} = 119 - 1.05H_r\,(\mathrm{MPa}) \quad (4.6.5a)$$

(나) 포스트텐션 부재

$$\Delta f_{psh} = 0.80(119 - 1.05H_r)\,(\mathrm{MPa}) \quad (4.6.5b)$$

여기서,

f_{cir} : 프리스트레스 도입 직후 보의 고정하중과 프리스트레스 힘에 의해 발생하는 PS강재 도심에서의 콘크리트 평균 압축응력(MPa)

f_{cds} : 프리스트레싱 당시 존재하는 고정하중을 제외한 모든 고정하중에 의해 발생하는 PS강재 도심에서의 콘크리트 평균 압축응력(MPa)

H_r : 주위의 연간 평균 상대습도(%)

4) PSC 합성거더교의 크리프 및 건조수축 영향

포스트텐셔닝된 프리스트레스트 콘크리트 거더와 현장타설 바닥판이 전단연결재에 의해 결합되어, 거더와 바닥판이 일체로 된 합성단면의 응력검사에 있어서는 거더와 바닥판에서의 콘크리트 크리프의 차 및 건조수축의 차를 고려하도록 되어 있다.

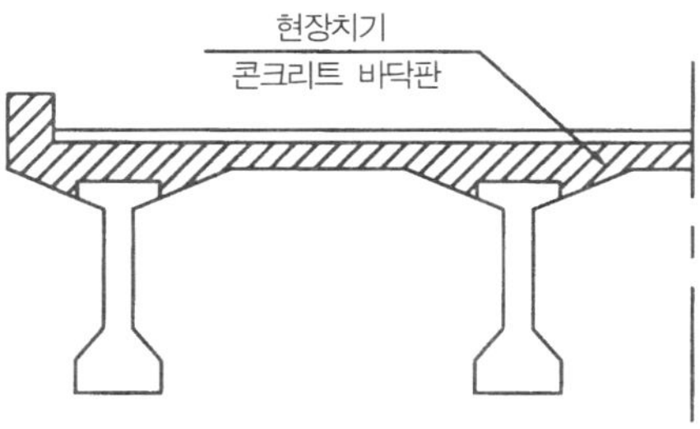

(a) 합성 T형 거더교

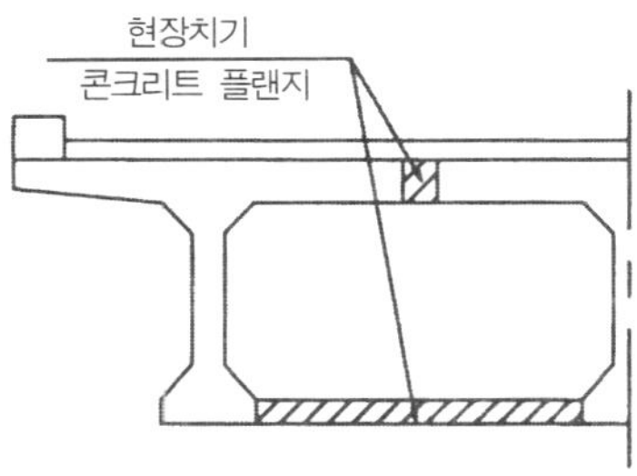

(b) 합성 박스거더교

도로교설계기준에서는 단순지지되는 합성거더교에서 크리프와 건조수축의 영향을 계산할 수 있는 식을 다음과 같이 제시하였다.

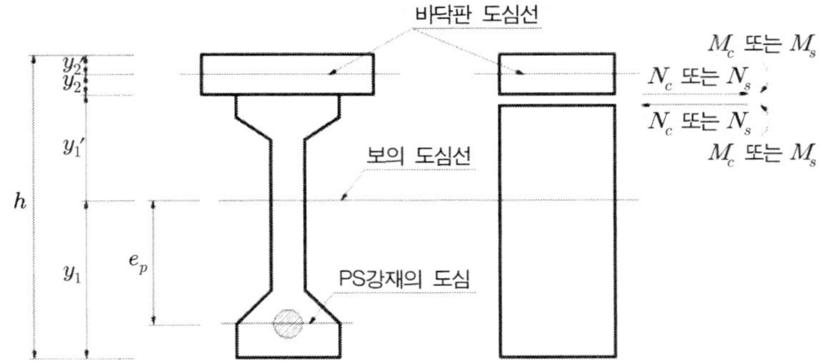

가. 크리프에 의한 단면력

$$N_c = -\frac{K'}{C^2 - BF}\left[P\left\{B(y_1' \cdot e_p - r_{c1}^2) - C \cdot e_p\right\} + M_{d1}(C - By_1')\right] - \frac{K'}{C^2 - BF}M_{d2}(C - By_1')$$

$$N_c = -\frac{K'}{BF - C^2}\left[P\left\{C(y_1' \cdot e_p - r_{c1}^2) - F \cdot e_p\right\} + M_{d1}(F - Cy_1')\right] - \frac{K'}{BF - C^2}M_{d2}(F - Cy_1')$$

나. 건조수축에 의한 단면력

$$N_s = \varepsilon_s \cdot E_{c1} \cdot I_{c1}\frac{B}{BF - C^2} \cdot \frac{1}{1+\phi^{\infty}}$$

$$M_s = \varepsilon_s \cdot E_{c1} \cdot I_{c1}\frac{C}{C^2 - BF} \cdot \frac{1}{1+\phi^{\infty}}$$

여기서,

$B = 1 + m$

$C = y_1' - my_2$

$F = y_1'^2 + r_{c1}^2 + mr_{c2}^2 + my_2^2$

$K = \dfrac{\phi^{\infty}}{1+\phi^{\infty}}$

$K' = \dfrac{\phi_t}{1+\phi^{\infty}}$

ϕ^{∞} : 콘크리트 초기재령부터 $T = \infty$ 까지 크리프계수

ϕ_t : 바닥판을 합성한 후부터 $T = \infty$ 까지 크리프계수

P : PS강재의 긴장력(kN)
(단면을 계산하는 시점에서의 크리프, 릴랙세이션 및 건조수축에 의한 프리스트레스의 감소량을 고려하지 않으면 안 된다. 프리스트레스를 가한 후부터 합성할 때까지가 3개월 이상 경과한 경우에는 릴랙세이션은 종료된 것으로 보아도 좋다).

M_{d1} : 거더의 고정하중에 의한 휨모멘트(kN · m)

M_{d2} : 현장치기 바닥판의 고정하중에 의한 휨모멘트(kN · m)

A_{c1} : 거더의 단면적(m^2)

I_{c1} : 거더의 단면 2차 모멘트(m^4)

r_{c1}^2 : I_{c1} / A_{c1}

E_{c1} : 거더의 탄성계수(MPa)

A_{c2} : 현장치기 바닥판의 단면적(m^2)

I_{c2} : 현장치기 바닥판의 단면 2차 모멘트(m^4)

r_{c2}^2 : I_{c2} / A_{c2}

E_{c2} : 현장치기 바닥판의 탄성계수(MPa)

ε_s : 거더와 바닥판의 건조수축 차이

5) 합성거더 바닥판 콘크리트의 장기거동 영향

(1) 크리프

도로교 설계기준에서는 강거더와 현장타설 콘크리트 바닥판이 전단연결재에 의해 결합되어 주거더와 바닥판이 일체로 거동하는 합성거더의 장기거동 영향에 대해서 규정하고 있다.

> **3.9.2.6 바닥판 콘크리트의 크리프**
>
> 합성단면으로서의 바닥판 콘크리트에 지속하중이 작용하는 경우 바닥판 콘크리트의 크리프에 의한 응력의 계산에 쓰이는 크리프계수 ϕ_1은 2.0을 표준으로 한다.

크리트계수는 기상상태 및 합성작용이 시작하는 시기를 고려해 $\phi_1 = 2.0$을 표준값으로 제시하였지만, 바닥판에 작용하는 지속하중의 종류와 작용시기가 상황에 따라 달라질 수 있으므로 이에 대한 기술자의 판단이 중요하다.

예를 들어, 강거더 설치 후 거더 하부에 지지대가 없는 상태에서 바닥슬래브를 타설했다면 바닥슬래브의 자중은 강거더가 모두 부담하게 되므로 바닥슬래브에 크리프를 유발시키지 않는다. 대신 포장, 방호벽 하중과 같은 2차 고정하중이 바닥슬래브에 크리프를 발생시키는 지속하중이 되며 작용시기도 2차 고정하중을 시공하는 시기가 될 것이다. 그렇지만 거더 하부에 지지대를 설치한 상태에서 거더와 슬래브를 시공한 후 지지대를 제거했다면, 크리프를 유발시키는 지속하중은 합성거더의 자중도 포함될 것이며 작용시기도 지지대 제거시점이 되기 때문에 크리프의 영향은 더 커질 수 있다. 따라서 시공단계별로 변화하는 단면의 합성과정을 정확히 판단해서 크리프계수를 결정해야 한다.

(2) 건조수축

건조수축변형률은 CEB-FIP90 Model을 근거로 하고 있으며, 4~7일 이후의 건조수축변형률이 합성거동에 영향을 주는 것으로 보고 최종 건조수축률을 산정하였다.

합성거더에서는 바닥판 콘크리트의 자유로운 수축을 강재거더가 구속하므로 콘크리트에 인장응력이 발생하는데, 이것이 지속응력으로 작용하기 때문에 크리프가 발생하고 그 결과 수축에 의한 응력완화를 고려해야 하며, 이때 크리프계수는 수축이 일어날 때의 콘크리트 재령이 매우 짧다는 점을 감안해 표준값의 2배를 적용하고 있다.

> 3.9.2.8 바닥판 콘크리트의 건조수축
>
> 바닥판 콘크리트의 건조수축에 의한 응력의 계산에 사용하는 최종 수축률 ε_s는 27×10^{-5}, 크리프계수 ϕ_2는 $\phi_2 = 2\phi_1 = 4.0$을 표준으로 한다.

5.2.3 소수거더교 설계 사례

기본적으로 크리프와 건조수축은 재료비선형의 문제이면서 시간종속적인 특성을 가지고 있다. 특히 크리프의 경우, 지속하중별로 독립적인 변형형상을 가지고 있어 구현하기가 무척이나 어려운 현상이다. 따라서 캔틸레버 공법과 같이 시공단계가 복잡한 교량의 해석 시에는 시공단계별 크리프 변화를 구현할 수 있는 전용프로그램을 사용하고 있다.

여기서는 장기거동의 영향을 적게 받는 강합성교량인 소수거더교의 설계 사례를 살펴보기로 한다. 소수거더교는 강합성거더 중에서도 가장 심플한 구조요소를 갖고 있으며 도로설계편람의 내용을 근거로 설계 사례를 소개하고자 한다. 다만, 여기서는 장기거동의 영향을 받는 항목에 대한 계산 사례만을 보여주는 것이므로 중간과정 값은 생략한다.

(1) 교량 제원

- 연장 : 50.00+60.00+50.00 = 160.00m
- 표준단면의 횡단 구성 및 거더 배치

중앙부 횡단면도

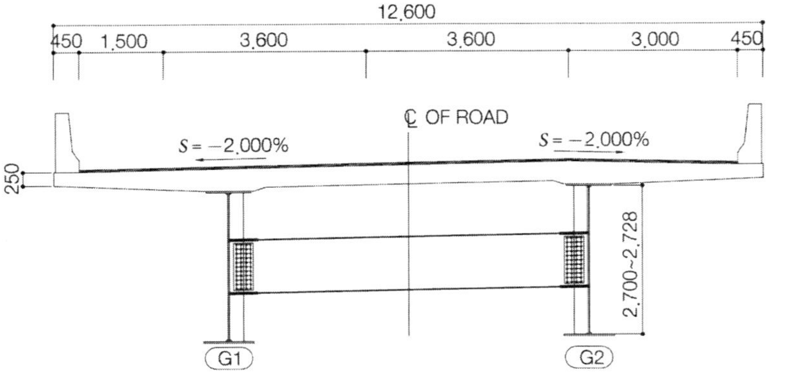

교대부 횡단면도

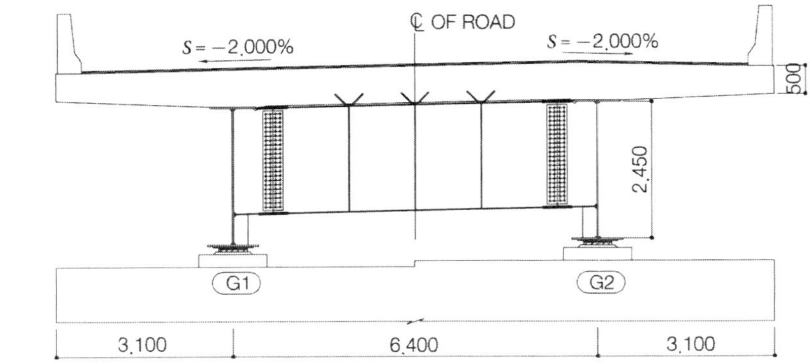

(단위 : mm)

- 단면가정 및 설계조건

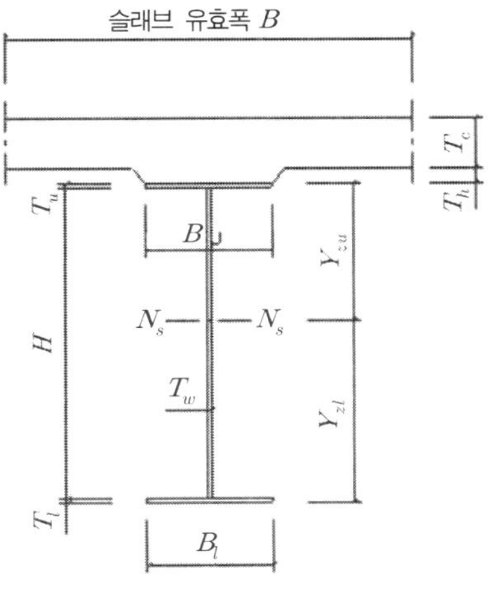

$H = 2{,}700\text{mm}$

$B = 6{,}106\text{mm}$

$B_u = 800\text{mm}$

$B_l = 900\text{mm}$

$T_c = 350\text{mm}$

$T_h = 50\text{mm}$

$T_u = 30\text{mm}$

$T_l = 30\text{mm}$

$T_w = 24\text{mm}$

(2) 사용재료 및 물리상수

- 콘크리트 설계기준압축강도 : $f_{ck} = 40\text{MPa}$
- 콘크리트 탄성계수 : $E_c = 28{,}000\text{MPa}$

(3) 크리프 및 건조수축 영향 검토

도로교설계기준에서는 크리프에 의해 바닥판 콘크리트에 발생하는 응력 변화량을 야쓰미 해법에 기초하여 설명하고 있다. 그러나 이 과정에서 정정구조물을 중심으로 내용이 기술되어 있어 다경간구조와 같은 외적 부정정구조에 그대로 적용할 수 없으므로 일반적으로 k factor법을 적용해 발생응력을 계산한다. 이 과정을 보다 상세히 설명하면 다음과 같다.

1) 내적 부정정시스템의 이해

바닥판의 크리프 및 건조수축과 같은 초기 변형에 의한 내적 부정정력은 경계를 구속한 상태인 구속계(fixed end system)과 실제 경계조건에 맞춰서 경계조건을 푼 이완계(released system)으로 구분할 수 있다.

〈단계 1 : 구속계〉

바닥판에 초기 변형이 발생하면 모든 경계가 구속된 상태에서 구속반력(fixed end reaction)이 발생한다. 예를 들어, i번 부재에 초기 변형 ε_i가 발생한 경우에 구속반력 $P_{R,i}$가 작용하게 된다. 마찬가지로 모든 부재에 대해서 구속반력 $P_{R,j}$, $P_{R,k}$ ··를 구할 수 있다.

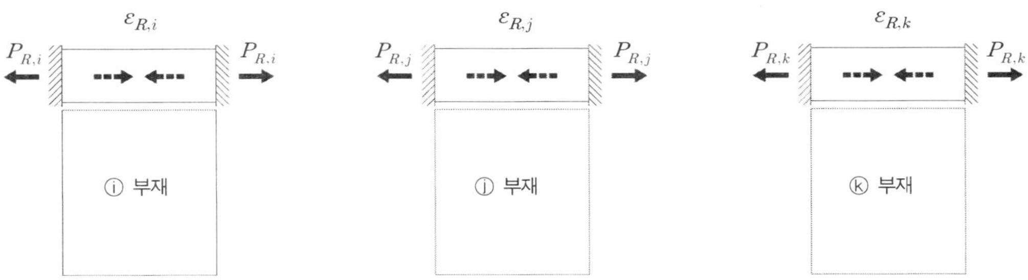

〈**단계 2 : 이완계**〉

구속반력이 구해지면 구속된 자유도를 실제 구조계의 경계조건에 맞춰서 푼다. 이 과정에서 구속반력의 역방향으로 이완력이 작용하며 구조물 거동의 중심인 합성형의 도심으로 평행 이동시킨 축력과 모멘트로 작용하게 된다.

(System 1)

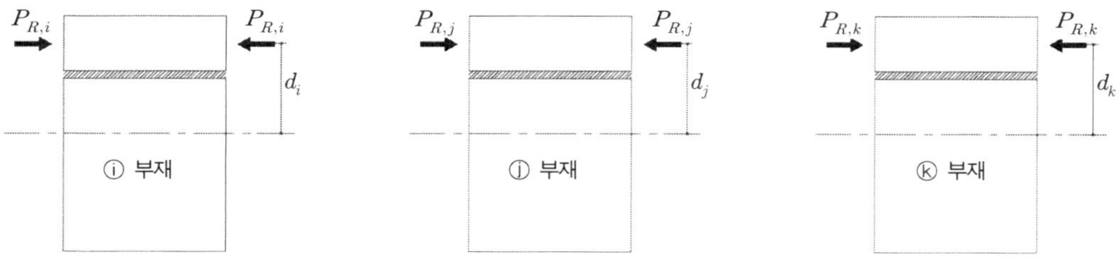

(System 2)

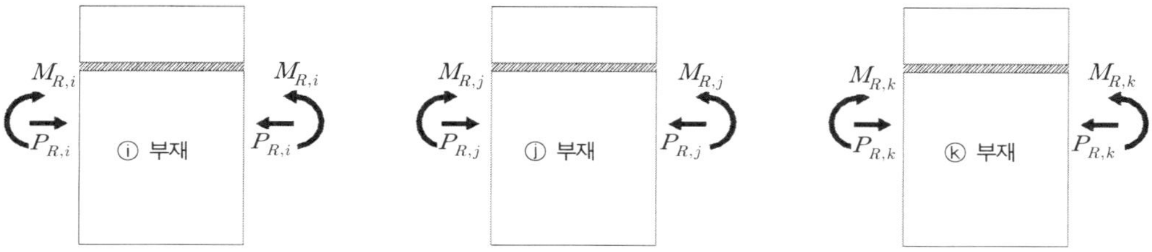

만일 각 부재별로 초기 변형량이 같고 단면적, 탄성계수, 합성형 도심 간의 거리가 같아서 $P_{R,i} = P_{R,j} = P_{R,k} = \cdots = P$로 할 수 있다면 최종적으로 단부에 작용하는 축방향력 P와 집중 모멘트 M만 남게 된다. 건조수축이나 일정한 온도의 경우에는 이와 같은 가정의 도입이 가능하므로 System 3과 같은 이완계를 구성할 수 있다. 이와 같은 이완계는 슬래브와 거더 모두에 단면력을 발생시키게 된다.

(System 3)

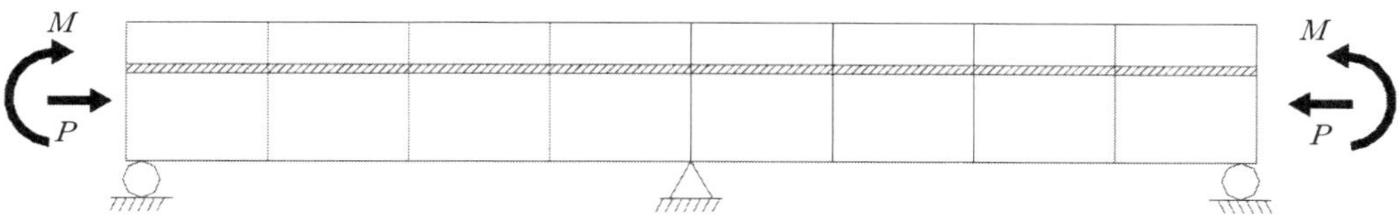

〈단계 3 : 실구조〉

실제의 시스템은 구속계와 이완계를 중첩한 형태로 나타난다.

$R_{Real} = R_{Fixed} + R_{Released}$ (여기서, R은 각 시스템의 단면력)

설계기준에서는 위와 같은 중첩법을 단순 정정구조에 적용했을 때의 수식을 제시하고 있으므로 부정정구조에 대해서는 설계자가 시스템에 적합한 이완계를 구하고 단면력을 계산해야 한다.

2) 양단 집중모멘트 작용 시의 k factor를 이용하는 방법

〈단계 1 : k factor 계산〉

건조수축(동시에 타설되었다는 가정)과 같이 모든 위치에서 초기 변형이 동일하고 동시에 부재 단면도 같다면, 각 절점에서의 이완력은 상쇄되어 결국 양 끝단에서만 수평력과 모멘트가 작용하는 이완계가 형성된다.

수평력은 전 단면에 동일하게 작용할 것이므로 문제가 되지 않지만, 집중 모멘트에 의한 부재 단면력은 부정정구조인 경우 별도의 해석이 필요하다. 일반적으로 많이 사용하는 있는 방법은 구조물 양 끝단에 단위 집중 모멘트 $M = 1.0$kN/m를 작용시켜서 그로 인해 발생하는 영향계수(일명 k factor)를 구하고 그 값에 실제 집중 모멘트 크기에 곱해서 이완계의 발생 모멘트를 구하는 것이다.

〈단계 2 : 응력 검토(최대 정모멘트 발생 위치)〉

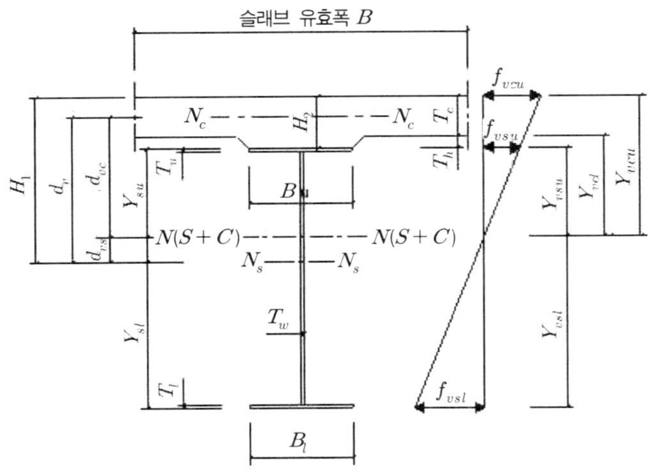

- 크리프 $k = 0.523$ (2차 부정정력으로 인한 영향 고려)

$$n_1 = n \cdot (1+\phi_1/2) = 16$$

$$A_{v1} = A_s + A_c/n_1 = 249{,}369\text{mm}^2$$

$$d_{c1} = d_v \cdot A_s / (A_c/n_1 + A_s) = 747.8\text{mm}$$

$$d_{s1} = d_v - d_{c1} = 862.6\text{mm}$$

$$Y_{v1cu} = d_{c1} + T_c/2 = 922.8\text{mm}$$

$$Y_{v1cl} = Y_{v1cu} - T_c = 572.8\text{mm}$$

$$Y_{v1su} = Y_{v1cu} - H_2 + T_u = 552.8\text{mm}$$

$$Y_{v1sl} = Y_{v1su} - (H + T_u + T_l) = -2{,}207.2\text{mm}$$

$$I_{v1} = I_s + I_c/n_1 + A_s \cdot d_{s1}^2 + A_c/n_1 \cdot d_{c1}^2 = 29.64\text{E+10mm}^4$$

$$N_c = M_{sc} \cdot d_{vc} \cdot A_c / (n \cdot I_v) = 1{,}446{,}847\text{N}$$

$$P_\phi = N_c \cdot 2 \cdot \phi_1 / (2+\phi 1) = 1{,}446{,}847\text{N}$$

$$M_\phi = P_\phi \cdot d_{c1} = 1{,}082\text{E+06Nmm}$$

$$E_{c1} = E_c / (1+\phi_1/2) = 14{,}000.0\text{MPa}$$

$$f_{cu} = M_{sc} \cdot Y_{vcu} / (n \cdot I_v) = 0.9\text{MPa}$$

$$f_{cl} = M_{sc} \cdot Y_{vcl} / (n \cdot I_v) = 0.4\text{MPa}$$

$$f_{vcu1} = 1/n_1 \cdot (P_\phi/A_{v1} + K \cdot M_\phi \cdot Y_{v1cu}/I_{v1}) - E_{c1} \cdot f_{cu} \cdot \phi_1/E_c = -0.4\text{MPa}$$

$$f_{vcl1} = 1/n_1 \cdot (P_\phi/A_{v1} + K \cdot M_\phi \cdot Y_{v1cl}/I_{v1}) - E_{c1} \cdot f_{cl} \cdot \phi_1/E_c = 0.0\text{MPa}$$

$$f_{vsu1} = P_\phi / A_{v1} + K \cdot M_\phi \cdot Y_{v1su} / I_{v1} = 6.9\text{MPa}$$

$$f_{vsl1} = P_\phi / A_{v1} + K \cdot M_\phi \cdot Y_{v1sl} / I_{v1} = 1.6\text{MPa}$$

- 건조수축

$$
\begin{aligned}
n_2 &= n \cdot (1+\phi_2/2) && = 24 \\
A_{v2} &= A_s + A_c/n_2 && = 204{,}846\text{mm}^2 \\
d_{c2} &= d_v \cdot A_s/(A_c/n_2 + A_s) && = 910.3\text{mm} \\
d_{s2} &= d_v - d_{c2} && = 700.0\text{mm} \\
Y_{v2cu} &= d_{c2} + T_c/2 && = 1{,}085.3\text{mm} \\
Y_{v2cl} &= Y_{v2cu} - T_c && = 735.3\text{mm} \\
Y_{v2su} &= Y_{v2cu} - H_2 + T_u && = 715.3\text{mm} \\
Y_{v2sl} &= Y_{v2su} - (H + T_u + T_l) && = -2{,}044.7\text{mm} \\
I_{v2} &= I_s + I_c/n_2 + A_s \cdot d_{s2}^2 + A_c/n_2 \cdot d_{c2}^2 && = 26.57\text{E+10mm}^4 \\
P_2 &= E_s \cdot \varepsilon_s \cdot A_c/n_2 && = 5{,}049\text{E+03N} \\
M_{v2} &= P_2 \cdot d_{c2} && = 4{,}596\text{E+06Nmm} \\
E_{c2} &= E_s/n_2 && = 8{,}750\text{MPa} \\
f_{vcu2} &= 1/n_2 \cdot (P_2/A_{v2} + K \cdot M_{v2} \cdot Y_{v2cu}/I_{v2}) - E_{c2} \cdot \varepsilon_s && = -0.9\text{MPa} \\
f_{vcl2} &= 1/n_2 \cdot (P_2/A_{v2} + K \cdot M_{v2} \cdot Y_{v2cl}/I_{v2}) - E_{c2} \cdot \varepsilon_s && = -1.1\text{MPa} \\
f_{vsu2} &= P_2/A_{v2} + K \cdot M_{v2} \cdot Y_{v2su}/I_{v2} && = 31.1\text{MPa} \\
f_{vsl2} &= P_2/A_{v2} + K \cdot M_{v2} \cdot Y_{v2sl}/I_{v2} && = 6.1\text{MPa}
\end{aligned}
$$

3) 등가온도 해석법에 의한 크리프 단면력 산정

- **크리프변형의 이해**

건조수축은 모든 위치에서 바닥판에 동일한 초기 변형을 유발시킨다고 가정할 수 있으며, 그런 가정하에서 Released System에서 양단 집중하중이 작용한다는 가정과 그에 따른 k factor 산정이 타당해 보이나 크리프는 경우가 다르다. 크리프변형률은 지속응력에 의한 변형의 크기에 비례해서 발생하며 강합성교 바닥판의 지속응력은 일반적으로 2차 고정하중에 의해서 유발된다는 점을 감안할 때, 지간부에서는 압축 크리프가 가장 크고 중간 지점부에서 인장 크리프가 가장 크게 발생해 위치별로 크리프변형률이 다르다는 것을 알 수 있다. 이 지속하중에 의한 변형은 부재 내에서 선형으로 변화하지만, 그럴 경우 Fixed End Reaction을 산정하기 어렵기 때문에 설계의 편의성을 위해서 각 부재별 평균 초기 변형값을 적용해도 무방할 것으로 보인다. 즉,

$$\text{부재의 초기 변형률}(\varepsilon_i) = \frac{\text{부재 } i\text{단 변형률} + \text{부재 } j\text{단 변형률}}{2}$$

그럴 경우, 각 부재별 이완력을 절점별로 조합한 절점하중이 남기 때문에 단부에서만 절점력이 작용하는 구조가 아닌 각 절점별로 절점력이 잔존하는 System 4의 형태를 띠게 된다.

(System 4)

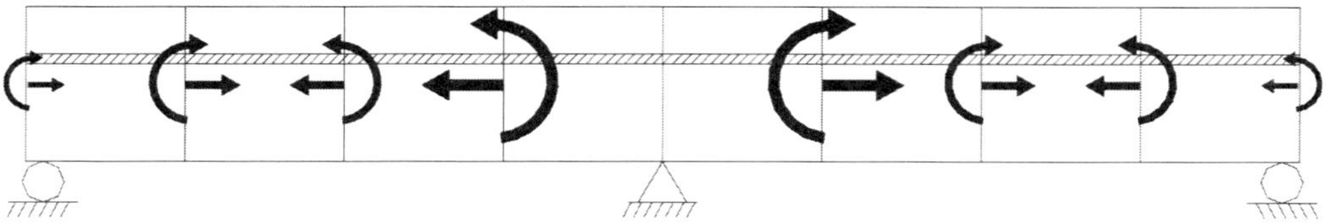

- **등가온도법**

크리프나 건조수축은 해석적으로 볼 때 온도와 같은 초기 변형의 문제이므로 이를 등가의 온도로 치환해 해석하자는 것이 등가온도법의 기본개념이다. 이 방법은 사용자가 구속계나 이완계에 대한 이해가 없어도 해석 결과를 바로 적용할 수 있어 쉽다.

해석절차 및 변형률 산정방법은 도로교설계기준에 제시되어 있는 야쓰미해법을 적용하고 있으며, 내적 부정정구조를 갖는 강합성의 특성을 반영하여 최종 상태에서의 바닥판 응력변동량 $\Delta f(\infty)$을 유도하였다. 또한 크리프변형 산정 시 축변형만을 고려하였다.

ⓐ 필요한 온도 증감을 구한다.

$$\triangle T_\phi = \frac{\varepsilon_0 \phi_1}{\alpha} = \frac{(f_i + f_j) \times \phi_1}{2 \times E_c \times \alpha} \text{ (크리프를 고려할 때)}$$

여기서, $\varepsilon_0 = \dfrac{f_i + f_j}{2E_c}$,

E_c : 해당 재령의 콘크리트 탄성계수

f_i, f_j : 지속하중에 의한 부재 양단에서의 응력

ϕ_1 : 크리프계수

α : 콘크리트의 선팽창계수

ⓑ 바닥판에 온도 증감을 주고 구조물을 해석한 뒤 응력을 구한다. 이때 바닥판의 탄성계수는 다음과 같다.

$$\text{크리프를 고려할 때} \quad E_{c1} = \frac{E_c}{1 + \frac{1}{2}\phi_1}$$

• **k factor법과 등가온도법의 결과 비교**

등가온도법 적용 결과, 기존의 k factor법과 비교할 때 다소의 응력 차이가 발생한다. 특히 지점부 거더의 하면에서는 5% 정도의 압축응력이 증가하므로 가능하면 등가온도법의 적용을 권장한다.

표 5.1 **k factor를 적용한 방법과 등가온도해석법 결과 비교**

하중	부재		거더응력(MPa)		슬래브응력(MPa)	
			상연	하연	상연	하연
크리프 적용 시	최대 정모멘트부	k factor법	6.9	1.6	−0.4	0.0
		등가온도법	4.7	−2.4	−0.2	0.1
	최대 부모멘트부	k factor법	−9.0	−12.6	−8.6	−8.9
		등가온도법	−7.3	2.5	4.6	0.5
하중조합 적용 시	최대 정모멘트부	k factor법	191.3	−199.7	1.08	−0.52
		등가온도법	189.1	−203.7	1.28	−0.42
	최대 부모멘트부	k factor법	−227.3	267.3	−88.8	−74.8
		등가온도법	−225.6	282.4	−75.6	−65.4

NOTE : 응력의 부호는 (+)가 압축, (−)가 인장을 의미함.

5.2.4 PSC 합성거더 설계 사례

PSC 교량구조물 중에서 가장 일반적인 형태인 PSC I형 합성거더교의 설계 사례를 도로설계편람의 내용을 근거로 소개하고자 한다. 다만, 여기서는 장기거동의 영향을 받는 항목에 대한 계산 사례만을 보여주는 것이므로 중간과정 값들은 생략한다.

(1) 교량 제원

- 형 식 : PSC 합성거더교
- 교 장 : 2@30.0 = 60.0m (신축 여유량 미포함)

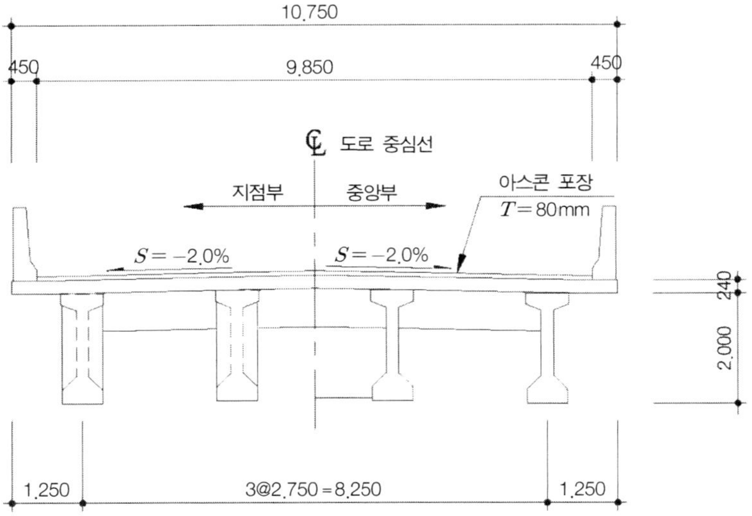

- 단면상세도

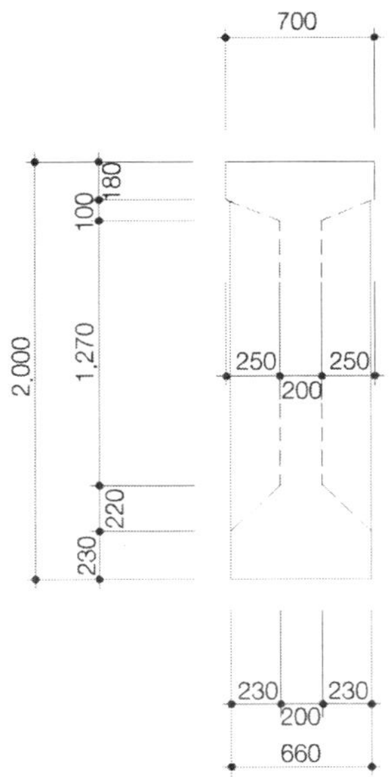

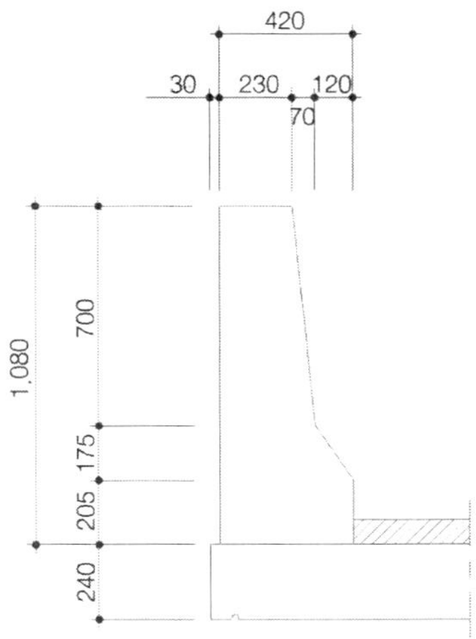

(2) 사용재료

- 콘크리트
  - 바 닥 판 : $f_{ck} = 27\mathrm{MPa}$
  - PSC 거더 : $f_{ck} = 40\mathrm{MPa}$
  - PS강재(저릴랙세이션 강재) : $f_{pu} = 190\mathrm{MPa}$

(3) 단면 제계수 산정(내측 거더 기준)

① PS강재 환산단면에 대한 단면 제계수의 계산

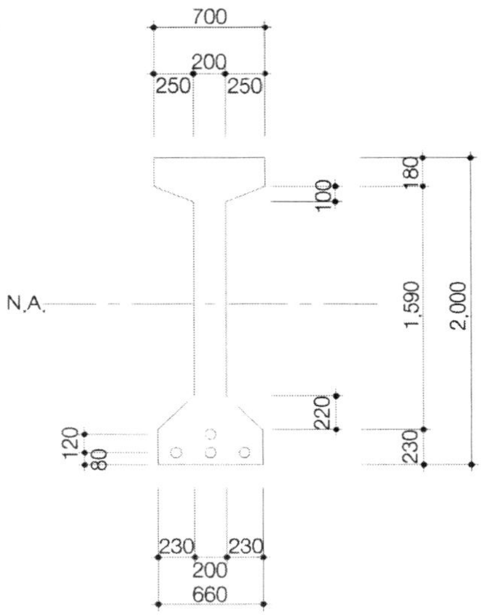

사용철근 $\phi 12.7 \times 12\,\mathrm{EA} = 0.001185\,\mathrm{m}^2$

$$n_p = \frac{E_s}{E_c} = \frac{200{,}000}{8{,}500\sqrt[3]{40+8}}$$

$$= 6.474$$

$$A = 0.001185 \times 4\,\mathrm{EA} \times 6.474$$

$$= 0.0307\,\mathrm{m}^2$$

(단위 : m)

구분	A (m²)	y (m)	$A \times y$ (m³)	y' (m)	$A \times y'^2$ (m⁴)	I_o (m⁴)
순단면	0.6577	1.023	0.672827	0.039	0.001000	0.320428
PS강연선	0.0307	1.890	0.058023	−0.828	0.021047	
계	0.6884		0.730850		0.022048	0.320428

$$y_{t3} = \frac{\Sigma(A \times y)}{\Sigma A} = \frac{0.730850}{0.6884} = 1.062\,\mathrm{m}$$: 거더 상단에서 도심까지 거리

$$y_{b3} = 1.062 - 2.000 = -0.938\,\mathrm{m}$$: 도심에서 거더 하단까지 거리

$$I_{x3} = \Sigma(I_o + A \times y'^2) = 0.320428 + 0.022048 = 0.342476\,\mathrm{m}^4$$

$$Z_{t3} = \frac{I_{x3}}{y_{t3}} = \frac{0.342476}{1.062} = 0.322482\,\mathrm{m}^3$$

$$Z_{b3} = \frac{I_{x3}}{y_{b3}} = \frac{0.342476}{0.938} = 0.365113\,\mathrm{m}^3$$

$$e_{p3} = 0.938 - 0.110 = 0.828\,\mathrm{m}$$

$$Z_{p3} = \frac{0.342476}{0.828} = 0.413618\,\mathrm{m}^3$$

② 합성단면에 대한 단면 제계수의 계산

$$n_c = \frac{8,500\sqrt[3]{27+8}}{8,500\sqrt[3]{40+8}} = 0.900$$

유효폭 산정

$12t + b_w = 12 \times 0.24 + 0.2 = 3.08\ \mathrm{m}$
양쪽 거더 중심간 거리 $= 2.75\,\mathrm{m}$
$l/4 = 29.1/4 = 7.275$
→ 작은 값 2.75m 사용

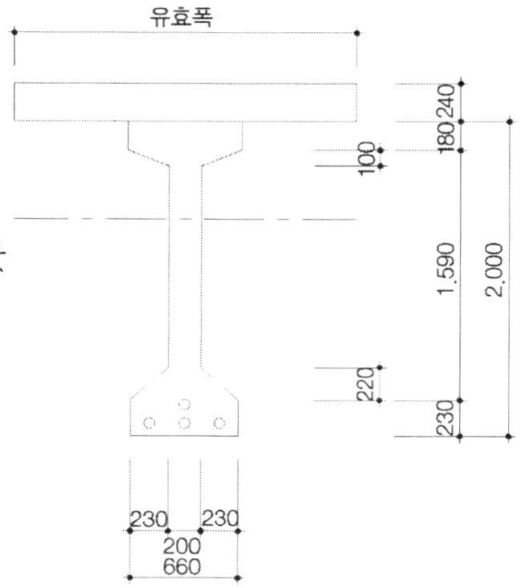

바닥판 단면적

$$A = 0.24 \times 2.75 \times 0.9 = 0.594\,\mathrm{m}^2$$

(단위 : m)

구분	A (m^2)	y (m)	$A \times y$ (m^3)	y' (m)	$A \times y'^2$ (m^4)	I_o (m^4)
PS강연선 환산단면	0.6884	1.302	0.896297	−0.547	0.205976	0.342476
바닥판	0.5940	0.120	0.071280	0.635	0.239516	0.002851
계	1.2824		0.967577		0.445491	0.345327

$$y_{st} = \frac{\Sigma(A \times y)}{\Sigma A} = \frac{0.967577}{1.2824} = 0.755\,\mathrm{m}$$: 바닥판 상단에서 도심까지의 거리

$$y_{t4} = 0.755 - 0.240 = 0.515\,\mathrm{m}$$: 거더 상단에서 도심까지의 거리

$$y_{b4} = 0.755 - 2.240 = -1.485\,\mathrm{m}$$: 도심에서 거더 하단까지의 거리

$$I_{x4} = \Sigma(I_o + A \times y'^2) = 0.345327 + 0.445491 = 0.790818\,\text{m}^4$$

$$Z_{st} = \frac{I_{x4}}{y_{st}} = \frac{0.790818}{0.755} = 1.047442\ \text{m}^3$$

$$Z_{t4} = \frac{I_{x4}}{y_{t4}} = \frac{0.790818}{0.515} = 1.535570\,\text{m}^3$$

$$Z_{b4} = \frac{I_{x4}}{y_{b4}} = \frac{0.790818}{1.485} = 0.532538\,\text{m}^3$$

$$e_{p4} = 1.485 - 0.110 = 1.375\,\text{m}$$

$$Z_{p4} = \frac{0.790818}{1.375} = 0.575141\,\text{m}^3$$

(4) 크리프 및 건조수축에 의한 단면력 및 응력계산

① 크리프에 의한 단면력 및 응력계산(내측 거더 기준)

$$m = \frac{E_{c1}\,I_{c1}}{E_{c2}\,I_{c2}} = \frac{30{,}891 \times 0.342476}{27{,}804 \times 0.003168} = 120.1$$

$$B = 1 + m = 1 + 120.1 = 121.1$$

$$C = y_1{}' - m\,y_2 = 1.062 - 120.1 \times 0.120 = -13.4$$

$$F = y_1{}'^2 + r_{c1}^2 + m\,y_2^2 + m\,r_{c2}^2$$

$$= 1.062^2 + 0.497495 + 120.1 \times 0.120^2 + 120.1 \times 0.004800 = 3.9$$

$$P = \frac{(1{,}136.46 + 938.98) \times 10^3}{2} \times 0.0011845 \times 4 = 4{,}918.8\,\text{kN}$$

$$K = \frac{\phi^{\infty}}{1 + \phi^{\infty}} = \frac{3.8}{1 + 3.8} = 0.792$$

$$K' = \frac{\phi_t}{1 + \phi^{\infty}} = \frac{2.4}{1 + 3.8} = 0.500$$

$$N_c = -\frac{0.500}{13.4^2 - 121.1 \times 3.9}[4{,}918.8\,\{121.1\,(1.062 \times 0.828 - 0.497495)$$

$$+ 13.4 \times 0.828\} + 1{,}837.0 \times (-13.4 - 121.1 \times 1.062)]$$

$$-\frac{0.792}{13.4^2-121.1\times3.9}\times2{,}001.0\times(-13.4-121.1\times1.062)=-732.7\,\text{kN}$$

$$M_c=-\frac{0.500}{121.1\times3.9-13.4^2}[4{,}918.8\{-13.4(1.062\times0.828-0.497495)$$

$$-3.9\times0.828\}+1{,}837.0\times(3.9+13.4\times1.062)]$$

$$-\frac{0.792}{121.1\times3.9-13.4^2}\times2{,}001.0\times(3.9+13.4\times1.062)=-84.9\,\text{kNm}$$

$$f'_{c2}=-\frac{-732.7\times10^{-3}}{0.6600}-\frac{-84.9+732.7\times0.120}{0.003168}\times0.120\times10^{-3}=1.00\,\text{MPa}$$

$$f_{c2}=-\frac{-732.7\times10^{-3}}{0.6600}+\frac{-84.9+732.7\times0.120}{0.003168}\times0.120\times10^{-3}=1.22\,\text{MPa}$$

$$f'_{c1}=\frac{-732.7\times10^{-3}}{0.6884}+\frac{-84.9-732.7\times1.062}{0.342476}\times1.062\times10^{-3}=-3.74\,\text{MPa}$$

$$f_{c1}=\frac{-732.7\times10^{-3}}{0.6884}-\frac{-84.9-732.7\times1.062}{0.342476}\times0.938\times10^{-3}=1.30\,\text{MPa}$$

② 건조수축에 의한 단면력 및 응력계산(내측 거더 기준)

$$N_s=\frac{0.0001\times30{,}891\times10^3\times0.342476\times121.1}{121.1\times3.9-13.4^2}\times\frac{1}{1+3.8}=91.2\,\text{kN}$$

$$M_s=\frac{0.0001\times30{,}891\times10^3\times0.342476\times(-13.4)}{13.4^2-121.1\times3.9}\times\frac{1}{1+3.8}=10.1\,\text{kNm}$$

$$f'_{s2}=-\frac{91.2\times10^{-3}}{0.6600}-\frac{10.1-91.2\times0.120}{0.003168}\times0.120\times10^{-3}=-0.11\,\text{MPa}$$

$$f_{s2}=-\frac{91.2\times10^{-3}}{0.6600}+\frac{10.1-91.2\times0.120}{0.003168}\times0.120\times10^{-3}=-0.17\,\text{MPa}$$

$$f'_{s1}=\frac{91.2\times10^{-3}}{0.6884}+\frac{10.1+91.2\times1.062}{0.342476}\times1.062\times10^{-3}=0.46\,\text{MPa}$$

$$f_{s1}=\frac{91.2\times10^{-3}}{0.6884}-\frac{10.1+91.2\times1.062}{0.342476}\times0.938\times10^{-3}=-0.16\,\text{MPa}$$

그러나 위 식은 합성거더가 단순지지된 경우로, 연속교 형식으로 구성할 경우에는 연속화된 후에 발생하는 외적 부정정력에 대한 고려가 필요하다. 즉, 지점부가 연속된 이후에는 거더의 기존 크리프변형과 바닥판 슬래브 타설로 인한 추가적인 크리프 변형이 내적뿐만 아니라 외적 부정정력을 발생시키기 때문에 단면력 산정 시 이와 같은 부정정력의 효과를 감안해야 한다.

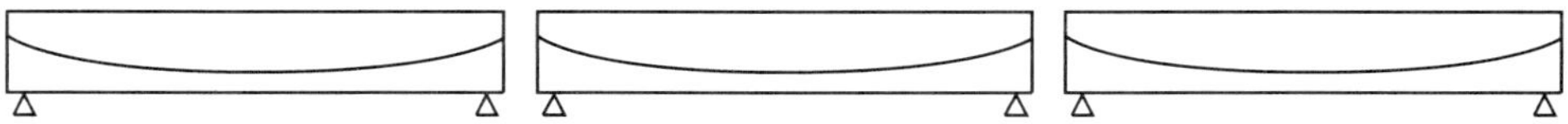

① 프리캐스트 PSC 단순보를 받침 위에 가설

② 중간 가로보의 시공

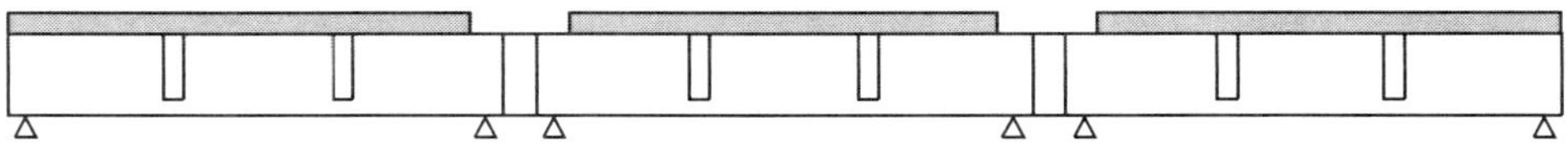

③ 중간 바닥판의 시공

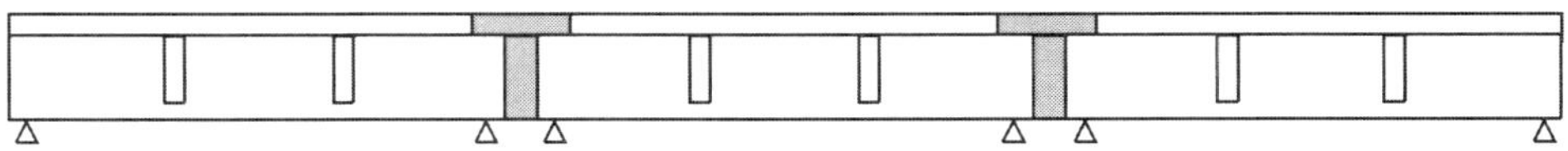

④ 연결부(바닥판, 가로보)의 시공

그림 5.11 **PSC 합성거더교 시공순서**

5.2.5 PSC 박스거더 설계 사례(캔틸레버 시공)

PSC 교량 가설공법 중 하부 지지대 없이 가장 긴 경간장을 시공할 수 있는 공법인 캔틸레버 공법(FCM; free cantilever method)은 공중에서 단면을 제작할 수 있는 Form Traveler라는 특수한 가설장비를 이용하여 순차적으로 한 세그먼트씩 좌우대칭으로 가설해나가는 공법이다.

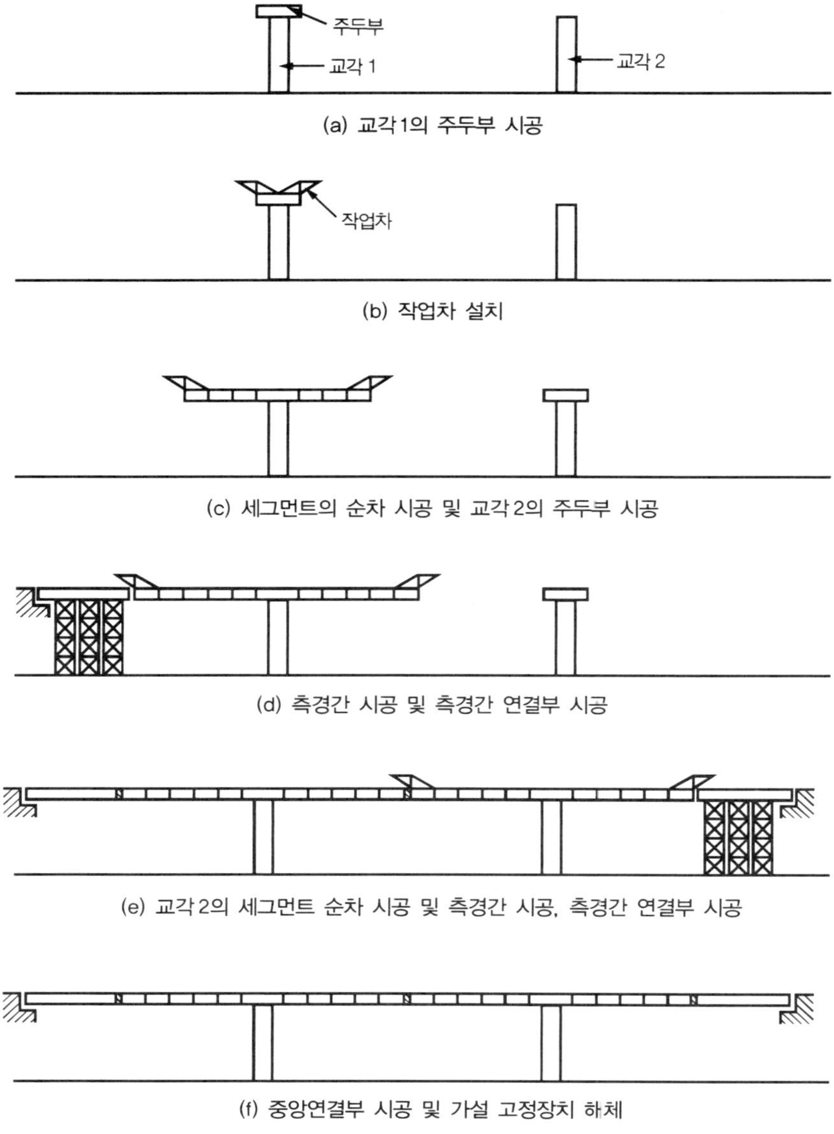

그림 5.12 **3경간 연속교의 현장타설 캔틸레버 공법 시공과정**

현장타설 캔틸레버 공법은 캔틸레버 시공 시 프리스트레싱에 의한 지속하중의 크기가 크며 거더가 충분한 양생시간을 갖지 못하기 때문에 크리프의 영향을 크게 받는 공법이다. 특히 세그먼트의 길이가 3~5m로 짧기 때문에 많은 세그먼트의 가설단계가 필요하고 그때마다 변화하는 지속하중에 의한 크리프변형을 계산하기 위해 중첩법을 사용하고 있다.

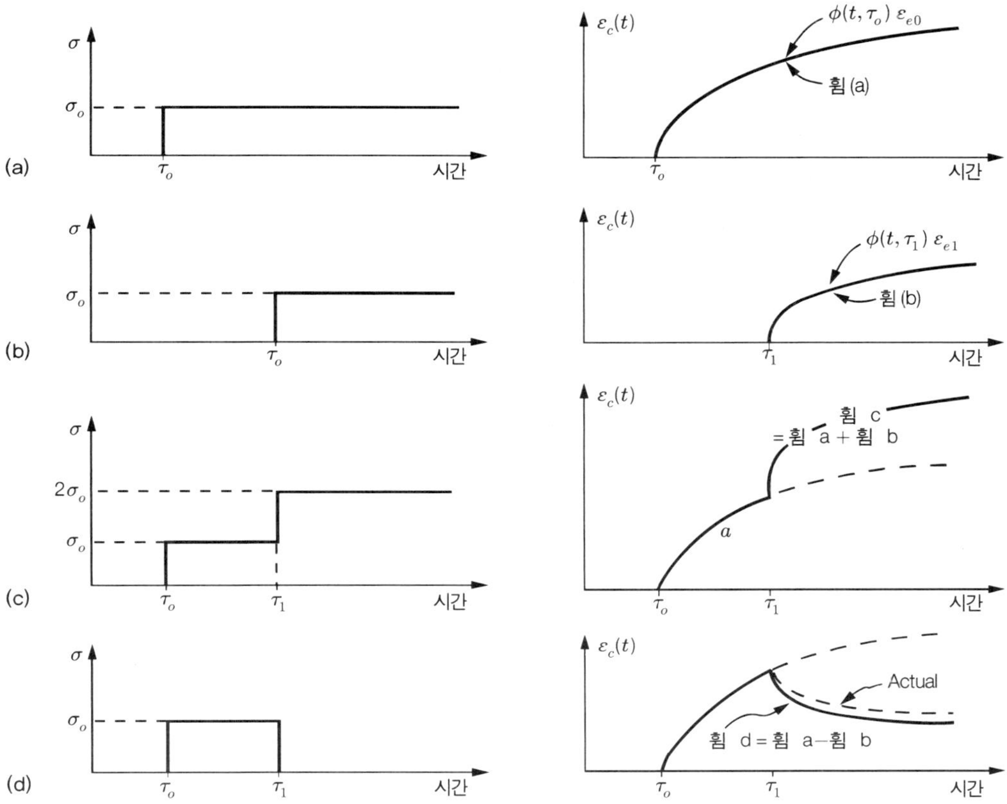

그림 5.13 **중첩법에 의한 크리프변형 산정**

또한 시공 중에는 캔틸레버상태이지만 폐합 후에는 연속구조가 되기 때문에 구조계 변화에 따른 단면력의 재분배가 발생한다. 이와 같이 캔틸레버 공법으로 시공되는 교량은 시공단계별로 크리프와 건조수축이 누적되어 발생하고 경계조건도 변화하기 때문에 대부분 전용프로그램을 이용하여 구조해석을 수행하고 있다. 따라서 구체적인 수치값을 갖는 설계 사례보다는 장기거동의 영향을 보다 정확히 반영하기 위한 항목들을 소개한다.

1) 정확한 환경변수를 반영한 크리프계수 및 건조수축변형률 산정

현재 모든 설계기준에서는 CEB-FIP90 모델식을 크리프 및 건조수축현상의 기본모델로 규정하고 있으며, 이에 따르면 크리프계수는 ① 콘크리트의 압축강도 또는 설계기준강도 ② 부재의 크기 ③ 평균 상대습도 ④ 재하 시의 재령 ⑤ 재하기간 ⑥ 시멘트 종류 ⑦ 양생온도 ⑧ 온도 변화 ⑨ 작용응력의 크기 등에 따라 결정된다.

여기서, 부재 크기 $h=2A_c/u$는 개념적인 부재 치수(mm)이고 A_c는 단면적(mm^2), u는 외기와 접촉하는 단면 둘레(mm)를 정의하므로 각 단면형상별로 크리프계수를 별도로 산정해 해석 시 구분하여 적용해야 한다.

또한 시공 시 단기양생 또는 건조수축의 조기발현을 위해 고온의 증기양생을 하는 경우도 많은데, 그럴 경우 반드시 온도보정이 이루어져야 한다.

2) 시공단계의 정확한 반영

캔틸레버 공법은 매 세그먼트 시공단계별로 자중과 프리스트레싱력에 의해 지속하중이 계속 변화하며 그에 따라 크리프변형량도 누적해서 변화한다. 따라서 정확한 시공단계별 긴장력과 Calendar Day 기준의 총시공일수로 일정을 입력해야 한다.

3) 선형관리를 위한 Casting Curve의 제시

Casting Curve는 완공 후 도면상에서 요구하는 최종 선형을 확보할 수 있도록 시공 중 선형을 제시한 값으로, 각 단계별로 세그먼트 설치 전과 설치 후의 처짐 값이 모두 표현되어 시공단계별로 시공의 정밀도를 판단할 수 있는 기준이 되기도 한다.

만일 아래 그림과 같이 3개의 세그먼트 A, B, C의 시공단계별 변위가 δ_{ij}라고 한다면 각 세그먼트의 i, j 단에서의 Casting Curve값은 다음과 같다.

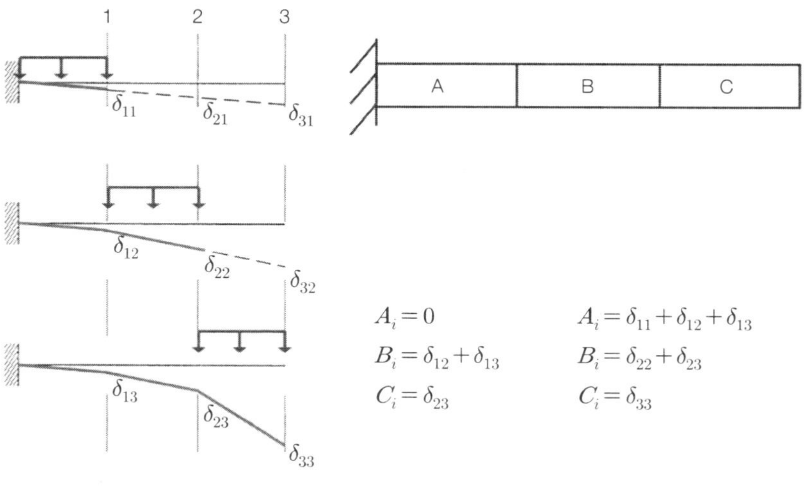

물론 Casting Curve값은 시공단계별 처짐의 반대방향이 되어야 하며, 주어진 Casting Curve에 맞추어 세그먼트의 좌표를 설정한 후 가설하면 주어진 최종 선형에 도달하게 된다.

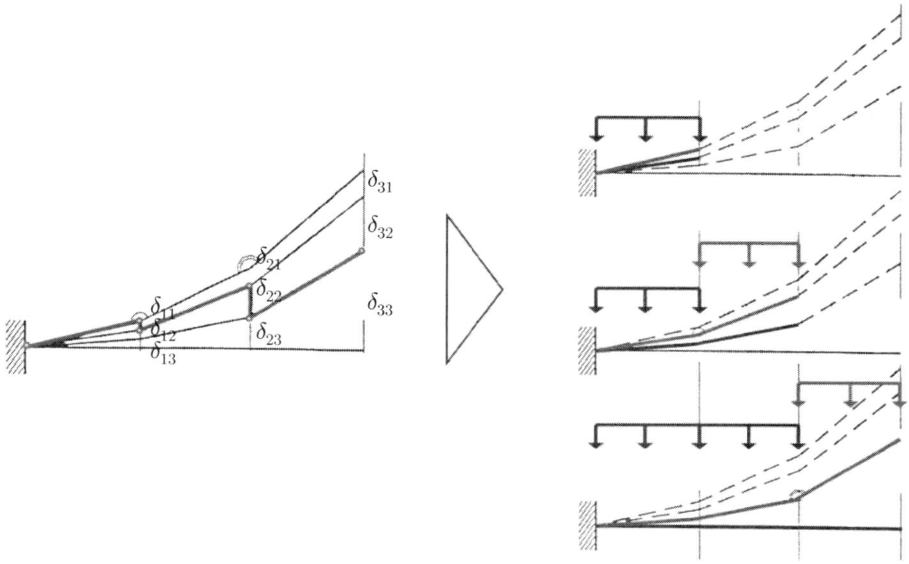

실제 시공단계는 매우 많고 복잡하며 가설장비 하중도 처짐에 영향을 주기 때문에 형상이 무척 복잡하다. 실제 FCM방식으로 시공되는 사장교에서의 Casting Curve의 예는 다음과 같다.

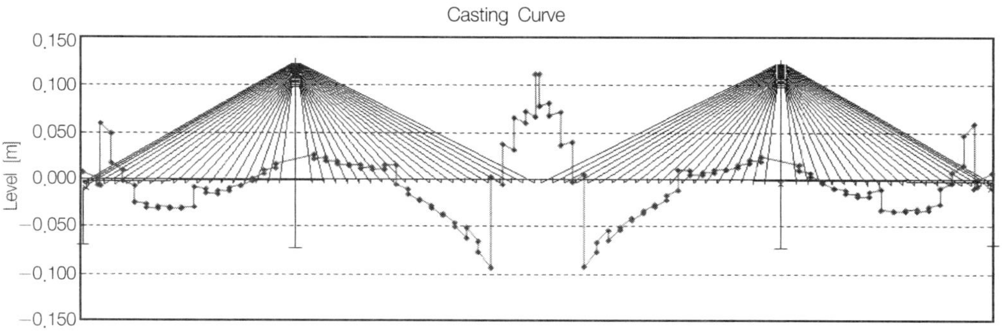

5.2.6 결론

1) 설계기준

기본적으로 크리프계수와 건조수축변형률 산정 및 콘크리트의 물성치 계산식들은 CEB-FIP90 Model을 근거로 제시되고 있다. 다만 확정값으로 주어진 대표적인 물성치들의 산출근거와 그때 적용된 환경변수값들이 불명확한 부분이 있으며 일부 단면력 및 응력산출식의 경우에는 산출근거 및 원리 등이 구체적으로 설명되어 있지 않아, 부정정구조와 같은 특수한 조건에서 적용이 가능한지에 대한 판단이 어려운 경우가 있다.

2) 교량형식별 설계 사례

강합성거더교에서 크리프의 영향을 계산하는 경우, 일반적으로 양 끝단에 집중 모멘트가 작용할 때 발생하는 부정정력을 근거로 한 k factor를 적용하고 있지만, 이는 위치별로 변화하는 크리프변형의 특성을 정확히 반영한 것이 아니므로 보다 신중하게 적용할 필요가 있다.

FCM공법과 같이 시공단계가 복잡한 경우에 전용프로그램을 사용하는 것은 어쩔 수 없지만, 적용프로그램이 CEB-FIP90 모델을 정확히 구현할 수 있는지, 시공단계별 지속하중에 대한 단계별 크리프값을 어떻게 산정하는지 등에 대해서는 최소한의 검증을 통해 프로그램의 적용성을 확인할 필요가 있다.

또한 정확한 결과 산정을 위해서는 정확한 데이터의 입력이 매우 중요하다. 예를 들어, 단면의 형상이나 양생조건 등이 다른 경우에는 크리프와 건조수축값도 변화하므로 반드시 재료 특성치를 구분해서 입력되어야 하며, 실제 Calendar Day 기준으로 시공일정을 정확히 입력해야 한다.

참/고/문/헌

1) Fintel, M., and Khan, F. R., "Effect of column creep and shrinkage in tall structures-Prediction of inelastic column shortening," ACI Journal, Dec., 1969, pp.957-967.

2) Ghali, A., Dilger, W., and Neville, A. M., "Time-dependent forces induced by settlement of support in continuous reinforced concrete beams," ACI Journal, Nov., 1969, pp.907-915.

3) Bast, W. D., McDonnell, T. R., Parker, L., and Shanks, S. P., "Measured shortening and its effects in a Chicago high-rise building," Proceedings of the Third Forensic Engineering Congress, San Diego, CA, 2003.

4) Guide to accuracy in building (BS 5606:1990), British Standards Institution, 1990.

5) Fintel, M., Ghosh, S. K., and Iyengar, H., "Column shortening in tall structures-prediction and compensation (EB108.01D)," Portland Cement Association, 1986.

6) ACI Committee 209, "Report on factors affecting shrinkage and creep of hardened concrete (ACI 209.1R-05)," American Concrete Institute, Farmington Hills, MI, 2005.

7) ACI Committee 209, "Guide for modeling and calculating shrinkage and creep in hardened concrete (ACI 209.2R-08)," American Concrete Institute, Farmington Hills, MI, 2008.

8) ACI Committee 209, "Analysis of creep and shrinkage effects in concrete structures (ACI 209.3R-XX)," American Concrete Institute, Farmington Hills, MI, 2011.

9) ACI Committee 209, "Prediction of creep, shrinkage, and temperature effects in concrete structures (ACI 209R-92, Reapproved 2008)," American Concrete Institute, Farmington Hills, MI, 2008.

10) Bazant, Z. P., and Murphy, W. P, "Creep and shrinkage prediction model for analysis and design of concrete structures-model B3," Materials and Structures, Vol.28, 1995, pp.357-365.

11) Gardner, N. J., "Comparison of prediction provisions for drying shrinkage and creep of normal-strength concretes," Canadian Journal of Civil Engineering, Vol.31, 2004, pp.767-775.

12) ACI Committee 107, "Specification for tolerances for concrete construction and materials (ACI 117-10)," American Concrete Institute, Farmington Hills, MI, 2010.

13) Carreira, D. J., and Poulos, T. D., "Designing for effects of creep and shrinkage in

high-rise concrete buildings," ACI SP 246-07, 2007, pp.107-132.

14) Fintel, M., and Khan, F. R., "Effect of column creep and shrinkage in tall structures-Prediction of inelastic column shortening," ACI Journal, Dec., 1969, pp.957-967.

15) Ghali, A., Dilger, W., and Neville, A. M., "Time-dependent forces induced by settlement of support in continuous reinforced concrete beams," ACI Journal, Nov., 1969, pp.907-915.

16) Bast, W. D., McDonnell, T. R., Parker, L., and Shanks, S. P., "Measured shortening and its effects in a Chicago high-rise building," Proceedings of the Third Forensic Engineering Congress, San Diego, CA, 2003.

17) Guide to accuracy in building (BS 5606:1990), British Standards Institution, 1990.

18) Fintel, M., Ghosh, S. K., and Iyengar, H., "Column shortening in tall structures-prediction and compensation (EB108.01D)," Portland Cement Association, 1986.

19) ACI Committee 209, "Report on factors affecting shrinkage and creep of hardened concrete (ACI 209.1R-05)," American Concrete Institute, Farmington Hills, MI, 2005.

20) ACI Committee 209, "Guide for modeling and calculating shrinkage and creep in hardened concrete (ACI 209.2R-08)," American Concrete Institute, Farmington Hills, MI, 2008.

21) ACI Committee 209, "Analysis of creep and shrinkage effects in concrete structures (ACI 209.3R-XX)," American Concrete Institute, Farmington Hills, MI, 2011.

22) ACI Committee 209, "Prediction of creep, shrinkage, and temperature effects in concrete structures (ACI 209R-92, Reapproved 2008)," American Concrete Institute, Farmington Hills, MI, 2008.

23) Bazant, Z. P., and Murphy, W. P, "Creep and shrinkage prediction model for analysis and design of concrete structures-model B3," Materials and Structures, Vol.28, 1995, pp.357-365.

24) Gardner, N. J., "Comparison of prediction provisions for drying shrinkage and creep of normal-strength concretes," Canadian Journal of Civil Engineering, Vol.31, 2004, pp.767-775.

25) Carreira, D. J., and Poulos, T. D., "Designing for effects of creep and shrinkage in high-rise concrete buildings," ACI SP 246-07, 2007, pp.107-132.

26) ACI Committee 107, "Specification for tolerances for concrete construction and materials (ACI 117-10)," American Concrete Institute, Farmington Hills, MI, 2010.

부록 토목 구조물(교량)의 장기거동 실측

1.1 개요

콘크리트의 장기거동을 예측하기 위한 모델에 관한 연구는 수십 년 동안 광범위하게 수행되어 왔지만, 이들 모델을 사용하여 실제 교량의 장기거동을 예측하고 실제 측정된 변형과의 비교를 통해 예측의 정확성을 검증하려는 시도는 매우 드문 실정이다. 또한 실제 교량에서 장기변형이 측정되더라도 일반연구자 및 실무기술자에게 실측값이 공개되는 경우는 흔치 않다. 이 지침에서는 국외에서 최근 발표된 문헌[1),2)]을 참고하여 일본과 그 밖의 나라에서 측정된 PSC 교량의 장기거동 실측 사례를 소개하고자 한다. 이 절에서 소개되는 대부분의 콘크리트 교량에서 실측된 장기처짐은 설계할 때 예측한 장기처짐에 비해 매우 크게 나타나고 있으며, 이에 대한 원인과 대책을 함께 논의해 보고자 한다.

1.2 일본 내 PSC 교량의 장기처짐

부록 그림 1은 일본 군마현에 있는 쯔기요노(Tsukiyono) 교량의 종단면도를 나타낸 것이다. 4경간 PC 박스교량으로 84.5m 길이를 갖는 두 개의 내부 경간과 68.4m의 외부 경간으로 이루어져 있다. 내부 경간 중심에 힌지를 두어 회전과 교축방향 변위를 허용하고 있다[1),3)].

Tsukiyono 교량은 1982년 시공되었으며, 이후 매년 1회 처짐과 콘크리트 내부의 변형률을 측정하고 있다. 부록 그림 2는 Tsukiyono 교량 거더 중심부, 즉 그림 1의

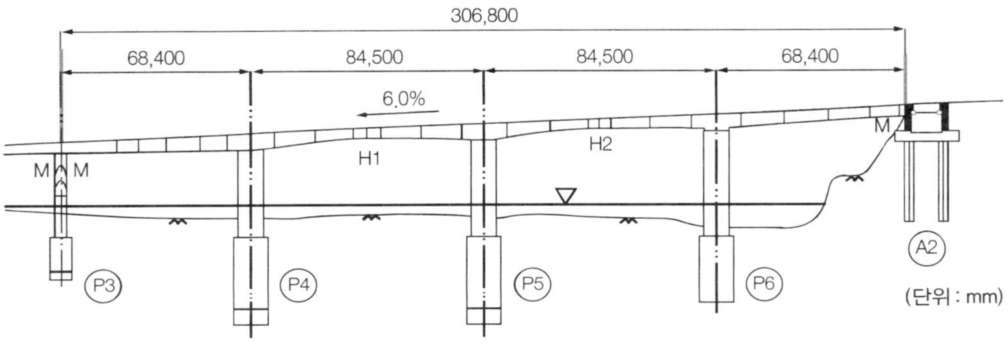

부록 그림 1 Tsukiyono 교량의 종단면도[1)]

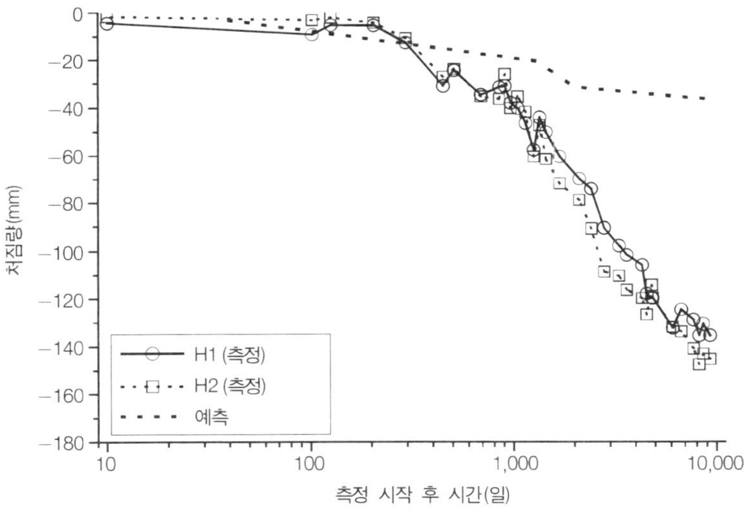

부록 그림 2 Tsukiyono 교량의 거더 중심부에서 측정된 변위와 장기거동 예측결과 비교[1)]

H1과 H2 위치에서 측정된 시간에 따른 처짐의 변화와 설계 시 예측한 크리프 및 건조수축에 의한 장기처짐 결과를 나타낸 것이다.

장기거동 예측 해석에서 가정한 콘크리트 특성 및 외부환경 조건은 다음과 같다. 크리프 및 건조수축 모델은 일본 도로협회에서 1978년에 발간한 도로교설계기준의 모델(CEB-FIP Model Code78과 동일)을 사용하였다.

(a) 콘크리트 압축강도 : 40MPa
(b) 탄성계수 : 35,000MPa
(c) 부피/표면적비 : 400mm
(d) 크리프계수 : 1.58
(e) 건소수축변형률 : 185×10^{-6}

시공 후 3년 정도까지는 예측값과 실측값이 매우 비슷하지만, 3년 이후부터 실제의 처짐이 예측값보다 커지기 시작하여 26년 경과 후 실측값은 예측값의 4배에 이르고 있다. 거더 중심부 처짐과 더불어 측정된 콘크리트 변형률 측정결과는 응력수준 및 위치에 따라 크리프계수가 다르다는 것을 나타내고 있다. 교량의 상부 플랜지, 웹 중심부, 하부 플랜지에서 완공 후 10년 시점에 측정된 크리프계수는 각각 1.35, 2.00, 2.65인 것으로 추정되었다[4),5)]. 일반적으로 구조물의 장기거동 해석 시 동일한 크리프계수가 적용되는데, 이것은 실제의 크리프 특성과 다르다는 것을 의미하며 실측값과 예측값이 큰 차이를 보이는 원인 중 하나일 수 있다.

부록 표 1은 일본 내에서 구할 수 있는 프리스트레스트 콘크리트 교량의 장기변형 실측값을 모두 정리한 것이다. 놀랍게도, 모든 교량에서 설계 시 예측되었던 처짐에 비해 매우 큰 처짐을 보이고 있다. 건설된 지 20년 이상이 지난 교량들은 예측값에 대한 실측값의 비가 3.83에서 4.28로 나타나고 있다. 부록 표 1에서 괄호 안의 예측값은 설계 시 예상하지 못했던 추가 변형을 포함한 것으로, 설계시점에서의 예측값에 대한 실측값의 비는 표에서 제시된 값보다 클 것으로 판단된다.

일본 이외의 다른 나라에서도 PSC 교량의 과도한 장기처짐이 보고되고 있다[2)]. 이에 대해서는 다음 절에서 소개하기로 한다.

1.3 일본 이외 나라의 PSC 교량의 장기처짐

팔라우(Palau)의 KB(Koror-Babeldaob) 교량은 1977년 시공되어 1996년에 붕괴되었다. 부록 그림 3은 Koror-Babeldaob 교량의 붕괴 전·후 모습을 나타낸 것이다. 프리스트레스트 박스거더 형식으로 경간장이 241m였으며, 18년 동안 설계 솟음(camber)을 기준으로 1.61m의 처짐이 발생하였다. 긴장력의 평균 손실이 49%로 측정되었으며 1996년에 긴장력의 추가 도입을 실시하고 3개월 후 급작스런 붕괴가 발생하였다. 이 교량의 붕괴로 인해 다른 프리스트레스트 교량에 대해서도 장기거동에 의한 과다처짐 문제가 큰 주목을 받기 시작하였다.

부록 표 1 **일본 내 PSC 교량의 장기처짐 실측결과 요약**[1)]

교량명	시공연도	경간장 (m)	(a) 예측처짐 (mm)	(b) 실측처짐 (mm)	(b)/(a)	측정시 재령 (year)	비고
Kyobashi[6)] (Kobe)	1966	70.0	(71, 60, 35) *	131, 118, 73	(1.84, 1.96, 2.08) *	22	
Mikanagi[7)] (Osaka)	1972	47.5	28	130	4.64	11	
Hontanigawa[7)] (Nagano)	1972	72.0	(130) *	280	(2.15) *	30	
Jinnzugawa[8)] (Toyama)	1975	81.6	(67) *	170	(2.53) *	26	ASR **
Kitsureuriha[9)] (Osaka)	1979	65.0	(85) *	321	(3.75) *	23	ASR **
Unknown[10)]	1979	63.0	70	300	4.28	24	ASR **
Tsukiyono[3)] (Gunma)	1982	84.5	35	134, 147	3.83, 4.20	26	

* ( ) 공용기간 중 발생할 수 있는 과대처짐 효과도 반영

** 알칼리-실리카 반응 효과 가능성

(a) 붕괴 전 (b) 붕괴 후

부록 그림 3 **Koror-Babeldaob 교량의 붕괴 전 · 후 모습**[12)]

부록 그림 4는 Koror-Babeldaob 교량의 경간 중앙에서 측정한 처짐의 시간에 따른 변화와 여러 모델식으로부터 예측된 장기처짐을 비교한 것이다. 부록 그림 4(a), (b)는 동일한 결과에 대해 각각 x축을 실시간 스케일과 로그 스케일로 나타낸 것이다.

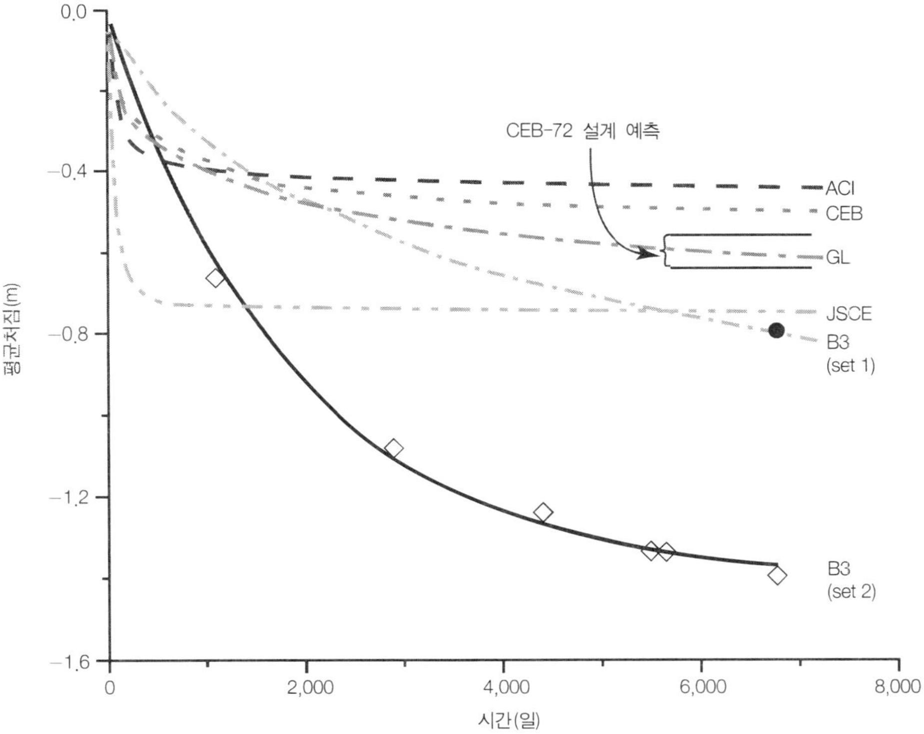

(a) 선형 스케일

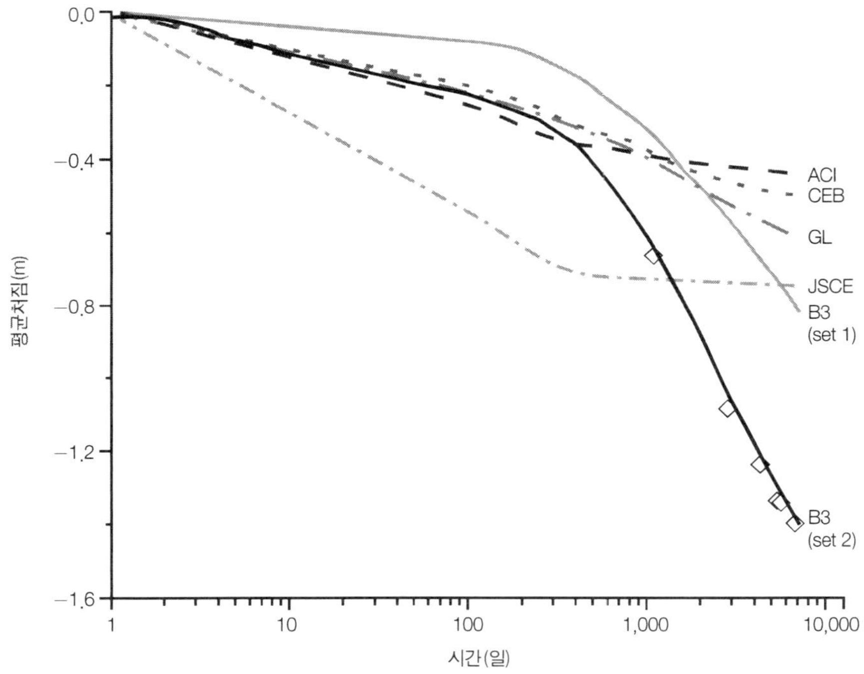

(b) 로그 스케일

부록 그림 4 **장기처짐 측정결과와 예측결과의 비교**[2)]

기존의 모델식들, CEB-FIP, ACI-209, GL, B3(set1)에 의해 예측된 18년 후 처짐량은 각각 실제 처짐량의 34%, 31%, 43%, 57% 수준으로 나타났으며, 모든 모델이 실제 처짐보다 매우 작은 예측값을 보이고 있다. B3(set2)는 B3 모델을 30년간 측정한 크리프 실험결과[13)]로 다시 교정(calibration)한 것으로, 실제 처짐과 가까운 결과를 주고 있다.

부록 그림 5는 12개국의 31개 프리스트레스트 교량의 56개 경간에서 측정된 장기처짐을 정리한 것이다[14)~19)]. x축은 로그 스케일로 나타낸 시간이고 축은 처짐을 경간 길이로 나누어 백분율(%)로 나타낸 것이다. 그래프상에 점선으로 나타낸 수평선은 경간 길이/800를 백분율로 나타낸 것으로 허용처짐 기준을 의미한다. 17개 교량에서 허용처짐 기준을 초과하는 장기처짐이 발생하였으며, 허용처짐을 초과하지 않더라도 대부분의 교량에서 설계 시 예측된 장기처짐보다 큰 처짐이 발생하였다[2)].

지금까지 프리스트레스트 교량에서 시간에 따른 실제 장기처짐이 설계 시 예측된 장기처짐에 비해 상당히 크게 나타나고 있으며, Koror-Babeldaob 교량에서 보듯이 안전성에도 심각한 문제가 발생할 수 있다는 것을 알 수 있었다. 이러한 과도한 장기처짐이 발생하는 원인과 사전 예측이 부정확한 이유에 대해 논의해 보고자 한다.

1.4 부정확한 장기거동 예측의 원인 및 대책

프리스트레스트 콘크리트 교량의 장기거동 예측이 실제 거동과 상당한 차이를 보이는 것은 다음의 네 가지 원인에 기인하는 것으로 파악된다. 이 네 가지 원인에 대해 좀 더 자세히 설명해 보고자 한다.

(a) 장기거동 예측 모델의 부정확성
(b) 단순화된 장기거동 해석방법
(c) 균열 및 내구성(염소이온 침투, 알칼리 골재반응, 탄산화 등) 문제의 미고려
(d) 긴장재의 미부착 및 부식

1.4.1 장기거동 예측 모델의 부정확성

ACI, CEB-FIP, GL, JSCE, B3 등 기존의 모델식들은 대부분 연구실 수준의 소형 실험체에 실제 구조물의 사용기간보다는 매우 짧은 지속하중을 가하여 얻은 결과를 사용하여 개발되었다. 가장 최신의 가장 많은 실험결과를 포함하고 있는 미국 노스웨스턴 대학의 크리프 및 건조수축 실험 데이터베이스의 경우에도 하중 지속기간이 6년을 초과하는 실험결과는 전체의 8%, 12년을 초과하는 실험결과는 5% 정도에 불과하다. 기존의 모든 모델식은 상대적으로 짧은 지속하중에 대한 실험결과로부터 교정(calibration)되어 제안된 것으로 볼 수 있다. 따라서 구조물의 장기변형 예측에 한계가 있을 수 있다. 특히 기본크리프(basic creep)변형에 대하여 장기 지속하중하에서 특정값으로 수렴해 가는지 아니면 로그 스케일의 시간 축에서 지속적으로 증가하는지에 대한 의견이 분분하며, B3 모델만이 기본크리프 변형을 지속적으로 증가하는 것으로 고려하고 있다. 위에서 언급된 프리스트레스트 교량의 장기처짐 측정결과들로부터

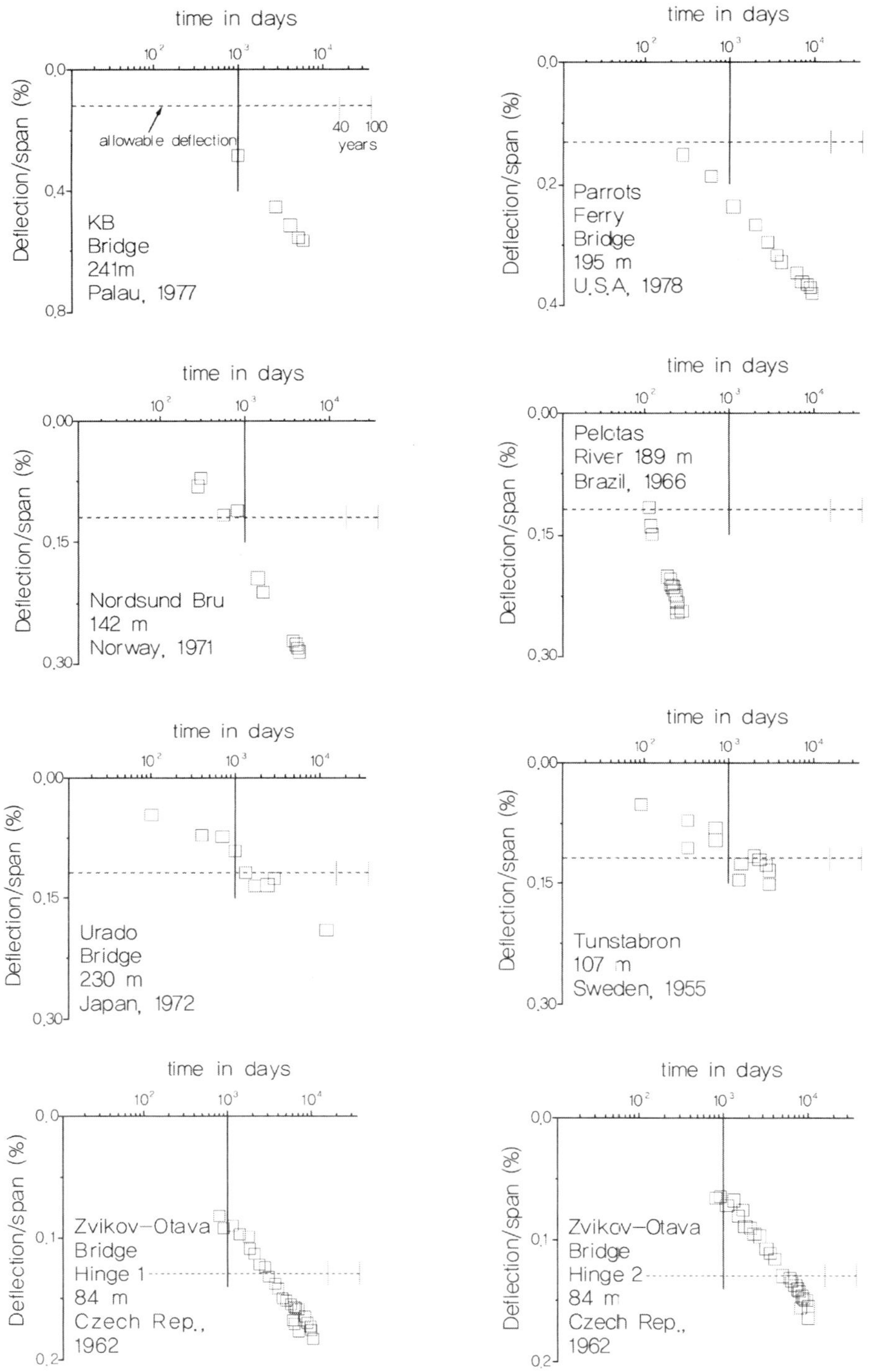

부록 그림 5 RILEM에서 수집한 56개 프리스트레스트 교량 거더의 처짐 측정 결과[2)]

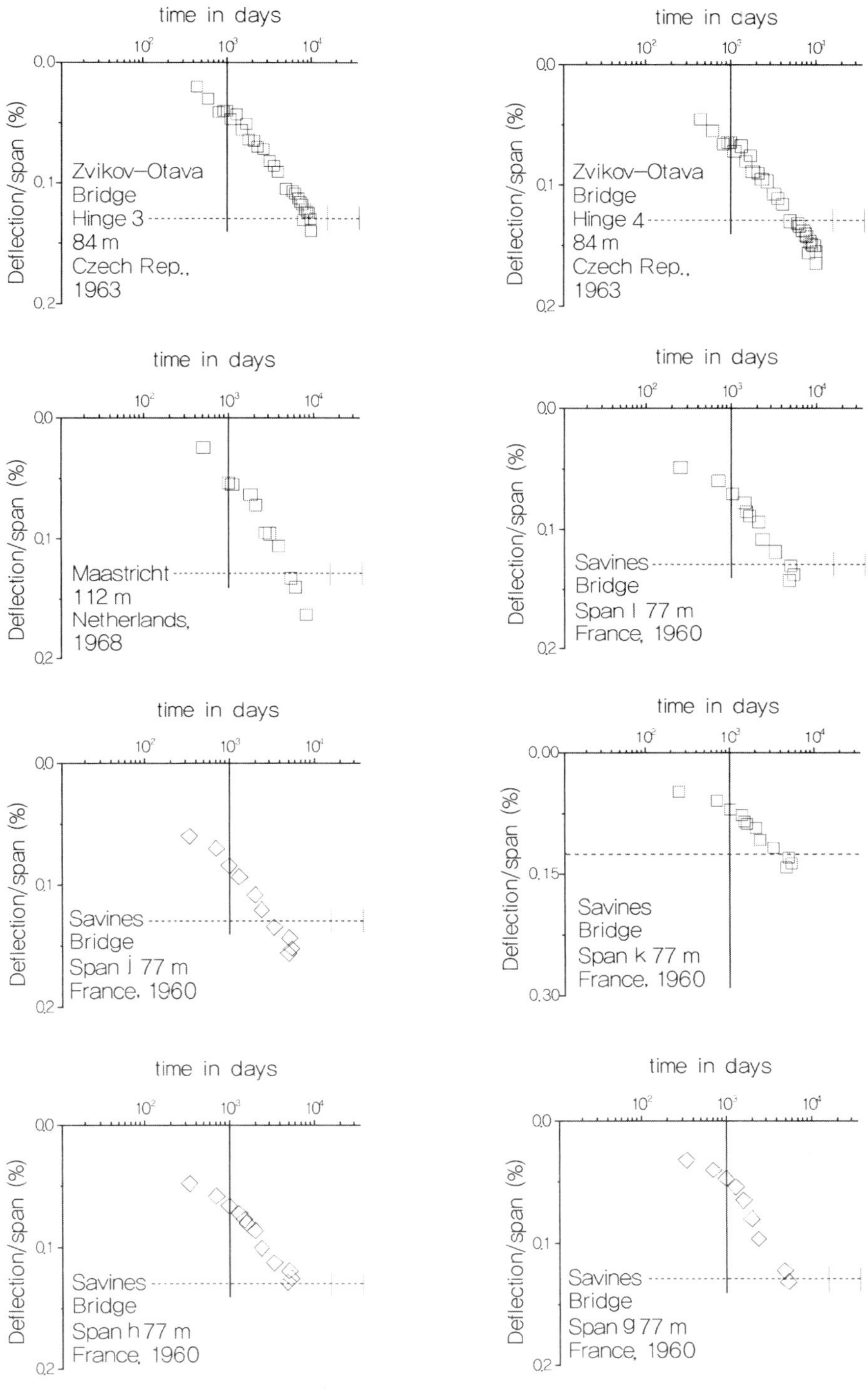

부록 그림 5 RILEM에서 수집한 56개 프리스트레스트 교량 거더의 처짐 측정결과(계속)[2)]

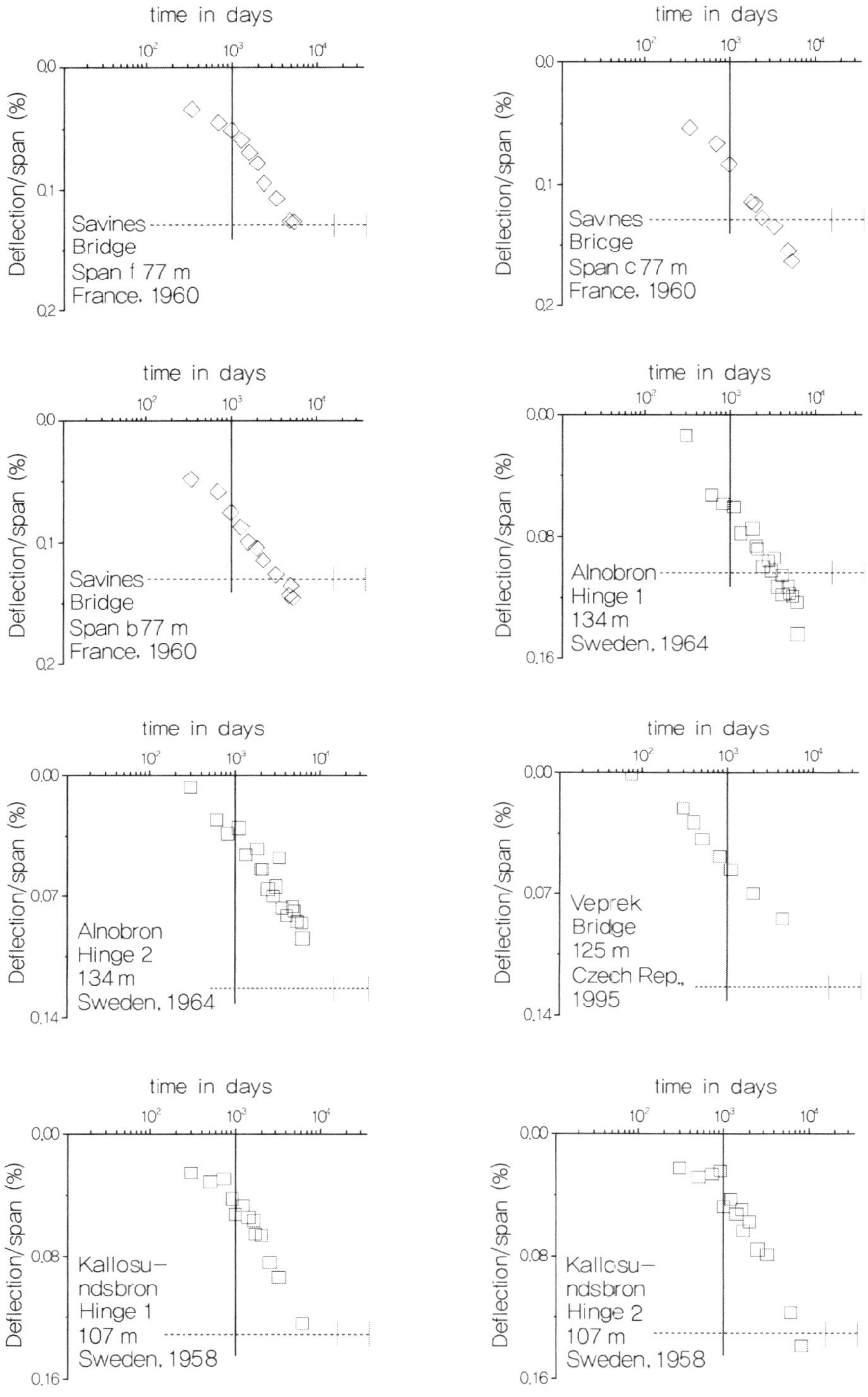

부록 그림 5 RILEM에서 수집한 56개 프리스트레스트 교량 거더의 처짐 측정 결과(계속)[2)]

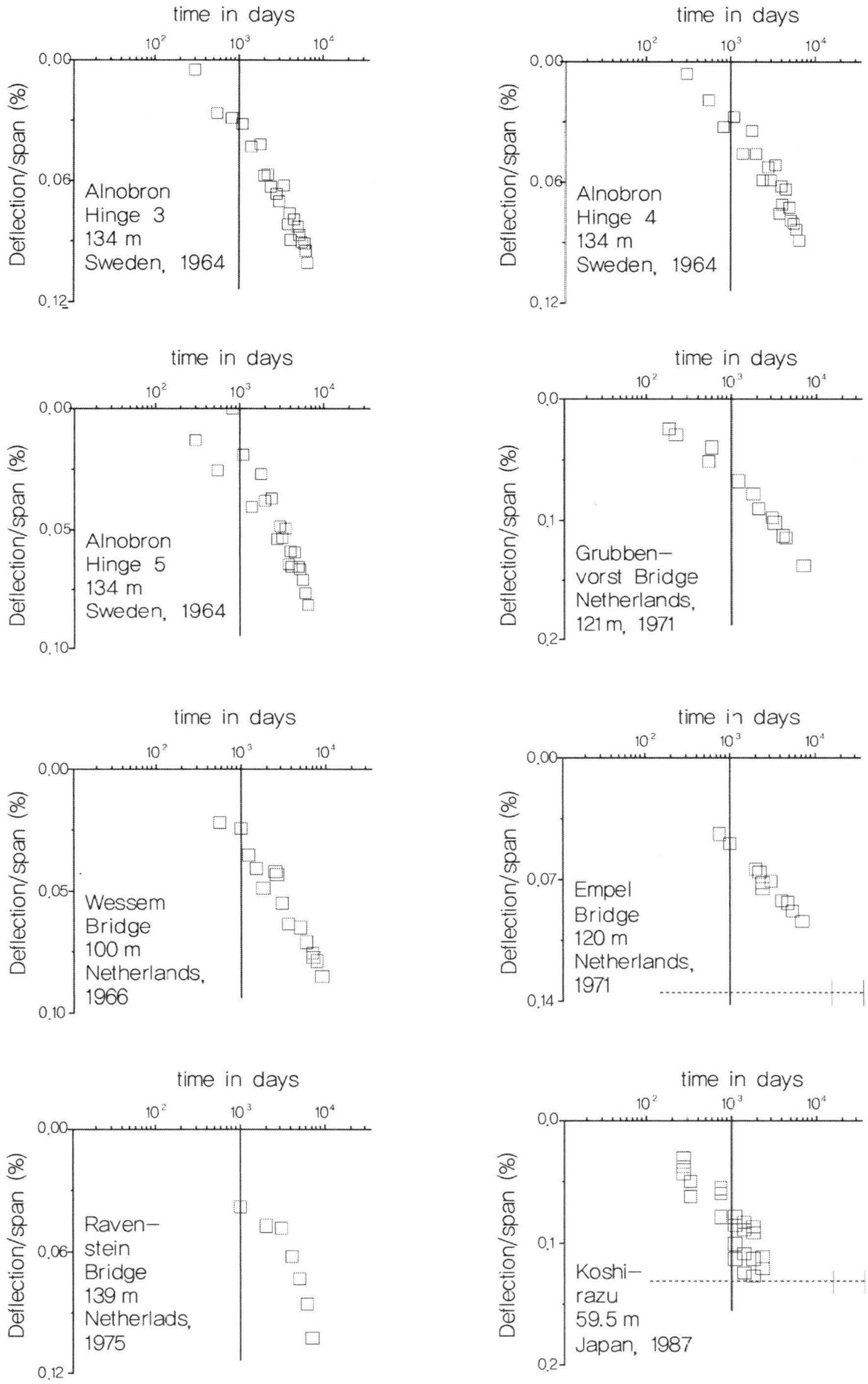

부록 그림 5 RILEM에서 수집한 56개 프리스트레스트 교량 거더의 처짐 측정 결과(계속)[2]

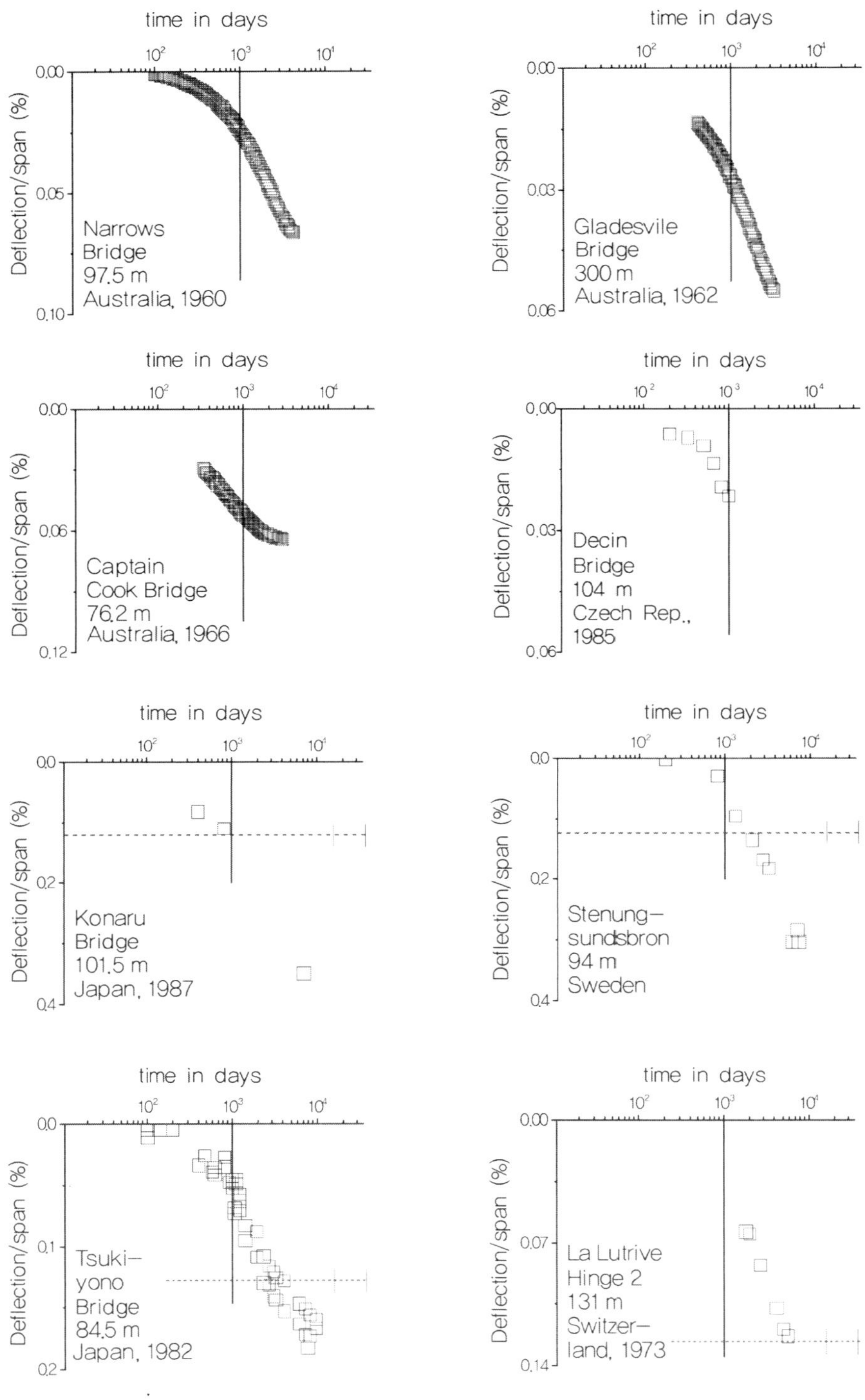

부록 그림 5 **RILEM에서 수집한 56개 프리스트레스트 교량 거더의 처짐 측정 결과(계속)**[2)]

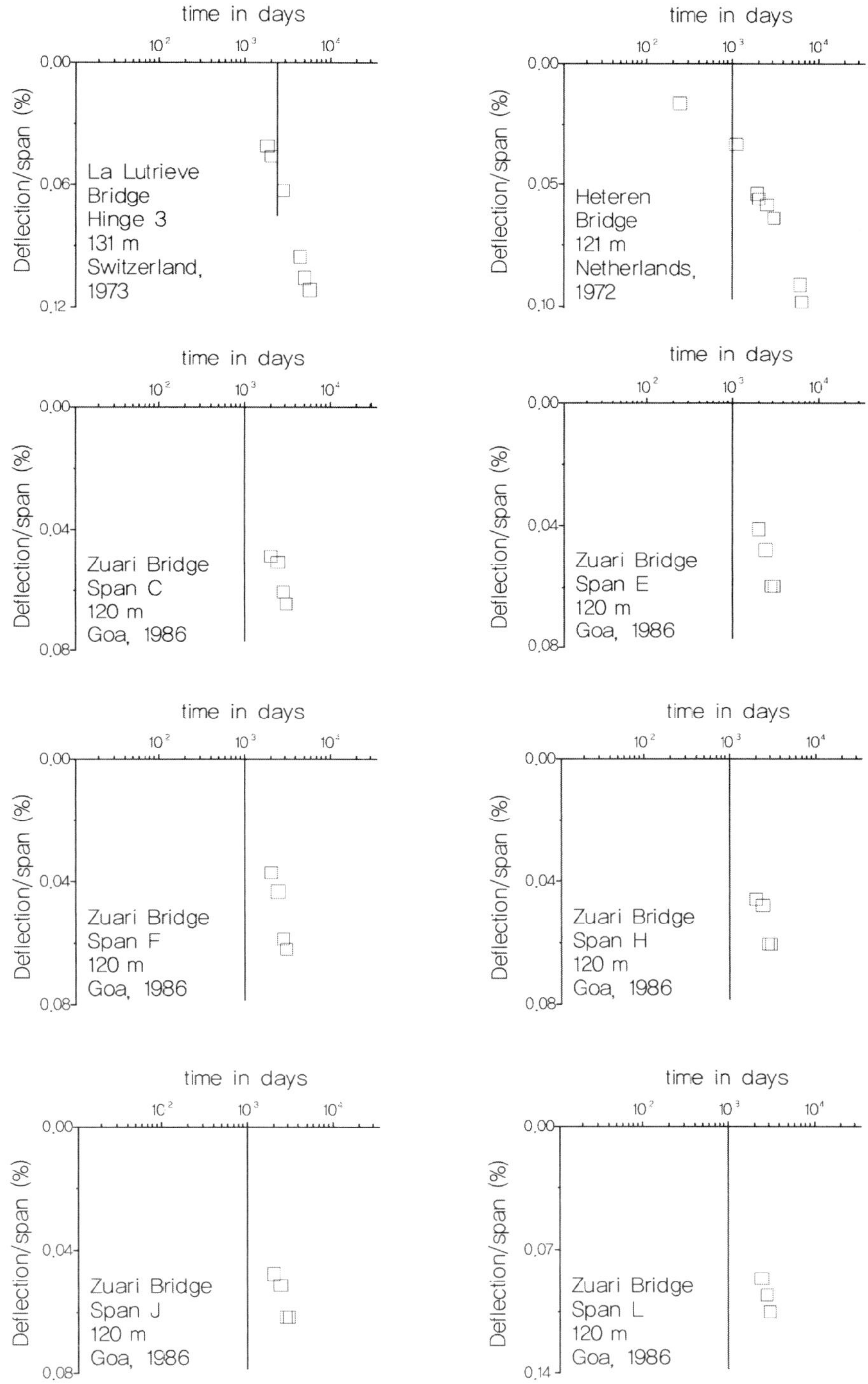

부록 그림 5 RILEM에서 수집한 56개 프리스트레스트 교량 거더의 처짐 측정 결과(계속)[2)]

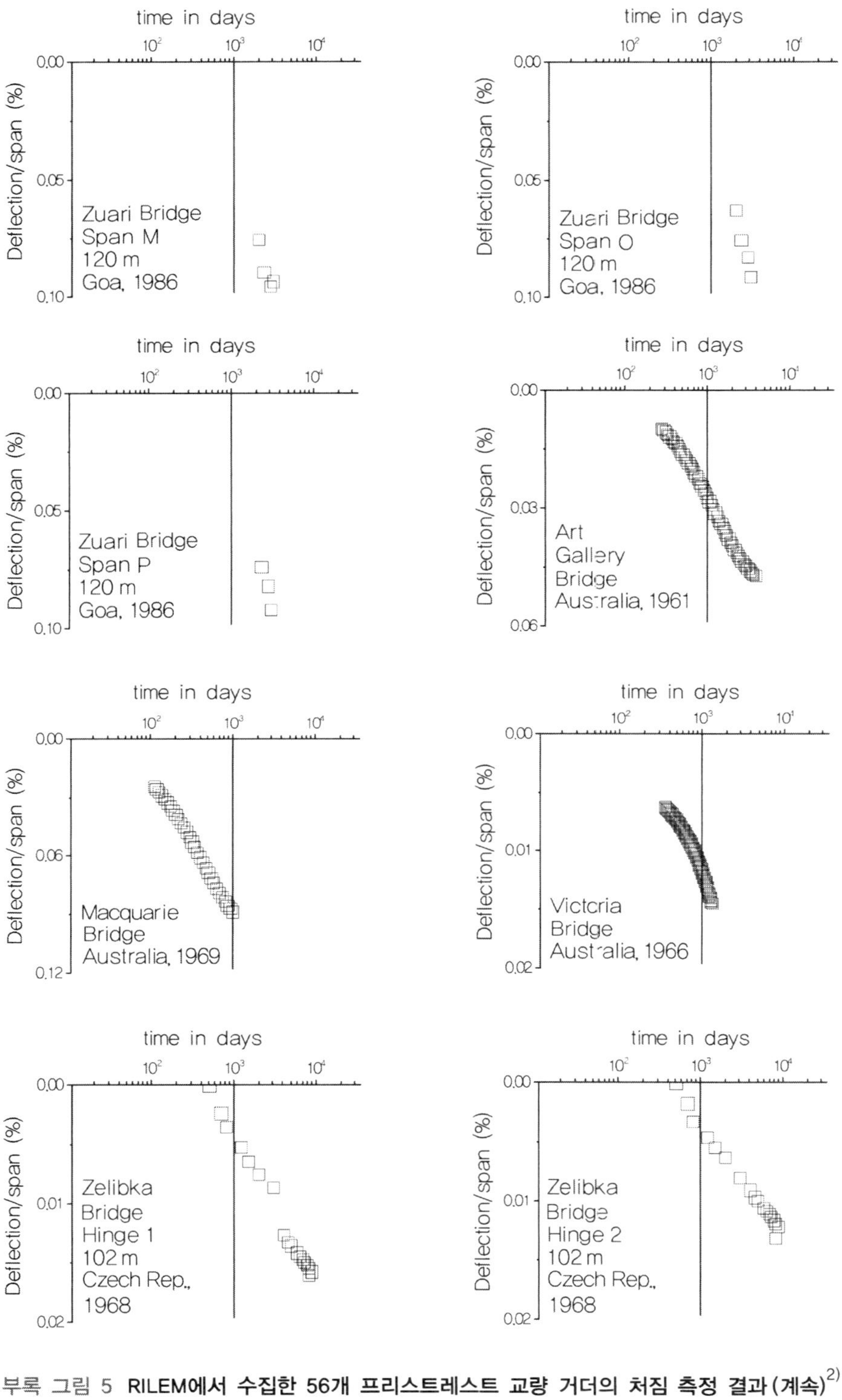

부록 그림 5 RILEM에서 수집한 56개 프리스트레스트 교량 거더의 처짐 측정 결과(계속)[2)]

20~30년 후에도 로그 스케일의 시간 축에서 크리프변형이 증가하고 있는 것으로 파악된다. 그러나 교량 이외의 다른 콘크리트 구조물에서도 이와 같은 증가 경향이 나타나는지 파악된 바 없으며, 크리프변형이 점근하는지 아니면 지속적으로 증가하는지에 대한 명확한 판단은 어려운 상황이다. 앞으로 교량 이외 구조물의 장기거동 실측결과를 포함하여 종합적인 판단이 필요할 것이다.

건조수축과 건조크리프(drying creep)는 콘크리트 내부의 수분이 외부로 빠져나가면서 발생하는 현상이다. 내부의 수분은 확산에 의해 이동하며 표면부의 수분이 먼저 빠져나가게 된다. 확산속도는 대략 부재 크기의 제곱에 반비례하며, 실제 부재의 크기는 모델식 개발에 사용된 소형 실험체와는 상당한 차이가 있다. 따라서 건조수축 및 크리프 모델이 실제 구조물의 장기변형을 정확히 예측하는 데 한계가 있을 수 있다.

1.4.2 단순화된 장기거동 해석방법

앞서 설명하였듯이 건조수축 및 건조크리프는 내부 수분의 확산에 의한 것이며, 따라서 실제 건조수축 및 건조크리프는 단면 내 위치에 따라 그 크기가 다르다. 또한 건조수축 및 크리프의 발현속도는 온도에 의한 영향을 크게 받는다. 부록 1.2에서 설명한 Tsukiyono 교량에서 측정된 콘크리트 변형률 또한 위치마다 크리프계수가 다르게 나타나고 있음을 보여주고 있다[1]. 그러나 기존의 모델식은 단면 내 평균 변형률에 대한 예측값을 주고 있으며 부등변형을 고려할 수는 없다.

교량을 설계할 때 대상 교량에 대한 2차원 또는 1차원 유한요소 모델링을 바탕으로 기존의 모델식을 적용하여 장기처짐을 예측하는 경우가 대부분이며, 이러한 단순화된 해석방법으로는 실제의 부등변형을 정확히 고려할 수 없다.

이러한 단면 내 부등변형을 고려하기 위해서는 구조물에 대한 3차원 모델링을 바탕으로 수분확산해석을 수행하여 시간에 따라 내부 수분 분포의 시간에 따른 변화를 구하고, 이후 수분 분포의 변화로 인해 발생하는 수축과 외부하중 및 부등건조수축으로 인해 발생하는 응력에 대해 기본크리프 및 건조크리프를 개별적으로 고려하여 변형을 계산해야 한다. 이러한 해석기술은 이미 개발되어 있으나[19),20)], 해석의 어려움으로 인해 설계실무에 적용하기에는 어려움이 있다.

1.4.3 균열 및 내구성(염소이온 침투, 알칼리 골재반응, 탄산화 등) 문제의 미고려

교량에서 과도한 장기처짐이 발생하는 것이 콘크리트의 건조수축 및 크리프에 의한 영향 때문만이 아니라 콘크리트의 균열과 염소이온 침투, 알칼리 골재반응, 탄산화 등 콘크리트 열화가 복합적으로 발생하기 때문일 수도 있다. 특히 다른 구조물보다 열악한 외부 환경에 놓이는 교량의 경우 균열 및 열화의 효과가 더 클 수 있다.

균열 및 콘크리트 열화가 콘크리트의 건조수축 및 크리프에 미치는 영향은 아직까지 명확히 규명되어 있지 않고 정량적으로 예측하는 데는 한계가 있다. 여러 연구결과들을 종합하여 예측이 이루어지더라도 복합적인 열화와 균열, 장기거동이 동시에 고려되었을 때 예측의 정확성을 담보하기는 어려울 것으로 판단된다.

1.4.4 긴장재의 미부착 및 부식

긴장재의 부착 및 부식을 방지하기 위해 시멘트 페이스트를 이용한 그라우팅 방법이 널리 적용되어 왔다. 부록 그림 6은 일본 및 해외에서 적용하고 있는 그라우팅 기술의 변천과정을 간략히 나타낸 것이다. 1980년대 중반부터 긴장재의 심각한 열화에 기인한 교량의 붕괴 또는 긴장재의 파단이 여러 나라에서 발생하였다. 이러한 급작스런 사고로 인해 1992년 영국에서는 내부 그라우팅이 적용되는 포스트텐션 교량의 건설을 금지했으며, 일본의 경우도 횡방향 긴장을 위해 주로 사용되는 프리스트레싱 강봉과 종방향 긴장재의 사용을 금지했다. 최근에는 내구성과 경제성을 고려한 설계가 이루어지면서 이들 규정이 폐지 또는 완화가 이루어졌다.

실제 시공에서 긴장재 주변 그라우팅이 밀실하게 채워지지 않은 경우가 있으며, 이에 대한 비파괴 검사방법에 대한 연구도 수행된 바 있다[2-)]. 이러한 긴장재의 미부착 및 열화로 인해 긴장력의 손실로 이어지며 처짐의 증가로 이어진다. 프리스트레스트 콘크리트 교량의 과도한 장기처짐 역시 긴장재의 미부착 및 부식에 기인할 수 있다.

지금까지 프리스트레스트 교량의 과도한 장기처짐과 부정확한 예측의 원인에 대해 살펴보았다. 마지막으로 이에 대한 대책을 제시하고자 한다.

우리나라 콘크리트구조기준에서 제시하고 있는 크리프 및 장기거동 모델은 CEB-FIP

Model Code 90을 채용한 것으로, 우리나라 콘크리트의 특성을 제대로 반영하고 있다고 할 수 없다. 가까운 일본의 경우 1996년 일본 토목학회에서 일본 내 및 국외의 실험결과를 수집하여 자체 개발한 모델이 개발되어 설계기준에 반영되었으나, 우리나라의 경우 크리프 및 건조수축에 대한 연구 자체가 매우 미흡한 실정이다. 또한 해외 여러 모델들에 대한 면밀한 검토 또한 이루어져 있지 않다. 장기적으로 기존의 모델들을 검토하고 국내 콘크리트 특성을 반영한 새로운 모델이 개발되어야 할 것이다.

수분 확산과 단면 내 부등변형을 고려한 3차원 해석을 설계 실무에서 수행하기에는 어려움이 있다. 따라서 실무에서 실제 거동을 정확하게 반영할 수 있는 간편한 해석기법의 개발이 필요할 것이다.

국내의 콘크리트 교량과 구조물에서 장기변형이 측정된 사례를 찾기는 매우 어려운 실정이다. 앞으로 실제 거동을 측정하여 구조물의 성능을 점검하는 시도가 필요하며, 측정된 결과는 국내 일반 연구자들에게 공개되어야 한다. 이를 통해 국내 장기거동 모델식의 개발 및 예측기술 개발 분야가 크게 발전할 수 있을 것이다.

미래에는 기존의 콘크리트보다 높은 강도의 콘크리트와 섬유보강 콘크리트 등 신건설 재료가 실제 구조물에 보다 많이 적용될 것이다. 그러나 이들 재료에 대한 장기거동 연구는 매우 미흡한 실정이며, 보다 많은 실험 및 해석 연구가 진행되어야 할 것이다.

	Japan			Overseas
Year	Event	Material	Machine	Event
1970		1970 Water reducing admixture, aluminum powder		
1990	1987 JPCCA Manual 1991 Fracture of prestressing bar 1993 JPCCA Manual revision 1994 JH ban on transverse prestressing bar	1982 High viscous type 1992 Pre-grouted prestressing steel	1984 Squeeze pump (0.75kw)	1985 UK: Collapse of Ynys-y-Gwas Bridge 1992 Belgium: Collapse of Bridge over River Schede 1992 UK: Ban on internally grouted tendons
1995	1996 JPCCA Manual revision 1999 JH ban on internally grouted tendons	1996 Non-bleeding type 1999 Transparent sheath	1996 Squeeze pump (3.7kw) 1999 Flowmeter	1996 UK: Lift the ban
2000	2002 JPCCA Manual revision 2005 JPCCA Manual revision 2005 JPCEA Guidelines issue	2000 Super low viscous type 2005 Non-bleeding, Non-expansive type	2002 Combined use of vacuum 2004 Filling sensor	2001 USA: Fracture of Mid-Bay Bridge 2002 FDOT Improve program 2002 *fib* Guide to good practice

Note: JPCCA : Japan Prestressed Concrete Construction Association　JH : old Japan Highway Public Corporation
JPCEA : Japan Prestressed Concrete Engineering Association　FDOT : Florida Department of Transportation

부록 그림 6 **그라우팅 기술의 변천과정**[2)]

참/고/문/헌

1) Watanabe, Y., Ohura, T., Nishio, H., and Tezuka, M., "Practical Prediction of Creep, Shrinkage, Durability of Concrete in Japan," Proceedings of Creep, Shrinkage and Durability Mechanics of Concrete and Concrete Structures(Concreep8), Ise-Shima, Japan, Sept. 30-Oct. 2, 2008, pp.529-539.

2) Bazant, P., Yu, Q., Hubler, M., Kristek, V., and Bittnar, Z., "Wake-Up Call for Creep, Myth about Size Effect and Black Holes in Safety : What to Improve in Fib Model Code Draft," Proceedings of Fib Symposium, Prague, 2011, pp.731-746.

3) Witchukreangkrai, E. et al., "Long-Term Deflection Monitoring of a Cantilever Prestressed Concrete Bridge with Intermediate Hinges over 25 Years," Proceedings of 8th International Conference on Creep, Shrinkage and Durability of Concrete and Concrete Structures (CONCREEP8), Ise-Shima, Japan, 2008, pp.639-645.

4) Hata, Y. and Hirooka, M., "Long-Term Measurement of Tsukiyono Bridge Superstructure," Journal of Prestressed Concrete, Vol.27, No.1, 1985, pp.39-47. (in Japanese)

5) Hata, Y. et al., "Creep Behavior of Prestressed Concrete Bridge over Ten Years," Proceedings of FIP Symposium '93, Kyoto, Japan, Oct. 17-20, 1993, pp.305-310.

6) Yamamoto, T. et al., "Rehabilitation of Kyobasi Bridge," Journal of Prestressed Concrete, Vol.31, No.6, 1989, pp.31-39. (in Japanese)

7) Sakai, K., "Rehabilitation of Mikanagi Bridge," Bridge and Foundation Engineering, Vol.17, No.8, 1983, pp.86-89. (in Japanese)

8) Itoh, K. et al., "Improvement of Drivability by Connecting the Center Hinge," EXTEC No.69, Vol 18, No.1, 2004, pp.32-37. (in Japanese)

9) Sakamoto, K. et al., "Soundness Evaluation and Retrofit Plan of Jinzugawa Bridge," Brige and Foundation Engineering, Vol 37, No.4, 2003, pp.27-31. (in Japanese)

10) Suzuki, T. et al., "Retrofit Design and Construction of Kitsureuriha Bridge," Journal of Prestressed Concrete, Vol.46, No.5, 2004, pp.45-53. (in Japanese)

11) Hida, K. et al., "Presumption of Prestress and Cause of Large Displacement in Center Hinge PC Box Girder by Released Stress Method," Collected Papers on Civil Engineering Structures and Materials 21, 2005. (in Japanese)

12) http://www.ketchum.org/bridgecollapse.html

13) Brooks, J.J., "30-year Creep and Shrinkage of Concrete," Magazine of Concrete Research, Vol.57, 2005, pp.545-556.

14) Vítek, J.L., "Long-Term Deflections of Large Prestressed Concrete Bridges," CEB Bulletin d' Information No.235, "Serviceability Models" Behaviour and Modeling in Serviceability Limit States In\-cluding Repeated and Sustained Load, CEB, Lousanne, 1997, pp.215-227 and 245-265.

15) Burdet, O., Muttoni, A., "Evaluation of existing measurement systems for the long-term monitoring of bridge deflections," Confederation Suisse, Dec. 2006.

16) Fernie, G. N., Leslie, J. A., "Vertical and Longitudinal Deflections of Major Prestressed Concrete Bridges," Institution of Engineers, Australia n7516, Symposium of Serv. Of Concrete, Melbourne, Aug. 19., 1975.

17) Pfeil, W., "Twelve Years Monitoring of Long Span Prestressed Concrete Bridge," Concrete Interna\-tional. Vol.3 No.8, pg.79-84, Aug. 1. 1981.

18) Manjure, P. Y., "Rehabilitation/Strengthening of Zuari Bridge on NH-15 in Goa," Paper No.490, Indian Roads Congress, 2001-2002, p.471.

19) Kwon, S.H., and Shah S.P., "Prediction of Early-Age Cracking of Fiber-Reinforced Concrete due to Restrained Shrinkage," ACI Materials Journal, Vol.105, No.4, 2008, pp.381-389.

20) Maekawa, K., Chijiwa, N., and Ishida, T., "Long-Term Deformational Simulation of PC Bridges based on the Thermo-Hygro Model of Micro-Pores in Cementitious Composites," Cement and Concrete Research, Vol.41, 2011, pp.1310-1319.

21) Im, S.B., and Hurlebaus, S., "Non-Destructive Testing Methods to Identify Voids in External Post-Tensioned Tendons," KSCE Journal of Civil Engineering, Vol.16, No.3, 2012, pp.388-397.

콘크리트 실무매뉴얼
콘크리트 장기거동 해석 및 적용

2013년 6월 1일 1판 1쇄 인쇄
2013년 6월 5일 1판 1쇄 발행

管理主體 사단법인 한국콘크리트학회
서울특별시 강남구 역삼동 635-4
한국과학기술회관 신관 1009호
TEL. 02)568-5984~7
FAX. 02)568-1918

出版普及處 기 문 당
서울시 성동구 무학봉 28길 4-1
(왕십리동 966-22)
TEL. 02)2295-6171(代)~5
FAX. 02)2296-8188

출판등록 1976. 10. 7 (1-44)

홈페이지 http : // 기문당
http : // www.kimoondang.com

I S B N 978-89-6225-490-7 93530

정 가 16,000원